KB150160

진화의 오리진

On the Origin of Evolution

진화의 오리진

아리스토텔레스부터 DNA까지 다윈의 '위험한 생각'을 추적하다

존 그리빈 · 메리 그리빈 지음 | 권루시안 옮김

진화에 관한 짧은 설명

자연선택에 의한 진화가 일어나려면 생물이 번식하여 자신의 복사본을 만들어야 하는데, 이때 다음 세대의 복사본이 자신과 완벽하게 똑같이 복사되지 않고 다양한 변이가 나타나야 한다. 이렇게 다양한 변이가 나타났을 때 자식 세대 일부가 어떤 이유에서든 나머지보다 번식에 더 성공한다면 성공에 도움이 된 그 특질이 이후 세대로 퍼질 것이다. 즉 선택될 것이다.

그러나 이 선택에 참여하려면 번식할 수 있을 정도로 오래 살아야 하며, 오래 살면서 번식을 많이 할수록 좋다. 그러므로 다윈의 이론은 다음처럼 깔끔하게 한 문장으로 요약할 수 있다.

"죽은 동물은 산 동물보다 번식할 기회가 적다."

『스타트렉』에 나오는 벌컨인의 인사말로도 표현할 수 있다.

"장수와 번영을(Live Long and Prosper)!"

차례

다윈 속설을 깨부수다

장면은 영국 켄트주의 어느 시골집 서재다. 책상머리에 앉아 있는 사람은 생명의 기원에 관한 혁명적 이론을 세상에 내놓기 위해 지난 20년 동안 조용히 그 증거를 모으고 있었다. 그의 연구는 가까운 친구 몇몇만 알고 있을 뿐 아직은 세상에 발표할 준비가 되지 않았다. 하인이 우편물을 가지고 들어온다. 그중 편지 한 통이 그의 눈길을 끈다. 단단히 밀봉되어 있지만 여행의 얼룩이 남은 것을 보니 먼 길을 온 게 분명하다. 그는 칼로 봉투를 따고 읽기 시작한다. 편지에 적힌 글귀에 정신이 팔리면서 칼이 무의식중에 책상 위로 떨어진다. 그는 현기증을 느낀다. 가슴이 두방망이질 친다. 선수를 빼앗긴 것이다. 지구 반대편에서 이름도 없는 어떤 식물 사냥꾼이 어쩌다가 그와 똑같은 엄청난 생각을 해낸 것이다. 최초 발견자라는 영예는 포기하고 역사에서 각주 자리를 차지하는 신세를 받아들이는 것 말고는 달리 방법이 없다. 일찌감치 발표했더라면!

대체로 이것이 앨프리드 러셀 월리스가 독자적으로 자연선택에 의한 진화 이론을 내놓았다는 사실을 찰스 다윈이 알게 된 사연이라며 널리 퍼져 있는 속설이다. 그런데 이 속설은 대체로 잘못됐다. 이 속설에서 찰스 다윈은 생물 종의 기원이라는 수수께끼를 풀기 위해 한적한 시골에서 수십 년 궁리한 끝에 모든 것이 아귀가 맞아 들어 가는 유레카!의 순간을 맞이한 고독한 천재로 등장하며, 그 이전에 는 종은 진화한다는 사실을 알아차릴 만큼 대담한 상상력을 지닌 사람이 없었던 것으로 되어 있다. 그러나 실제로는 진화 이론에 관한 다윈의 위대한 책이 출간된 1859년 무렵, 진화는 널리 **사실**로 받아 들여져 있었고 이미 수십 년 전부터 과학자들이 본격적으로 논의해 오고 있었다. 다윈의 특별한 공로는 진화의 메커니즘을 설명했다는 것이다. 그 메커니즘은 바로 자연선택이다. 자연선택에 의해 더 적 합한 개체는 번성하여 자식을 많이 낳고, 덜 '적합한' 개체는 힘겹게 살다가 자식을 적게 낳는다. 그러나 이것을 꿰뚫어 본 사람 역시 다 윈 **혼자**만이 아니었다. 또 다른 자연학자 앨프리드 러셀 월리스도 똑같은 생각을 독자적으로 해냈다. 월리스로부터 이 생각을 설명하 는 편지를 받았을 때 다윈은 계획보다 더 일찍 자신의 생각을 세상 에 발표할 수밖에 없었다. 이만큼은 사실이다. 이 속설이 얼마나 널 리 퍼져 있는지, 케임브리지 대학교에서 일하는 존경받는 과학사학 자마저 그리 오래전도 아닌 2009년에 다음과 같이 썼을 정도다.

> 말레이시아에 있는 어느 이름 없는 채집가로부터 편지가 도착 했을 때 다윈은 다른 사람들도 비슷한 방향에서 생각하고 있음 을 깨달았다. 그는 동료들의 비호를 받으며 이 잠재적 경쟁자를 물리치고 서둘러 『종의 기원』의 인쇄에 들어갔다.[1]

사실 월리스는 이름 없는 채집가가 아니라 뛰어난 자연학자였다. 그는 채집물 표본을 만들어 팔아 자신의 여행 경비를 댔는데, 다윈과는 달리 많은 재산을 물려받는 행운을 타고나지 못했기 때문이다. 그는 다윈과 지속적으로 편지를 주고받았고 '종 문제'에 관한 학술논문을 여러 차례 발표했다. 그중 하나가 1855년에 출간됐는데, 그것을 보고 다윈은 월리스에게 보낸 편지에서 "우리가 많이 비슷하게 생각하고 또 어느 정도 비슷한 결론에 다다랐다는 걸 잘 알 수 있었습니다"라고 말했다. 그게 얼마나 비슷한지를 깨달았을 때 다윈의 본능적 반응은 경쟁자를 물리치려는 것이 아니었다. 그는 잠자코 있으면서 월리스가 출간하게 하여 공로를 고스란히 인정받게 하려고 했다. 이 책 6장에서도 설명하고 있지만 두 사람 모두의 이름으로 학술논문을 제출하여 자연선택이라는 이론을 세상에 발표하고 공로를 똑같이 인정받으면 어떻겠는가 하는 기발한 의견을 낸 사람은 다윈의 친구들이었다.

1859년에 이르러 자연선택에 의한 진화라는 생각은 때가 무르익어 있었고, 다윈과 월리스가 생각해 내지 않았다면 다른 누군가가 오래지 않아 생각해 냈을 것이다. 어쩌면 이 책에서 소개하고 있는 월리스의 친구 헨리 베이츠였을지도 모른다. 그런데 어쩌다가 상황이 바뀐 걸까? 그리고 진화의 기원 이야기에서 왜 월리스가 아니라 다윈이 주인공이 되었을까? 이게 바로 이 책이 풀어 나갈 이야기이다.

머리말

진화는 사실이다. 자연에서, 특히 찰스 다윈의 연구로 유명해진 갈라파고스 제도의 핀치새들에서, 지구의 생물이 남긴 화석 기록에서, 또 '슈퍼세균'이 항생제에 대한 내성을 키워 나가는 것에서 진화가 일어나고 있음이 관찰된다. 이 사실을 설명하기 위해 여러 이론이 제시됐다. 사물이 아래로 떨어지고 행성이 태양을 도는 궤도를 유지한다는 사실을 설명하기 위해 아이작 뉴턴과 알베르트 아인슈타인이 중력 이론을 제시한 것과 마찬가지다. 뉴턴의 이론이 여러 목적에서 상당히 좋기는 하지만, 오늘날 가장 좋은 중력 이론은 아인슈타인의 일반상대성이론이다. 관찰되는 사실을 잘 설명하고 있다는 뜻에서 그렇다. 관찰되는 사실을 잘 설명한다는 의미에서 오늘날 가장 좋은 진화 이론은 자연선택 이론이다. 그러나 뉴턴의 중력 이론이 그 분야의 최종판이 아니었듯 자연선택 이론 역시 이 분야의 최종판이 아닐 가능성이 있다. 하지만 아인슈타인이 뉴턴의 이론을 개량했다고 해서 사과가 나무에서 떨어지기를 멈추지 않은 것처럼, 누군가가 다윈의 이론을 개량한다고 해서 (내용을 누설하자면 이는 실제로 일어난 일이다) 생물이 진화를 멈추지는 않는다. 따라서 이 책은 사실 진화 자체의 기원에 관한 책이 아니라 진화라는 관념의 기원에 관한 책인데, 그렇다고 제목을 그렇게 지으면 그다지 입에 착 붙는 느낌이 들지 않는다.

여기서 짐작할 수 있듯 자연선택에 의한 진화 이론은 찰스 다윈의 머리에서 완성된 상태로 어느 날 뜬금없이 튀어나온 것이 아니다. 진화 관념은 고대 그리스 시대 이래로 여러 모습으로 존재해 왔고, 다윈 진화론의 핵심인 자연선택 관념 역시 다윈의 몇몇 선배나 동시대 사람들이 마치 유리창 너머로 어둑하게 바라보는 식으로 반쯤은 알고 있었다. 다만 다윈과 같은 시대 사람 중 앨프리드 러셀 월리스는 그것을 다윈만큼 뚜렷하게 알아보았다. 진화에 관한 이론 또한 대니얼 데닛이 말한 "다윈의 위험한 생각"에서 끝나지 않았다. 이 책의 목표는 다윈의 이 생각을 올바른 맥락 속에 놓아, 그것이 그 이전의 것을 바탕으로 하고 있고 또 20세기에는 더욱 발전하여 유전학과 진화에 관련된 생체분자들을 이해함으로써 소위 '현대종합이론'과 그 너머까지 나아가고 있음을 보여 주는 것이다. 이 중 그 어떤 것도 진화가 개체와 종 차원에서 어떻게 작용하는지를 깨달은 다윈의 업적을 무색하게 하지 않는다.

진화 관념은 일단 설명을 듣고 나면 금방 깨우치게 된다. '다윈의 불도그'라는 별명이 붙은 토머스 헨리 헉슬리가 한 말대로다. 그는 이 이론을 처음 들었을 때 이렇게 말했다. "이제까지 그 생각을 못 했다니 얼마나 멍청한가." 그러나 다들 잘 알고 있듯 무엇이든 알고 나면 빤한 법인 만큼, 그 생각을 먼저 할 수 있으려면 뛰어난 혜안이 있어야 했다. 다윈의 또 한 가지 공로는 예컨대 월리스와는 달리 이 생각을 보통 사람이 쉽고 명확하게 이해할 수 있는 책으로 내놓았다는 것이다. 그는 자연선택이라는 생각을 내놓은 제1의 인물로 인정받을 자격이 있다. 그렇지만 우리는 그의 공로는 고대로부터 이어 내려와 지금도 계속 이어 나가고 있는 사슬 속의 수많은 고리 중 하나라는 사실을 이 책에서 보여 주고자 한다. 이 책에서 들려주는 이야기는 진화에 관해 생각했다는 기록이 남아 있는 사람을 모두 설명하려 하지는 않는다는 점에서 불완전하다. 그러나 그중 주요 인물들을 집중 조명함으로써 이 이야기가 다윈 이전과 이후에 어떻게 전개되었는지를 보여 줄 수 있으리라 생각한다.

존 그리빈
메리 그리빈

제1부

고대

Ancient Times

1
유리창 너머로 어둑하게

19세기 유럽에서 진화라는 생각은 혁명적이었다. 생물의 형태를 비롯하여 모든 것을 하느님이 정해 두었기 때문에 세계는 본질적으로 변치 않는다고 보는 그리스도교의 확고한 전통을 뒤엎었기 때문이다. 이 전통은 사실 그리스도교 이전으로 거슬러 올라간다. 고대 그리스에서 플라톤과 그 제자 아리스토텔레스와 스토아학파는 다들 모든 생물의 형태는 신이 정해 두었다고 가르쳤다. 플라톤Plato의 철학은 '본질' 관념에 바탕을 두고 있었다. 그는 본질은 어떤 사물이 완전히 구체화한 것이라고 주장했다. 예컨대 본질적인 완전한 삼각형이 있지만, 지구에서 어떤 삼각형을 그려도 삼각형의 본질에 가까운 불완전한 삼각형에 지나지 않는다. 마찬가지로 각종 동식물에는 각기 하느님이 부여한 본질이 있다. 본질적인 말은 말이라는 생물 종의 완전한 모범으로서 말의 특질을 모두 지니고 있지만, 지구상에 살아 있는 모든 말은 이 본질적인 말을 불완전하게 나타내고 있을 뿐이다. 말이 각기 다른 것도 바로 이 때문이다. 그러나 말은 예컨대 얼룩말로 바뀔 수 없다. 삼각형이 사각형으로 바뀔 수 없는 것과 마

진화의 오리진

찬가지다.

기원전 384년부터 기원전 322년까지 살았던 아리스토텔레스 Aristotle는 이 생각을 더 발전시켰는데, 그가 쓴 글이 많이 보존된 덕분에 나중에 오래도록 그리스도교 사상가에게 특히 영향을 많이 주었다. 지구상의 생물이 복잡한 정도에 따라 각기 순서대로 자리를 잡고 있는 '존재의 거대한 사슬' 내지 '생명의 사다리' 관념을 그리스도교 사상가에게 전해 준 것도 아리스토텔레스였다. 물론 가장 꼭대기 자리는 인간이 차지한다. 그는 생물의 속성을 보면 '최종 원인'*이 있다는 것을 알 수 있다고 했다. 다양한 생물이 제각기 어떤 목적을 위해 설계됐다는 말이다. 그러나 우리가 볼 때 똑같이 흥미로운 것은 선배격인 엠페도클레스 Empedocles(기원전 490년경~기원전 430년경)의 사상을 반박하기 위해 아리스토텔레스가 공을 들였다는 사실이다. 엠페도클레스는 생물의 형태는 우연히 생겨났을지도 모른다는 이론을 내놓았는데, 다른 사람으로부터 이런 반응을 이끌어 낼 정도라면 그의 생각이 당시 어느 정도 영향력이 있었음이 분명하다. 이것은 진화 이론이 아니지만 어떤 면에서 자연선택 관념이 개입되어 있는 것은 확실하다. 아리스토텔레스는 오로지 얼토당토않고 불합리하다는 말을 하기 위해 엠페도클레스의 자연선택 과정을 설명한다. 아리스토텔레스는 앞니는 뾰족하여 음식을 자르는 데 적합하고 어금니는 넓어 음식을 가는 데 적합하다고 설명한 다음 이렇게 말한다.

---

* 아리스토텔레스는 어떤 현상을 네 가지 관점에서 원인을 살펴보아야 한다고 보았는데, '최종 원인'은 그 중 궁극적 목적을 강조하는 관점이다. (옮긴이)

그렇지만 이 두 가지 이가 이런 목적으로 만들어진 게 아니라 우연히 이렇게 배치됐다고도 말할 수 있으며, 뚜렷한 목적을 가지고 존재하는 것이 분명한 신체의 나머지 부분에도 동일한 추론이 적용된다. 그리고 우연히도 모든 것이 마치 어떤 목적이 있어서 만들어진 것처럼 적합하게 결합되면 그런 것들은 보존되고, 적합하게 결합되지 않으면 그런 것들은 파멸하여 스러졌다고 한다. 엠페도클레스의 주장이 그렇다.[2]

아리스토텔레스는 그것을 "불가능"하며, 그런 일이 "운이나 우연에 의해" 일어날 수는 없다는 말로 간단히 퇴짜를 놓는다. 그러나 여기서 그가 퇴짜를 놓고 있는 것은 사실 다양한 종류의 이 중에서도 앞니와 어금니가 어느 날 갑자기 생겨나 그중 가장 '적합'한 것만 살아남는다는 생각이다. 고대인이 파악하지 못한 것은 진화가 점진적이라는 점, 즉 여러 세대를 거치며 작은 변화가 쌓여 간다는 점이다. 엠페도클레스가 말한 내용을 자세히 들여다 보면 이것이 분명하게 드러난다.

엠페도클레스의 생각은 그가 쓴 글의 토막 형태로, 그리고 다른 저술가들의 글에서 언급되는 형태로 우리에게 전해진다. 그의 글 토막은 윌리엄 레너드William Leonard가 수집, 번역하여 1908년에 출판했는데, 이것을 읽어 보면 엠페도클레스가 생각한 생명의 원초적 기원에서는 머리, 몸통, 눈, 사지가 마구잡이로 결합되어 기괴한 조합을 이루었다는 것을 알 수 있다.

목 없는 머리가 많이 돋아났고,
팔이 어깨도 없이 덩그러니 떠돌아다녔으며,
얼굴 없는 눈이 떠돌며 지나갔다
…

사지가 제각기 떨어진 채 돌아다니며,
결합할 상대를 찾아 여기저기 기웃거렸다
…

이들 신체 부위는 마주치면 하나로 합쳐졌고,
그러자 여기저기서 수많은 탄생이 벌어져
각양각색의 생명이 기다랗게 줄지어 섰다
…

무수한 손이 달리고 발을 끌고 다니는 생물들
…

눈썹과 가슴이 이중으로 된 것이 많고,
어떤 것은 사람 얼굴에 몸통은 소이며,
어떤 것은 소의 머리 아래에 사람 형태를 하고 있고,
뒤죽박죽인 형태를 띠고 있었다……

그러나 살아가기에 가장 적합한 형태만 살아남아 번식했다. 이 각본에 따르면 이 모든 일은 오래전에 일어났지만, 글을 보면 엠페도클레스는 어떤 형태의 진화가 지금도 계속되고 있을지도 모른다고 믿었음을 미루어 짐작할 수 있다. 살아 있는 생물이 지금도 완전하지 않기 때문이다.

그보다 더 이전의 그리스 철학자 아낙시만드로스Anaximander(기원전 610년경~기원전 546년경)는 자연을 과학적으로 접근하자고 제안한 최초의 인물로 꼽힌다. 그는 자연은 법칙의 지배를 받는다는 것을 전제로 세계의 여러 측면을 설명하려고 시도했다. 엠페도클레스와 마찬가지로 그가 쓴 글은 오늘날 거의 남아 있지 않으나, 우리는 후대의 저술가들을 통해 그의 통찰력이 특히 뛰어나다는 것을 알고 있다. 아낙시만드로스는 인간은 유아기가 길고 어릴 때는 무력하기 때문에 최초의 인간이 무방비 상태의 아기로 나타났을 리가 없다고 지적했다. 이 수수께끼에 대해 그가 내놓은 답은 원초적 바다에서 물고기가 인간보다 먼저 등장했고, 최초의 인간은 물고기 같은 생물 안에서 어떤 방식으로 발달했다는 것이었다. 물속에 떠 있는 캡슐 안에 있는 것처럼 이 물고기 안에서 사춘기가 될 때까지 자란 다음, 번데기에서 빠져나오는 나비처럼 자기 자신을 보살필 수 있는 어른이 되어 그것을 터트리고 나왔다는 것이다. 여기서는 최초의 인간은 완전히 모양을 갖춘 채 창조되지 않았다는 생각이 그저 암시만 되어 있는 정도가 아니다.

에피쿠로스Epicurus(기원전 341~기원전 270)는 괴물이 등장하는 엠페도클레스의 생각 쪽으로 기울어진다. 그는 신이 설 자리가 있다고 보지 않는 유물론자였다. 그가 볼 때 최초의 생물은 원자의 결합을 통해 형성됐고, 그중 살아남기에 가장 유리한 것은 살아남고 그렇지 않은 것은 살아남지 못했다. 에피쿠로스의 철학은 로마의 저술가 루크레티우스Lucretius(기원전 99년경~기원전 55년경)가 이어받아 발전시켰으며, 그가 쓴 시 「사물의 본성De Rerum Natura」은 이런 식으로 생각하는 그리스인 선배들의 사상을 가장 잘 요약하고 있다.

루크레티우스는 원자론자로, 세계는 원자 즉 오늘날의 용어로 기본 입자가 일시적으로 배열되어 있는 상태에 지나지 않는다고 믿었다. 이것은 자비로운 창조주가 있다는 주장에 대한 반론 중 하나였는데, 그런 존재가 있다면 피조물을 창조할 때 영원하도록 만들었을 거라는 논리였다. (흥미롭게도 플라톤은 이 논리를 반대로 이용하여, 세계는 자비로운 신이 창조했기 때문에 영원할 것이 분명하다고 했다.) 그리고 만일 세계가 자비로운 창조주에 의해 만들어졌고 우리에게 이롭도록 설계됐다면 왜 인간이 살기에 그토록 적대적인가를 물었다. 또 지구상에서 생명이 어떻게 생겨났는가 하는 질문을 다루었다. 그는 젊은 지구는 너무나 비옥하여 온갖 생명체들이 땅에서 마구잡이식 형태로 저절로 솟아났다고 믿었다. 그 대부분은 먹지도 번식하지도 못해 죽고 힘이나 꾀가 있는 몇몇 종류만 살아남았다. 아울러 인류에게 유용한 종류도 살아남았다고 말한 것을 보면 루크레티우스조차 인간은 특별하다고 생각했음을 알 수 있다. 그러나 그는 살아남은 동물은 자기 종족을 복제할 수 있어야 했다는 점도 강조한다. 여기에는 오늘날과 같은 자연선택에 의한 진화 이론의 요소가 확실히 존재한다. 자연선택의 요건은 선택이 작용할 변이가 있어야 하고, 종이 성공적으로 번식할 수 있어야 한다는 것이다. 그러나 루크레티우스의 사상에서는 번식 과정에서 선택이 작용할 변이가 만들어진다는 암시는 없다. 그리고 여기서도 선택 과정은 오래전에 있었던 일이며 지금은 일어나지 않는 것으로 보고 있다. 고대인에게는 오늘날 우리가 이해하는 것과 같은 진화 이론은 없었지만, 그중에는 적어도 갖가지 형태의 생명체가 지구상 수많은 생명체 사이에서 각기 맡은 역할을 하도록 설계된 것처럼 보이는 이유를 설명하는 생각의 기본은 지니고 있는 사상이 있었다.

진화 사상의 전조로 볼 수 있는 생각은 동양 문화에서도 찾아볼 수 있다. 중국에서는 도가의 대표적 철학자 중 장자莊子(기원전 369?~기원전 286년경)가 생물학적 변화를 언급했다. 도교에서는 생물 종이 고정되어 있다는 생각을 거부하고 '끝없는 변형'을 거친다고 말하면서 '생존투쟁'에 가까운 이미지를 전달한다. 이것은 다윈과 월리스의 사고에 독자적으로 영향을 준 것과 같은 이미지다. 생물 세계에서 모든 종은 서로의 먹이이다. 먹이사슬의 정점에 있는 사자 같은 동물조차도 질병의 '먹이'가 된다. 도가에서는 조화와는 거리가 멀어 보이는 이 현상을 만일 이런 식으로 먹히지 않는 종이 있다면 무한정 번식하여 모든 자원을 소모하고 자멸에 이를 것이라고 주장하면서 설명한다. 만일 인간이 질병을 깨끗이 쓸어버리고 무한정 번식한다면 인간은 자신과 세계를 위험에 빠트리는 것이다. 도가의 철학자가 아니라 18세기 영국의 토머스 맬서스 신부도 이와 비슷한 사상을 내놓았는데 이것이 다윈과 월리스에게 영향을 준다.

고대 동양을 벗어나 지리적, 역사적으로 유럽 쪽으로 좀 더 다가가서, 이슬람 학자들은 생물 세계와 무생물 세계의 관계, 다양한 형태의 생물체 간의 상호작용, 그리고 인간과 나머지 동물 간의 관계라는 수수께끼를 풀고자 했다. 9세기 전반기에 아리스토텔레스가 아랍어로 번역되었고, 10세기에는 오늘날이라면 과학이라고 부를 것이 당시 이슬람 세계에 속했던 스페인에서 철학자 사이에 열띤 논

쟁거리가 됐다. 9세기에 알 자히즈al-Jahiz(776~868)는 저서 『동물의
서Kitab al-Hayawan』에 다음과 같이 썼다.

> 모든 동물은 간단히 말해 음식 없이는 존재할 수 없으며, 사냥하
> 는 동물도 자기 자신이 사냥 당하는 것을 피할 수 없다. 약한 동
> 물은 누구나 자신보다 더 약한 동물을 먹어 치운다. 강한 동물
> 은 자신보다 더 강한 동물에게 먹히는 것을 피할 수 없다. 그리
> 고 이 점에서 인간은 동물과 다르지 않다. 인간 사이에서도 서
> 로 그러하며, 다만 모두가 똑같은 결말에 다다르지는 않는다.
> 간단히 말해 하느님은 일부 인간은 다른 이들에게 삶의 원인이
> 되게 했고, 또 마찬가지로 일부는 다른 이들에게 죽음의 원인이
> 되게 했다.[3]

　이 학자들 중 일부는 지구와 지구상의 생명이 장구한 시간 동안
존재해 왔다는 것을 이해하는 초기 단계에 있었다. 페르시아의 박
식가 이븐 시나Avicenna(980년경~1037)는 다음과 같이 썼다.

> 산은 두 가지 원인에 의해 생겨났을 것이다. 하나는 지구 지각
> 이 들려 올라온 결과일 것이다. 예컨대 격렬한 지진이 일어나
> 는 동안이라면 그럴 수 있다. 또 하나는 물 때문일 것이다. 물이
> 새로 길을 내며 골짜기를 깎아 냈으며, 어떤 층은 부드럽고 어
> 떤 층은 단단한 여러 층으로 되어 있다. 한쪽은 바람과 물에 부
> 스러지고 다른 쪽은 그대로 남는다. 지구에서 높은 곳은 대부분

후자에 의해 생겨났다. 그런 모든 변화가 일어나려면 오랜 기간이 필요하며, 그러는 동안 산 자체의 크기가 어느 정도 줄어들지도 모른다.[4]

13세기에 페르시아의 박식가 나시르 알딘 알투시Nasir al-Din al-Tusi(1201~1274)는 생물체가 환경에 적응하는 방식을 논했다. 그가 사용한 언어는 이따금 진화 이론을 묘사하고 있다고 해석되기도 했으나, 그랬으면 하는 희망이 어느 정도 섞인 해석으로 보인다. 알투시는 저서 『나시리의 윤리학Akhlaq-i Nasiri』에서 다양한 생물학 주제를 다루면서 생명의 사다리와 비슷한 것을 묘사했다. 생명의 기원에 관한 그의 설명은 루크레티우스의 설명과 비슷하여, 혼돈에서 출발하여 질서와 생명이 생겨났고, 어떤 형태의 생명체는 성공하고 어떤 것은 실패했다고 본다. 옛 시대의 진화 사상을 찾으려는 사람들을 흥분시키는 구절은 다음과 같다.

새로운 특징을 더 빨리 획득할 수 있는 생물체는 더 가변적이다. 그 결과 이들은 다른 생물보다 더 유리한 위치에 선다. … 신체는 내적, 외적 상호작용의 결과 변화한다.

그러나 한 세대가 다른 세대의 뒤를 이으면서 이런 변화를 획득한다는 뜻인지, 아니면 개체가 환경의 압박에 대응하여 자신의 신체를 바꾼다는 뜻인지는 분명하지 않다. 후자는 '라마르크주의'라고 하며 이 책의 4장에서 다룬다.

진화의 오리진

다른 이슬람 학자들의 말도 이처럼 의미가 모호하여 분명히 파악할 수 없다. 이븐 할둔Ibn Khaldun(1332~1406)은 1377년 저서 『역사서설 Al-Muqaddimah』에서 다음과 같이 썼다.

> 이에 동물계가 넓어져 종이 많아지고, 또 조금씩 창조 과정을 따라가다 보면 마침내 생각하고 반성할 줄 아는 인간에게 다다른다. 인간이라는 더 높은 위치에 다다르기 전에 원숭이 세계가 있는데, 여기서는 총명성과 지각력을 볼 수 있지만 아직 반성과 생각에는 이르지 않았다. 이 단계를 넘어서면 인간의 첫 단계에 이른다. 우리의 [물리적] 관찰은 여기까지이다.

그가 원숭이**로부터** 인간으로 발달하는 것을 말하는지 아니면 그저 창조의 사다리에 각각의 종을 서열에 따라 올려놓고 있을 뿐인지는 분명하지 않지만, '현존하는 것이 다른 것으로 변형'하는 것도 언급하고 있는 것은 사실이다.

이 정도면 자연 속에서 인류가 차지하는 위치에 대해, 또 살아 있는 종 간의 관계에 대해 본격적으로 생각한 사람들이 다윈 훨씬 이전에도 있었을 뿐 아니라 서유럽이라는 영역 훨씬 바깥에도 있었다는 사실을 충분히 알 수 있다. 그렇지만 사실 오늘날 우리가 이해하는 진화 관념은 서유럽의 그리스도교 사회에서 나왔다. 그러나 서유럽에 뿌리내린 종교 환경은 진화 관념의 발달에 도움이 되지 않았다. 교회 사람들이 자기네의 옛 사상가들을 좀 더 눈여겨보았다면 그리스도교 사상 내에서라 해도 사정은 다르게 전개됐을 것이다.

초기 그리스도교회의 몇몇 중요 인물은 창세기에 나오는 창조 이야기를 문자 그대로 받아들여서는 안 된다는 것을 깨닫고, 설령 모든 것이 하느님의 인도라 할지라도 지구상의 생물은 더 원시적인 기원으로부터 발달했을 수밖에 없다는 것을 알아보았다. 알렉산드리아의 오리게네스Origen(184년경~253년경)는 초기 그리스도교의 가장 중요한 철학자이자 신학자 중 한 사람으로서 방대한 양의 글을 남겼다. 그가 쓴 글에는 성서 이야기는 우화로 생각해야 하며, 세계 창조를 문자 그대로 설명하는 것으로 받아들여서는 안 된다는 생각도 포함되어 있다. 그는 이 생각을 비롯하여 많은 주제를 다루었으나, 애쓴 보람도 없이 400년에 열린 알렉산드리아 공의회에서 이단 판결을 받았고, 543년에는 유스티니아누스 1세 황제가 다시 한번 그에게 이단 판결을 내리면서 그의 모든 저작물을 불태우라고 명했다. 아리스토텔레스가 엠페도클레스를 비판한 것과 마찬가지로, 오리게네스가 죽은 지 이미 거의 300년이나 지났는데도 유스티니아누스가 굳이 이렇게 한 것을 보면 그의 영향이 얼마나 널리 퍼져 있었는지 알 수 있다.

유스티니아누스가 시간을 거슬러 오리게네스를 검열하고 있던 무렵 히포의 주교 아우구스티누스Augustine(성 아우구스티누스, 354~430)도 일찍이 창세기 논쟁에 관해 내놓은 의견이 있었다. 아우구스티누스 역시 다작가였고 여러 주제에 관한 그의 생각은 시간이 지나면서 달라졌지만, 그의 핵심 가르침 하나는 성서의 축자적 해석(글자 그대로 해석)이 논리나 이성과 충돌을 일으킨다면 은유나 우화로 해석해야 한다는 것이다. 그는 이성을 하느님이 우리에게 준 추론 능력이라 생각했으므로 그만큼 더 중요시했으며, 성서의 창조 이야기는 창세기가 쓰인 무렵 살았던 사람들이 이해할 수 있도록 그렇게 단순한 형태로 쓰였다고 주장했다. 이 생각은 그의 역작 『창세기의 축자적 해석에 관하여 *De Genesi ad Litteram*』의 제5권에 나온다. 그는 창세기의 정확한 해석은 물과 땅에서 동식물이 나와 "긴 시간을 두고 … 각기 자기 본성에 따라 발달한다"는 것이라고 말하면서, 이를 땅에 묻힌 씨앗으로부터 나무가 나와 다 자란 형태로 변화하는 것에 비유한다. 그런데 그는 예컨대 동물이 태아로부터 성장하는 것이 아니라 생물 종이 단순한 것으로부터 발달하는 것을 이렇게 비유한다. 하느님은 생물을 위해 잠재력을 창조했고, 이것이 "시간이 가면서 종류에 따라 제각기 다른 날에" 완전히 열매를 맺는 것이다. 이것은 변화이기는 하지만 사실 진화는 아니다. 모든 것이 하느님에 의해 미리 계획돼 있기 때문이다. "하느님은 처음에 만들었던 종류의 피조물대로 새로운 것들을 많이 만드시는데 처음에 만들지 않았던 것들이다. … 처음 피조물을 만들 때 그 안에 넣어 둔 자손 세대를 하느님이 펼쳐내신다." 아우구스티누스는 씨앗 비유를 더 풀어내면서 다음과 같이 말한다.

> [씨앗] 안에는 보이지는 않으나 나무로 자라날 모든 것이 들어 있다. 그리고 우리는 세계[의 기원]를 이와 같은 방식으로 생각해야 한다. … 여기에는 하늘과 그 안의 해와 달과 별뿐 아니라 … 물과 땅에서 잠재력과 목적을 안고 태어나 시간이 가면서 나타난 존재들도 포함된다.

아우구스티누스는 이렇게 말한다. "식물과 새와 동물은 완벽하지 않지만 잠재력을 지닌 상태로 창조됐다."

또 『창세기에 관하여 De Genesi』라는 책에서는 이렇게 말한다. "하느님이 인간을 흙에서 만드실 때 육체의 손으로 만드셨다고 생각하는 것은 매우 유치하다. … 하느님은 사람을 육체의 손으로 만드시지 않았고 목과 입술로 사람에게 숨을 불어넣으시지도 않았다." 교회는 그의 신학은 받아들여 중요한 기둥으로 삼았으나, 그의 사상 중 이 부분은 소홀히 취급하면서 교육받지 못한 대중을 위해 성서의 단순한 설명을 퍼트렸다. 만일 그러지 않았다면 어떻게 됐을까? 19세기 후반 헨리 오스본 Henry Osborn은 『종의 기원 On the Origin of Species』이 나온 뒤 이에 관해 저서 『그리스인부터 다윈까지 From the Greeks to Darwin』에서 다음과 같이 자신의 의견을 내놓았다.

> 아우구스티누스의 정설이 교회의 가르침으로 남아 있었다면 진화론이 최종적으로 확립된 시기는 더 앞당겨졌을 것이다. 19세기가 아니라 18세기였을 것이 분명하며, 자연의 이 진리를 두고 지독한 논란은 결코 일어나지 않았을 것이다. … 창세기에서는 동식물이 그 자리에서 직접 창조됐다고 가르치는 것으로 보이지만, 아우구스티누스는 이것을 아리스토텔레스가 말하는 '근본 원인'에 비추어 불완전으로부터 완전을 향해 점진적으로 발달하는 것으로 읽는다. 누구보다도 영향력이 큰 이 주교는 이처럼 오늘날 진화 이론을 받아들인 신학자들의 진보적 관점에 매우 가까운 의견을 후대에게 남긴 것이다.

진화의 오리진

만일 그가 말하는 19세기 신학자들이 진화를 단순히 아리스토텔레스가 말하는 근본 원인에 비추어 불완전으로부터 완전을 향해 점진적으로 발달하는 것으로만 보았다면 그들의 관점이 과연 충분히 진보적이었을까 하는 의문은 또 다른 문제다.

아리스토텔레스의 생각은 애초에 고대 그리스어에서 이슬람어로 번역됐다가 12세기에 그것이 다시 라틴어로 번역되어 학자들이 읽을 수 있게 된 이후 서양의 그리스도교회에 뿌리를 내렸다. 이 학자들 중 가장 큰 영향을 미친 사람은 마찬가지로 성인으로 추앙받는 토마스 아퀴나스Thomas Aquinas(1225~1274)이다. 그는 7일간의 창조를 비유라고 생각한 아우구스티누스의 해석에 동의하지 않고 하느님이 보통의 하루 기준으로 6일 동안 창조하고 일곱째 날에 쉬었다는 이야기를 문자 그대로 사실이라 믿었지만, 아우구스티누스가 말한 내용의 많은 부분에 찬성한 것으로 보인다. 그는 창세기 이야기를 하느님이 일곱째 날 새로운 피조물의 창조를 그만두었다는 의미로 해석했는데, 그 이후 생겨난 모든 것은 똑같이 '닮은' 조상으로부터 생겨났으므로 새로운 것이 아니라는 의미에서 그렇다고 보았다. 여기서 '닮았다'는 것은 오늘날 우리라면 '종'이라고 생각할 수 있을 것이다. "창조가 하느님 아래에서 이루어지고 있는 만큼, 시간이 지나면서 하느님의 섭리에 따라 만들어진 모든 것들은 아우구스티누스가 말한 대로 어떤 씨앗 같은 형태에 따라 사물의 최초 조건대로 만들어졌다. … 하늘과 땅을 만드신 날 하느님은 또 들판의 모든 식물을 만드셨는데, 실은 실제로 그렇게 만드신 게 아니라 '땅에서 솟아나기 전'의 모양으로 즉 잠재적으로 만드신 것이다." 이렇게 보면 시간이 가면서 지구에서 생물체가 발달할 여지가 생겨나고, 나아가 개개의 종이 아리스토텔레스가 말하는 완전을 향해 발달하려고 노력하면서 어떤 면에서 개량될 여지도 생겨난다. 그러나 결정적으로 이 관점에서는 창조 이후에 새로운 종이 생겨난다는 생각은 명확하게 배제한다.

흥미롭게도 토마스는 인간의 영혼은 하느님이 하나하나 직접 창조했다고 주장하면서도 인간이 다른 동물과 똑같은 행동 법칙의 지배를 받는다는 생각 또한 아무 문제없이 받아들일 수 있었던 것으로 보인다. 사우스이스턴루이지애나 대학교의 매트 로사노Matt Rossano는 토마스의 일부 가르침과 현대 진화심리학의 생각이 유사하다고 지적했다. 진화심리학은 과거에 사회생물학이라 불리던 학문 분야다. 토마스는 『반이교도대전Summa Contra Gentiles』에서 다음과 같이 말한다.

> 우리는 예컨대 개 같은 동물의 경우 암컷이 혼자 충분히 새끼를 기르며, 성행위가 이루어지고 나면 암컷과 수컷이 조금도 함께 지내지 않는 것을 볼 수 있다. 그러나 암컷이 혼자 새끼를 충분히 기를 수 없는 동물은 모두 암컷과 수컷이 성행위를 한 뒤 새끼를 기르고 훈련시키는 데 필요한 만큼 함께 산다. 이것은 새끼가 부화한 직후 혼자 먹이를 찾을 능력이 없는 새들에게서 나타난다. … 따라서 모든 동물은 자식을 기르기 위해 아비의 협력이 꼭 필요한 기간만큼 수컷이 암컷 곁에 머물 필요가 있는 반면, 사람의 경우에는 남자가 정해진 한 여자와 단기간이 아니라 장기간 공동체로 묶이는 것이 자연스럽다.

토마스는 또 오늘날 '부성 확실성'이라 불리는 것의 중요성을 이해하고 있었다. 이것은 수컷이 자기 자신의 유전자가 확실히 다음 세대로 전달되게 하는 것을 말한다.

> 모든 동물은 먹는 것과 마찬가지로 자유로운 성적 결합의 쾌락을 누리고 싶어 한다. 이 자유는 한 암컷에게 수컷이 여럿 있거나 그 반대일 때 방해를 받는다. … 그러나 사람의 경우에는 특별한 이유가 한 가지 있는데, 남자는 자연스레 자식이 자기 자식임을 확실히 해 두기를 바란다는 것이다. … 아내에게 남편이 동시에 두 명 이상 허용되지 않는 이유는 그렇게 하지 않으면 부성이 불확실해지기 때문이다.

토마스 아퀴나스가 질문하지 않는 것은 만일 모든 것이 하느님에 의해 결정돼 있다면 수컷에게 부성이 **왜** 문제가 될까 하는 것이다. 그는 이것을 자연스러운 욕구로 본다. 그러나 이것은 현대 진화 이론의 한 가지 측면 즉 '자연스러운' 행동 양식이 왜 생겨났는가 하는 등의 질문을 다루는 심오한 측면을 암시하고 ― 암시하는 수준 이상으로 가리키고 ― 있다. 현대 진화 이론에서는 개개의 동물은 자신의 유전자를 복제한 사본을 다음 세대로 전달할 기회를 최대화한다는 것으로 모두 설명된다. 이 복제는 자연선택에 의한 진화에서 너무나도 중요한 부분이다. '자연스러운' 행동이 우리에게 자연스러워 보이는 이유는 그것이 진화 차원에서 성공적이었기 때문이다. 토마스는 유전자에 대해 아무것도 모르면서도 자연계에서 그런 행동이 일어나는 이유를 명확히 알아보았고, 그런 점에서 인간이나 여타 동물이 행동에는 차이가 없다는 것도 똑같이 명확하게 알아보았다. 토마스같이 머리가 좋고 통찰력이 뛰어난 사람이 600년 뒤 찰스 다윈이 찾아낸 증거를 보거나 직접 찾아낸다면, 하느님을 인간 영혼의 창조자로 굳게 믿고 있다 해도 자연선택에 의한 진화 관념을 받아들일 거라고 상상하기는 어렵지 않다. 애석하게도 교회의 가르침을 책임진 사람들은 그 600년 거의 내내 대부분 토마스처럼 통찰력이 뛰어나지도 머리가 좋지도 않았고, 그래서 공식 노선은 우리가 주위에서 보는 세계는 하느님이 설계한 그대로 고정불변하다는 것이었다. 생물에 관한 한 존재의 사슬 내지 사다리가 올바른 이미지였다. 각각의 종은 사슬의 한 고리 또는 사다리의 한 가로장을 차지하며, 이 사다리는 실제로 제일 꼭대기에 있는 하느님으로부터 천사, 대부분 죽을 운명이지만 영혼이 있는 인간, 동물, 식물, 광물까지 내려간다. 이 이미지는 토마스 이후의 지배자들에게 막강한 도구였는데, 이것을 확장하여 사회에서 모든 인간은 각기 존재의 사슬 안에서 하느님이 정해 둔 자리가 있다고 말할 수 있기 때문이었다. 소작농이든 귀족이든, 거지든 왕이든 하느님이 그렇게 정리해 놓았기 때문에 자신의 운명을 받아들여야 했다. 자신의 지위를 낮춰 비천한 동물처럼 행동하면 죄가 되겠지만, 분수를 넘어 자신보다 지위가 높은 사람처럼 생각하거나 행동하는 것도 똑같이 죄가 됐다. 그러므로 기득권층에게는 이 생각을 장려할 확실한 이유가 있었다.

이렇게 그리스도교화한 플라톤/아리스토텔레스 세계에서는 어떤 종도 사슬의 한 고리에서 다른 고리로 옮겨 갈 수 없다. 비어 있는

진화의 오리진

고리도 없고 고리(사다리의 가로장)마다 차지하고 있는 종이 있기 때문이다. 그리고 인접한 고리의 종은 서로 매우 닮았다. 이 관념은 그대로 18세기까지 생물학적 사고에서 중심을 차지한 원칙이었다. 그 영향을 1733년 알렉산더 포프 Alexander Pope[*]가 「인간론 An Essay on Man」이라는 시에서 읊은 다음 구절보다 더 잘 요약하는 것은 없다.

> 존재의 끝없는 사슬! 하느님을 필두로
> 천상의 존재, 천사, 사람,
> 짐승, 새, 물고기, 곤충, 눈으로 볼 수 없는 것까지,
> 유리로도 닿지 않는 것까지. 무한부터 그대까지,
> 그대부터 무無까지, — 너무나 짓눌렸네
> 우리는 강자의 힘에, 약자는 우리의 힘에.
> 그러지 않으면 전체 창조 안에 공백이 남으니까
> 가로장 하나가 부서지면 저 거대한 사다리가 망가지니까.
> 열 번째든 만 번째든 자연의 사슬에서
> 어디를 부수든 똑같이 사슬 전체가 부서지니까.

그러나 이 무렵에 이르러 17세기의 가장 위대한 천재 중 한 사람이 생물은 진화하며 종은 변형한다는 생각을 분명하게 내놓았다. 그는 그 이전 세기 중반에 시작된 과학 혁명에서 핵심적 역할을 맡은 사람이다.

---

[*] 알렉산더 포프(1688~1744). 18세기 초 영국을 대표하는 시인. 풍자적, 철학적 시로 유명하다. (옮긴이)

2
새벽 아닌 새벽

르네상스 즉 서유럽의 문예부흥은 15세기 동로마제국(비잔티움)의 붕괴와 연관된 것으로 보고 있다. 이때 그리스어를 쓰는 학자들이 이탈리아나 더 서쪽으로 피난을 가면서 가지고 간 문서와 사상 덕분에 문명의 재탄생이 촉진됐다는 것이다. 그 밖에 다른 요인도 있었다. 같은 세기에 요하네스 구텐베르크Johannes Gutenberg가 활자를 개발한 것도 한 가지 중요한 요인이다. 그러나 요인이 무엇이든 16세기 초에 이르러 르네상스는 본격적으로 진행되고 있었다.

르네상스 초기에는 고대인의 가르침이 물질세계와 생물세계를 가장 잘 묘사하고 있는 것으로 받아들였다. 16세기 사람들은 고대인이 자기네보다 지적으로 더 뛰어나다고 보았다. 아리스토텔레스 같은 고대 그리스인의 뒤를 잇고는 있지만, 자기네가 지금 재발견하고 있는 것을 고대인은 이미 알고 있었기 때문이다. 그러나 사정은 이내 달라지기 시작했다. 과학 르네상스가 시작됐다고 볼 수 있는 편리한 시발점은 1543년이다. 이해에 니콜라우스 코페르니쿠스Nicolaus Copernicus가 『천체 공전에 관하여De Revolutionibus Orbium Coelestium』

라는 책을 출간했는데 이 책에서는 지구가 태양을 돌고 있다고 했다. 같은 해에 안드레아스 베살리우스Andreas Vesalius도 그에 못지않게 중요하지만 덜 유명한 책『인체 구조에 관하여De Humani Corporis Fabrica』를 출간했는데 이것은 해부를 바탕으로 인체를 정확하게 묘사한 최초의 책이다. 눈이 가려지지 않은 사람들이 볼 때 이제 지구는 하나의 행성에 불과하고 인간은 동물에 불과하다는 게 분명해졌다. 아쉽게도 그 뒤로 몇 세기 동안이나 수많은 사람의 눈이 가려진 채였으므로 자연에서 인간이 차지하는 위치를 있는 그대로 받아들이지는 못했지만, 시작은 한 셈이었다.

진화가 일어났다고 이해하게 된 첫걸음은 옛날에 살았던 생물이 고대의 바위 속에 보존된 화석을 조사하는 데서 시작됐다. 그러나 방금 그 단순한 한마디에는 많은 것이 압축되어 있다. 첫째, 화석이 생물의 유해라는 점을 인식해야 했다. 둘째, 바위가 고대의 것이라고 인식해야 했다. 17세기 초에는 이 두 가지 중 어느 것도 널리 받아들여지지 않았다. 물론 화석이 있다는 사실을 알아차린 사람은 많았다. 레오나르도 다빈치Leonardo da Vinci(1452~1519)도 화석이라는 수수께끼를 생각한 사상가였다. 중요한 수수께끼 하나는 바다로부터 멀리 떨어진 높다란 산간 바위 속에서 조개와 비슷한 무늬가 발견된다는 사실이었다. 레오나르도 시대에는 이런 무늬는 조개를 비롯한 여러 생물체와 닮았을 뿐이며, 아마도 바위가 생겨날 때 만들어졌거나 별과 달의 불가사의한 영향으로 지금도 만들어지고 있다는 것이 일반적 믿음이었다. 하지만 레오나르도는 그렇게 믿지 않았다. 화석이 어떻게 생겨났는지는 몰라도 초자연적으로 만들어지지는 않았다고 확신했다. 16세기 초에 그는 연구 노트에 다음과 같이 적었다.

> 이런 조개가 장소의 특성이나 하늘의 영향에 의해 이런 곳에 만들어졌고 지금도 계속 만들어지고 있다고 한다면 … 뛰어난 추론 능력이 있는 뇌에는 그런 의견이 존재할 수 없다.

추론 능력이 충분히 뛰어난 뇌가 그로부터 한 세기 반 뒤에 이 수수께끼를 풀어냈다.

로버트 훅Robert Hooke은 이따금 '런던의 레오나르도'라 불린다. 레오나르도 다빈치와 마찬가지로 그 역시 박식했다. 그는 천문학과 현미경학에 크게 기여했고, 1666년 런던 대화재 이후 런던을 재건할 때 크리스토퍼 렌Christopher Wren의 건축 파트너였다. 렌의 작품으로 알려진 교회 중에는 그의 작품이 많다. 그리고 과학을 대중화한 최초의 인물이었다. 특히 그가 쓴 『마이크로그라피아Micrographia』에 대해 새뮤얼 피프스Samuel Pepys*는 "내 평생 읽은 것 중 가장 독창적인 책"이라고 묘사했다. 그러나 여기서 우리는 그의 생전에는 대체로 무시됐던 생물학 및 지구과학에 관한 그의 연구에 초점을 맞추기로 하자.

훅은 1635년 영국 와이트섬의 프레시워터에서 태어났다. 이 장소는 중요한데 섬의 높다란 절벽에 노출되어 있는 백악층에 조개가 많기 때문이다. 파도가 닿지 않는 아주 높은 곳의 백악층까지도 그렇

---

* 새뮤얼 피프스(1633~1703). 영국의 행정가이자 정치가였으나, 1660년부터 1669년까지 10년 간 쓴 자세한 일기로 가장 유명하다. 이 일기는 19세기에 처음 출간됐다. (옮긴이)

진화의 오리진

다. 혹은 나중에 바다 위 높다란 부분의 모래층에 "굴, 삿갓조개, 여러 종류의 고둥 등 매우 다양한 종류의 조개류가 가득 차 있는"[5] 것을 보고 호기심이 일었던 일을 회상했다. 이에 대한 표준적 설명은 성서의 홍수와 관계가 있다는 것이었으나, 정확히 어떤 과정을 통해 그렇게 됐는지에 대한 설명은 여전히 모호했다.

올세인츠 교회의 보조 사제였던 훅의 아버지는 성서의 설명을 받아들였을 것이다. 그는 어린 로버트가 너무 허약해 형처럼 기숙학교에 보내지는 못하겠다고 생각하고 직접 가르쳤다. 로버트가 자라나는 동안 잉글랜드 본토는 내전의 혼란에 휩쓸린 곳이 많았지만 와이트섬에는 전란의 영향이 미치지 않았다. 1648년 아버지가 죽자 13세의 로버트는 약간의 유산을 물려받아 그것을 가지고 런던으로 가서 웨스트민스터 공립학교에 들어갈 수 있었다. 학교에서 그는 빛나는 학생이었다. 특히 수학에 뛰어났다. 1649년 1월 국왕 찰스 1세가 처형되고 의회파가 권력을 쥐면서 사회는 질서를 되찾았고, 1653년 이렇게 혼란이 가라앉은 시기에 훅은 18세의 나이로 옥스퍼드 대학교에 들어갔다. 그러나 문학사 학위 시험을 치르지 않고, 대학 교수들을 비롯하여 오늘날 과학이라 부르는 것에 관심이 많은 신사 계급 사람들이 모인 '철학자' 동아리의 조수가 됐다. 그는 정규 강의에 출석하는 것보다 그들로부터 지식을 습득했고, 그들 중 가장 뛰어난 과학자 로버트 보일Robert Boyle(1627~1691)과는 고용주와 조수의 관계를 넘어서서 친구가 됐다. 훅은 보일이 한 여러 가지 실험 연구에서 사실상 그의 공동 연구자였다. 의회정치 시대가 끝나고 찰스 2세가 복위한 뒤 1661년 런던에서 왕립학회가 설립됐을 때

혹은 이런 인맥 덕분에 학회의 실험 담당 학예사가 됐다. 학회의 석학회원 중에는 옥스퍼드에 있을 때 그를 조수로 고용했던 신사가 많았다. 그는 정기 모임에서 석학회원들에게 실험을 시연하고 자기 자신의 실험을 진행하는 등 이내 학회가 돌아가게 만드는 중요한 인물이 됐다. 다방면에 걸쳐 관심이 많았지만 초창기 그의 연구는 대체로 새로 발명된 현미경을 사용한 것이었다. 자신의 '첫 시도'라고 말한 이런 연구의 결과 1665년 초 그의 걸작 『마이크로그라피아』가 출간됐다. 머리말에서 그는 신이나 신비로운 영혼을 언급하지 않고 자연의 기계론적 해석을 지지하는 자신의 입장을 다음처럼 분명히 밝힌다.

> 우리는 어쩌면 인간의 지혜로 만들어진 바퀴와 기계장치와 스프링으로 유지되는 기예(기술과 예술)의 산물이 어떻게 작동하는지를 아는 것과 거의 같은 방식으로 자연의 모든 비밀스런 작용을 알아낼 수 있을 것이다.

『마이크로그라피아』가 출간된 무렵 혹은 여러 가지 화석과 규화목을 조사하여, 돌에 이렇게 남아 있는 것들은 한때 정말로 생물이었다고 판단하고 다음과 같이 결론을 내렸다.

> 이 생물들은 죽은 다음 … 모종의 진흙이나 찰흙 또는 돌로 굳는 물이나 다른 어떤 물질로 채워졌다가 시간이 지나면서 한데 뒤엉켜 단단하게 굳은 것이다.

진화의 오리진

나중에 왕립학회에서 지진에 관해 여러 차례에 걸쳐 강연하면서 이에 대해 자세히 설명했다. 그는 당시 지구 표면에서 일어난 온갖 종류의 변화를 모두 일컬어 '지진'이라는 용어를 사용했다.[6] 화석은 생물체 자체가 돌로 변했거나 생물의 자국이 남은 것이라고 명확하게 선언했으며, 그와 다른 어떤 생각도 다빈치만큼이나 확고하게 거부했다. 그는 화석이 "하늘의 어떤 특별한 영향에 의해 만들어졌다거나 붙박이별과 행성들의 모양이나 위치에 의해 그것들이 생성됐다는 생각은 근거 없는 환상이다"라고 말했다.

이와 비슷한 시기에 (『마이크로그라피아』가 출간된 이후라는 점도 의미가 있겠지만) 덴마크의 과학자 닐스 스텐슨Niels Stensen도 화석은 생물의 유체라는 것을 깨달았다. 니콜라스 스테노Nicolas Steno라는 라틴어 이름으로 더 널리 알려져 있는 그는 1638년에 태어났고, 그의 유일하게 중요한 과학 연구를 출간한 1669년에는 의사 자격을 갖고 있었다. 그 연구의 제목은 「고형물 내 자연적으로 포함되어 있는 고형물 연구에 대한 예비 보고서」였다. 고형물 안의 고형물은 화석을 말한다. 그는 특히 혀 모양으로 생겼다 하여 '헛돌'이라 불리는 돌을 중점적으로 다루면서 그것이 상어 이빨의 화석이라고 밝혔는데 이것은 정확하다. 그는 헛돌이 발견되는 바위는 물 밑에 놓여 있었을 것이 분명하며, 그런 층이 다수 있으므로 대홍수가 연이어 일어났을 것이 확실하고, 그중 가장 나중에 있었던 홍수를 성서의 대홍수로 볼 수 있다고 추론했다.

왕립학회의 간사 헨리 올덴부르크Henry Oldenburg가 이 연구를 번역하여 홍보했기 때문에 스테노의 생각은 잉글랜드에서 관심을 끌었다. 올덴부르크는 훅에게 우호적이지 않았다. 이전에 그는 훅이 지진에 관해 한 강연의 요지를 스테노에게 전한 일이 있었다. 그가 전한 정보는 화석에 관한 스테노의 생각을 더욱 굳혀 주는 정도 이상의 역할을 하지 않았을 가능성도 있다. 그렇다 쳐도, 올덴부르크가 스테노의 연구를 적극적으로 홍보한 것은 그보다 먼저 훅이 더 완전한 형태로 내놓은 연구의 의미가 가려지는 데 한몫했다. 그 때문에 훅이 비판을 내놓았는지는 몰라도 스테노는 이미 거기 답할 위치에 있지 않았다. 과학을 그만두고 극단적 금욕주의 성향을 지닌 천주교 사제가 됐기 때문이다. 앞서 말한 「예비 보고서」에서 말한 책은 결국 나오지 않았다. 그는 48세에 죽었는데 극도의 단식과 금욕도 일찍 죽은 한 가지 원인이었다.

그렇지만 훅은 스테노보다 훨씬 더 나아가 해양 화석이 바다로부터 그렇게나 먼 내륙에서 해수면보다 그렇게나 높은 곳에서 발견되는 이유를 훨씬 깊이 파악했다. 그는 더없이 높은 산간 지방에서, 더없이 깊은 광산 밑바닥에서, 그리고 바다로부터 멀리 떨어진 산속 채석장의 바위에서 화석이 발견된다는 것을 설명한 다음, 시간이 가면서 "지구 표면이 변형하여 다른 성질의 것으로 바뀌었을" 때에만 그런 일이 일어날 수 있다면서 이렇게 말했다. "과거에 바다였던 곳이 지금은 육지이고 과거에 육지였던 곳이 지금은 바다이며, 수많은 산이 과거에는 골짜기였고 골짜기는 산이었다."

그리고 그가 말하는 '시간의 흐름'이 무슨 뜻인지 다음처럼 설명한다.

이 모든 것이 한꺼번에 이루어졌다고 보지도 않는다. 어떤 것은 세계의 한 시대에 또 어떤 것은 다른 시대에 연속적으로 이뤄졌을 것이다. 그리고 그 시간의 경과는 그 위에 쌓인 식물 생육에 적당한 흙이나 부엽토의 양이나 두께를 가지고 어느 정도 알아낼 수 있을 것이다.

그는 지구가 당시 성서학자들이 받아들이고 있던 몇천 년보다 훨씬 더 오래됐다는 것뿐 아니라 연속적인 바위층의 생성 연대를 지표면까지의 깊이를 가지고 측정할 수 있다는 것도 깨닫고 있었다. 지질학과 지구의 나이에 대한 훅의 통찰력이 미친 영향은 다음 장에서 살펴보겠지만, 진화에 대한 그의 생각은 더욱 심오했다.

훅의 '지진' 강연은 17세기의 마지막 40년 동안 여러 차례 있었고, 그의 사후 그의 친구 리처드 월러Richard Waller가 강연을 모아 『로버트 훅 유고집The Posthumous Works of Robert Hooke』이라는 제목으로 펴냈다.* 이 책은 『종의 기원』보다 한 세기 반 앞선 1705년에 나왔는데, 생물에 관한 혁명적 생각이라는 면에서 아무런 영향도 주지 않은 것으로 보인다. 훅은 화석 암모나이트가 생물의 유체라면 오늘날에는 암모나이트를 볼 수 없으므로 이것은 종이 멸종할 수 있다는 뜻이라는 것을 인식했다. 이는 다시 시간이 흐르며 새로운 종이 등장할 수도 있음을 암시했다.

---

* 오늘날에는 엘런 탠 드레이크가 현대어로 옮겨 쓴 것을 찾아보는 것이 가장 좋을 것이다.

지난 시대에는 수많은 다른 생물 종이 있었는데 현재에는 그중 아무것도 찾아볼 수 없다. 그러므로 이는 태초에는 없던 다양한 새로운 종류가 지금 존재하고 있을 가능성 역시 없지 않다는 뜻이다.

그리고

특정한 곳에서만 볼 수 있고 다른 곳에서는 볼 수 없는 동식물 종류도 있으므로, 만일 그런 곳이 집어삼켜졌다면 그곳의 동물들이 함께 소멸했을 가능성이 있다.

이런 새로운 종의 기원을 어떻게 설명할 수 있을까? 그는 환경 변화 때문이라고 말한다.

같은 종의 변종이 다양하게 생겨났을 수 있는데, 그것이 생겨난 흙이 달라지면 그럴 수 있다. 기후와 토양과 양분이 달라지면 그것을 겪는 개체들에게 큰 변화가 일어나는 것을 종종 볼 수 있기 때문이다.

그의 전체적 결론이 꼭 다윈과 같다고는 할 수 없어도, 비글호에 오른 자연학자 다윈이 세계 일주 항해에서 돌아오기 200년 전에 태어난 사람으로서는 확실히 주목할 만하다.

진화의 오리진

우리가 한 번도 보지 못한 자연의 종이 많을 것이 확실하다. 그리고 세계의 지난 시대에는 있었으나 지금은 존재하지 않는 종도 많을 것이고, 그 종들의 많은 변종이 예전에는 존재하지 않았으나 지금은 존재하고 있을 것이다. … 태초부터 사물이 지금 우리가 보는 그대로 지속되어 왔다고 결론짓는 것은 매우 터무니없어 보인다.

이 모든 것이 1705년에 출판됐다. 혹은 지구의 역사가 매우 길고, 오늘날 우리가 대량멸종이라 부르는 일이 일어났으며, 그렇게 멸종한 뒤에는 새로운 종이 등장했다는 것을 이해했다. 그러나 이것은 새벽이라 할 수 없는 새벽이었다. 18세기 과학자들은 혹의 업적을 전혀 모른 채 독자적으로 진화를 이해하는 길로 나아갔다.

포괄적 진화 이론을 전개할 수 있으려면 먼저 종에 대한 명확한 이해와 종 간의 관계에 대한 명확한 이해가 필요했다. 이런 종류의 세밀한 묘사는 1750년대에 스웨덴의 식물학자 칼 폰 린네Carl von Linné가 처음으로 내놓았다. 그러나 그는 로버트 혹과 같은 시대 사람으로서 혹보다 약간 나이가 많은 존 레이John Ray의 연구를 바탕으로 했다.

레이는 내세울 것은 없으나 가난하지는 않은 집안 출신이었다. 1627년 잉글랜드 에식스에서 대장장이 아버지와 동네 약초사(병든 마을 사람을 치료하는 일종의 '치료술사') 어머니의 아들로 태어났다. 부모 모두 작은 마을 공동체에서 중요한 구성원이었다. 레이의 재능을 교구 성직자가 알아보고 브레인트리의 중등학교로 진학시켰고, 케임브리지 대학교 트리니티 칼리지 출신인 그곳의 교구 신부가 레이를 품어 가르쳐 1644년에 케임브리지 대학교로 진학시켰다. 그가 케임브리지에 진학할 수 있었던 것은 오로지 신사 계급 학자들의 하인 역할을 함으로써 학비를 대신하는 '하급 근로장학생'으로 받아들여진 덕분이었다. 레이는 1648년 졸업 이후 성직을 받고 사제가 될 예정이었으나, 대학교와 의회 사이의 종교적 논쟁 끝에 의회가 주교제를 폐지하는 통에 상황이 복잡해졌다. 결국 레이는 성직자가 되지 않고 트리니티 칼리지의 석학연구원이 됐다. 1660년까지 몇 년 동안 여러 교직에서 어느 정도 성공을 거뒀고, 1655년 아버지가 죽고 어머니가 혼자됐을 때 어머니에게 마을의 집을 사 줄 수 있을 정도로 벌이도 괜찮았다. 트리니티의 석학연구원인 만큼 편안한 거처가 있는 데다 자신의 관심사를 마음대로 추구할 자유가 있었던 그는 식물의 비슷한 점과 다른 점을 분류하는 일에 점점 더 관심을 갖게 됐고, 거기에 관심을 보이는 학생들의 도움도 받았다. 그러나 1650년대 말 왕정으로 돌아가면서 정치적 상황이 달라졌고 주교제를 비롯하여 교회의 옛 의식이 모두 원래대로 돌아갔다. 그러자 레이는 오로지 교회 사제가 될 생각으로 성직을 받았다. 그런 다음 사정이 꼬였다. 일찍이 의회는 교회의 전반적 개편을 위해 주교제를 폐지할 때 법률에 따라 모든 성직자에게 언약이라 불리는 맹세를 요구했다. 이제 국왕 찰스 2세는 모든 성직자에게 이 행위가 불법적이며 따라서 과거에 한 맹세는 무효임을 공식적으로 선언하라고 명했다. 레이는 직접 '언약을 받아들인' 적이 없었다. 그러나 맹세는 하느님 앞에서 한 약속이므로 어기거나 무를 수 없다고 믿었고 그래서 이 선언을 하지 않겠다고 거부했다. 당국의 제재가 있을 것으로 생각한 그

진화의 오리진

는 모든 직위에서 물러나 무직 성직자가 됐다. 사제로서 그는 세속적 직업을 가질 수 없었고, 맹세를 어기도록 부추긴 왕과 맹세를 어긴 사람들에 대한 입장 때문에 사제 일도 할 수 없었다.

레이는 케임브리지에서 사귄 부유한 친구 프랜시스 윌러비Francis Willughby 덕분에 이 난국을 벗어날 수 있었다. 윌러비는 식물 채집 활동에 참여한 학생 동아리의 일원이었다. 그는 동식물 연구 목적의 유럽 여행에 레이를 데리고 갔다. 여행은 1663년 4월에 출발했고, 레이는 1666년 봄에야 돌아왔다. 머릿속과 노트에는 생물계에 관한 정보가 가득 차 있었고, 자세한 연구를 위해 수많은 표본도 챙겼다. 이듬해에 왕립학회의 석학회원이 됐고, 잉글랜드 탐사 원정도 여러 차례 떠났다. 그는 윌러비 집안의 일원이 됐으나, 1672년 윌러비가 죽은 뒤 결혼하고 마침내는 에식스로 돌아와 가족이 소유한 토지의 임대료로 소박하게 생활했다. 이제 그는 역작 『식물의 역사History of Plants』를 쓸 시간이 충분했다. 이 책은 세 권에 걸쳐 나왔고, 제3권은 레이가 죽기 한 해 전인 1704년에 나왔다.

레이는 식물에 관해서만 책을 쓴 게 아니다. 그 이전에는 물고기와 새에 관한 책을 썼는데, 윌러비의 이름으로 출간됐지만 대체로 레이가 썼다. 그리고 그의 사후에는 '곤충'에 관한 유작이 한 권 출간됐다. 당시 새도 동물도 물고기도 아닌 것은 모조리 '곤충'이라 불렀다. 그는 풍부한 자료를 이해하기 쉬운 방식으로 취합했을 뿐 아니라 생리학, 해부학, 형태학적으로 종을 분류하는 분류법도 개발했다. 이것은 최초의 체계적 분류법이며 이에 따라 식물학과 동물학이 본격 과학이 됐다. 종교적 믿음이 깊었음에도 불구하고 레이는 또 화석의 의미에 담긴 수수께끼를 풀고자 했고, 관찰되는 실제 세계와 성서의 축자적 해석이 양립하기 어렵다는 점을 인식했다. 그는 1663년 오늘날 벨기에의 브뤼허 부근에서 땅에 묻혀 있는 숲의 잔해를 관찰한 뒤 다음과 같이 썼다.

> 고대에 관한 기록이 있기 훨씬 이전 이곳은 굳은 땅으로서 나무로 뒤덮여 있었다. 그 뒤로 바다의 맹위가 덮쳐 너무나 오랫동안 계속 물 밑에 있다가, 강물이 토사와 진흙을 실어 와 나무를 뒤덮고 이 얕은 지대를 메워 다시 굳은 땅이 됐다. … 옛적 바다 밑바닥이 그렇게나 깊이 있었고 또 바다로 흘러드는 커다란 강들의 퇴적물로 인해 흙이 30미터 두께나 쌓여 올라왔다는 것은 … 세계는 나이가 어려 아직 5600살도 되지 않았다는 일반적인 설명을 생각할 때 이상하다.[7]

린네가 내놓은 분류 체계는 레이에 비해 많이 발전한 것이지만 레이의 선구적 연구에서 많은 것을 끌어왔다. 그러나 린네는 아전인수식의 자전적 회고록을 다섯 권이나 썼을 정도로 언제나 자기 자신을 빛내는 일에 열심이었고, 그런 만큼 레이가 연구한 공로를 인정하지 않았다. 특히 애석한 것은 린네 자신의 업적이 너무나 커서 더 빛낼 필요가 없었는데도 빛내려고 노력한 자체가 실제로는 그가 세운 업적을 약간 무색하게 만든다는 사실이었다.

린네는 1707년 태어났고, 성직자 아버지는 아들이 자기처럼 성직의 길을 가야 한다고 생각했다. 그러나 아들이 성직은 고사하고 그

진화의 오리진

쪽 방면으로 자질도 관심도 보이지 않았으므로 의학을 공부하도록 내버려 두었다. 린네는 처음에는 룬드 대학교에서, 이어 1728년부터는 웁살라 대학교에서 공부했다.

린네가 아직 학생이던 1717년 프랑스 식물학자 세바스티앵 바양Sébastien Vaillant이 식물이 유성생식한다는 주장을 내놓았는데 린네는 이에 호기심이 일었다. 이것은 당시로서는 새로운 이론이었다. 바양은 식물에서 수컷과 암컷 부분을 밝혀냈지만, 당시는 수정 과정에서 곤충이 하는 역할을 린네는 물론이고 누구도 제대로 이해하지 못했다. 아버지가 훌륭한 아마추어 식물학자였던 까닭에 어릴 때부터 꽃피는 식물에 매료됐던 린네는 이제 식물의 생식기관을 가지고 식물을 구분하고 분류하면 어떨까 하는 생각이 떠올랐다. 1729년 식물의 유성생식에 관한 논문을 썼고, 그것을 계기로 아직 2학년에 재학 중인 학생인데도 올로프 루드베크Olof Rudbeck 교수가 자리를 비울 때 그 대신 웁살라의 식물원에서 강의와 식물 해설을 맡게 됐다. 루드베크는 일찍이 1695년에 스웨덴의 라플란드로 식물 탐사를 다녀왔지만 그때의 기록과 표본은 1702년 화재 때 불타고 말았다. 루드베크의 영향력 덕분에 린네는 1732년 웁살라 왕립과학협회의 후원으로 비슷한 탐사를 떠났다. 이 무렵 그는 이미 꽃의 암술과 수술 개수를 바탕으로 한 식물 분류 체계를 개발하고 있었다. 탐사 도중 길가에서 말의 턱뼈를 우연히 보게 됐는데, 나중의 회고에 따르면 이때 그는 "동물마다 이빨이 몇 개고 어떤 종류인지, 젖꼭지가 몇 개고 어디에 위치해 있는지를 안다면 모든 네발짐승을 분류할 수 있는 완벽히 자연스러운 체계를 만들어 낼 수 있겠다"는 것을 깨달았다.[8] 목록 작성과 분류에 집착하고 모든 것을 정확한 시간에 (그가 정한) 정확한 규칙에 따라 하는 린네에게 이것은 자연스러운 깨달음이었다. 많은 상황에서 단점이 됐을 그의 성격이 그가 택한 평생의 연구를 위해서는 이상적이었던 것이다.

의학 자격에 필요한 학위 과정을 마무리하기 위해 네덜란드로 건너갔을 무렵 린네는 식물 분류를 위한 첫 시도를 마무리한 상태였다. 이때 이미 네덜란드 하르데르베이크 대학교에 제출할 논문을 거의 끝내 둔 상태였으며, 박사 학위는 1735년에 받았다. 그가 시도한 식물 분류는 의학 학위 공부를 마친 그해에 네덜란드에서 『자연의 체계 Systema Naturae』라는 제목으로 출간됐다. 그는 1738년까지 네덜란드에서 의사로 일하며 지냈다. 1736년 7월에는 영국을 방문하여 런던과 옥스퍼드에서 식물학자들을 만났고, 스웨덴으로 돌아가는 길에 파리에서 식물학을 연구하는 동료들을 만났다. 1738년 6월 스웨덴에 도착한 뒤로 다시는 국외로 나가지 않았다. 이듬해 의사의 딸 사라 모라이아와 결혼했고, 1741년까지 스톡홀름에서 의사로 일했다. 그런 다음 웁살라에서 의학교수가 됐으나, 1742년에 식물학교수로 자리를 바꿔 1778년 죽을 때까지 그 자리를 유지했다.

식물학교수로서 린네는 자신의 철두철미한 정리 기술을 마음껏 발휘할 수 있었다. 그는 학생들을 데리고 당일치기 식물학 답사를 다니곤 했는데 분 단위까지 정확하게 시간표에 맞춰 움직였다. 그가 특별히 설계한 간편복으로 차려입은 학생들은 언제나 아침 7시 정각에 출발했다. 린네는 정확하게 30분마다 그곳에서 발견되는 종을 설명했고, 점심은 오후 2시에 먹었으며, 오후 4시에 잠깐 휴식을 취했다. 이처럼 세밀한 부분까지 강박적으로 신경을 쓰는 성격은 그가 출판한 연구에서도 볼 수 있었다. 식물학교수로 있는 동안 린네는 지속적으로 새 책을 쓰고 전에 출간한 『자연의 체계』를 다시 손질했다. 낱말 두 개를 사용하는 이명법으로 각 종을 분류한다는 생각은 레이에게서 '빌려' 와 확장한 것으로, 1753년 그가 펴낸 『식물종 Species Plantarum』에서 처음 선보였고 그 다음에는 1758년에 출간한 『자연의 체계』 제10판에서 다시 나왔다. 린네는 자신의 현장 연구와 레이 같은 선배의 연구를 바탕으로 여러 출판물에서 7,500종 이상의 식물과 4,400종 이상의 동물에 대한 묘사를 발표했다. 각 종에게는 낱말 두 개를 사용하여 각각 속屬과 종種을 나타내는 고유한 이름을 부여했다. 예를 들면 늑대는 카니스 루푸스 Canis lupus였다. 그 뒤로 종의 목록은 여러 세기를 내려오면서 수정되고 확장됐지만, 생물학자가 하나의 종 이름을 카니스 루푸스 같은 식으로 언급할 때 다른 생물학자가 정확히 어떤 동물 또는 식물을 가리키는지 알 수 있게 된 것은 린네 덕분이다. 이 분류법은 위쪽으로 확장되어 종, 속, 과科, 목目, 강綱, 문門, 계界로 올라간다. 『자연의 체계』 제10권에서 린네는 또 포유류, 영장류, 호모 사피엔스 Homo sapiens를 비롯한 용어를 새로 도입하여 생물 세계에서 우리 인간이 차지하는 위치를 알수 있게 했다. 오늘날에는 다음과 같이 이것을 아주 약간 바꾼 용어를 사용하고 있다.

계 : 동물계 Animalia

문 : 척삭동물문 Chordata

아문 : 척추동물아문 Vertebrata

강 : 포유강 Mammalia

목 : 영장목 Primates

과 : 사람과 Hominidae

속 : 사람속 Homo

종 : 사람 Sapiens

린네는 인간을 이렇게 분류하는 문제를 놓고 고민했다. 18세기 중반에는 사람을 동물과 같은 방식으로 분류할 수 있다고 말하는 것만으로도 대단한 용기가 필요했다. 그럼에도 린네는 1746년에 펴낸 『스웨덴의 동물 *Fauna Svecica*』에서 "나는 과학적 원칙에 근거하여 유인원과 구별되는 인간의 특질을 아직 찾아내지 못했다"고 썼다. 이듬해에 그는 어느 동료에게 쓴 편지에 이렇게 적었다.

> 자네와 온 세계가 자연사의 원칙에 따라 인간과 유인원 사이의 일반적 차이점을 찾아 주었으면 하네. 나로서는 아무것도 찾아낼 수 없으니까. … 내가 인간을 유인원으로 부르거나 그 반대로 부른다면 모든 신학자가 나를 공격할 거야. 그렇지만 아마 그래도 나는 과학적 규칙에 따라 그렇게 해야겠지.[9]

결국 린네는 신학자들의 분노를 피하기 위해 과학적 규칙을 어기고 우리 인간 종을 호모*Homo*라는 별도의 속에 넣는 방향으로 타협했다. 현대기에 들어와 인간 말고도 (멸종한) 다른 호모 종들이 같은 속으로 분류됐으나 현대적 DNA 연구를 통해 외형상의 증거가 확인된다. 합리적인 어떤 체계로 분류해도 우리 인간은 침팬지와 함께 판*Pan* 속으로 분류되어야 마땅하며 고릴라와도 거의 똑같이 가까운 관계에 있다. 그러나 여기서 중요한 것은『종의 기원』이 출간되기 한 세기도 더 전에, 그리고 다윈이『인간의 유래와 성선택*The Descent of Man, and Selection in Relation to Sex*』을 출간함으로써 감히 신학자들에게 반기를 들기 140년 전에 이미 린네가 이것을 알았다는 것이다. 그럼에도 불구하고 린네는 종교적이어서, 새로운 변종의 식물이 때때로 생겨난다는 것을 인식했음에도 새로운 종이 진화하여 생겨날 수 있다고는 생각하지 않았다. 희한한 일은 종은 불변하며 종을 창조한 것은 하느님이라고 믿은 다른 사람이 '진화'라는 용어를 생물학에 도입했다는 사실이다. 그는 린네와 같은 시대 사람인 샤를 보네Charles Bonnet다.

물론 한 종의 핵심 특징은 같은 종에 속하는 개체가 서로 번식하여 자식을 낳을 수 있고 그렇게 낳은 자식 역시 같은 종의 다른 개체와 번식할 수 있다는 것이다. 예컨대 암말과 수말이 교배하면 말을 낳는다. 암나귀와 수나귀는 나귀를 낳는다. 그러나 암말과 수나귀는 자식을 낳을 수 있지만, 말과 나귀는 같은 종이 아니기 때문에 이렇게 낳은 노새는 자식을 낳을 수 없다. 이 예에서 보듯 동물과 식물 세계에서 번식에는 대개 성이 개입된다. 그러나 보네는 적어도 하나의 종은 성이 개입하지 않고서도 번식할 수 있다는 증거를 찾아내고 놀랐다.

보네는 당시까지만 해도 독립 공화국이던 제네바에서 1720년에 태어났으며 1793년 죽을 때까지 평생을 그곳에서 지낸 것으로 보인다. 아버지의 바람대로 법학을 공부하고 그럭저럭 법률가로 일했으나, 집안이 부유하여 자연 세계 연구라는 진짜 관심사에 탐닉할 수 있었다. 그는 수많은 자연현상을 관찰했다. 물속에 잠긴 식물 잎에서 기포가 형성되는 현상을 보고 식물이 기체를 내놓는다는 것을 알아차렸다. 또 나비 유충과 나비가 숨구멍을 통해 숨을 쉬는 것을 발견하고 거기에 '기문(stigmata)'이라는 이름을 붙였다. 그러나 가장 극적인 발견은 진딧물 암컷은 수컷이 없어도 새끼를 낳을 수 있다는 사실이었다. 오늘날에는 이것을 단성생식이라 부른다. 보네가 곤충의 번식에 관심을 갖게 된 데는 네덜란드의 어느 부유한 가문에서 가정교사로 일하고 있던 삼촌 아브라암 트랑블레Abraham Trembley(1710~1784)와 편지를 주고받은 일도 관계가 있다. 트랑블레는 히드라라는 작디작은 수생생물을 가지고 한 실험으로 금세 유명해진다. 히드라는 동물과 식물의 중간 같아 보였다. 움직일 수 있으므로 동물 같아 보이지만, 둘로 자르면 각 조각이 재생하여 완전한 모습을 갖추는 것은 식물 같아 보였다.[*] 그러나 1740년 보네가 아직 법학도일 때 주고받은 편지의 한 가지 주제는 진딧물의 성질이었다. 그때까지 트랑블레와 그의 동시대 사람들은 수컷 진딧물을 한 마리도 발견할 수 없었으나, 언제나 암컷이 유충을 낳으면서 어김없이 번식하고 있었다. 보네는 이 수수께끼를 풀어 보기로 했다. 그는 유리 용기 안에 딸기나무 가지를 하나 넣고 거기에 갓 태어난 유충

---

[*] 히드라는 동물로 분류된다. (옮긴이)

진화의 오리진

한 마리를 놓은 다음 밀봉했다. 그리고 용기를 건드리지 않고 그대로 둔 채 5월 20일부터 6월 24일까지 관찰했다. 암컷 진딧물은 6월 1일에 처음으로 암컷을 한 마리 낳았고, 이때부터 6월 24일까지 새끼를 94마리 더 낳았다. 몇 주 내에 트랑블레를 비롯하여 다른 연구자들도 '동정 탄생'을 관찰했다고 확인해 주었고, 보네는 24세라는 나이에 프랑스 과학원의 통신회원이 됐다. 뒤이은 실험을 통해 그는 수컷이 한 마리도 없는 상태에서 30세대의 동정 진딧물을 키워 냈다.

그런데 이 모든 것은 무슨 의미였을까? 보네가 1740년 12월에 수컷 진딧물을 한 마리 발견하기는 했지만, 짝짓기를 하지 않은 동정 진딧물이 번식할 수 있다는 사실에는 변함이 없었다. 보네는 시력이 약해진 탓에 그 의미를 곰곰이 생각할 기회가 충분히 많았다. 더 이상 실험을 진행할 수 없었으므로 철학적 문제로 관심을 돌렸고, 그 내용을 일련의 책으로 출판했는데 널리 읽혔다. 단성생식에 대한 그의 설명은 진딧물은 모든 개체가 태초에 하느님에 의해 이미 창조되어 있었고, 적당한 때가 되면 나올 수 있도록 서로의 안에 (러시아의 마트료시카 인형처럼) 들어가 있다는 것이었다.

이것은 '전성설'*이라 부르는데 당시 널리 퍼져 있었다. 태어나고 나면 부모의 행동이나 환경적 영향이 개체의 발달에 영향을 줄 수 있겠지만 개체의 기본 모습은 전적으로 하느님이 설계한 것이었다. 이는 진딧물에만 적용되는 것이 아니라 모든 종에게 적용됐고,

---

* 전성설은 예컨대 인간의 경우 최초의 인간 몸속에 이후 태어날 모든 인류가 이미 형태를 다 갖춘 상태로 들어 있었다고 보는 설이다. (옮긴이)

수컷의 역할은 어미 안에 들어 있는 그 다음 개체의 성장을 자극하는 일종의 방아쇠로만 보았다. 보네가 1762년 저서『조직체에 관한 생각*Considerations sur les corps organisées*』에서 '진화(evolution)'라는 용어를 도입한 것은 바로 이 맥락에서였다. 이 낱말은 펼친다는 뜻의 라틴어 '에볼루치오넴(evolutionem)'에서 왔다. 이미 내용이 적혀 있는 두루마리를 펼친다는 뜻으로서, 이 경우에는 하느님이 적어 둔 두루마리이다. 이것은 오늘날 진화의 의미와는 정반대이며, 잘 알려져 있는 대로 찰스 다윈이 이 용어를 사용하기를 꺼린 것도 바로 이 때문이었다. 이 낱말은『종의 기원』에서는 전혀 나오지 않는다. 그는 '변형되어 상속된다'는 표현을 선호했다. 하지만 앞으로 살펴보겠지만 찰스 다윈의 할아버지는 그런 거리낌이 전혀 없었다. 그러나 보네가 생각하는 전성설은 그 시대에도 이미 틀렸음이 분명했다. 일찍이 1745년에 피에르루이 모로 드 모페르튀이Pierre-Louis Moreau de Maupertuis(1698~1759)는 저서『형이하학적 비너스*Vénus physique*』에서 태어는 작디작은 어른으로 출발하여 그대로 커지는 게 아니라 각각의 특징이 하나씩 모습을 드러내는 후성 과정에 의해 발달한다는 증거를 내놓은 바 있었다.

모페르튀이 역시 돈을 벌 필요가 없는 부유한 집안에서 태어난 사람이지만 보네보다는 더 자극적인 인생을 살았다. 프랑스의 생말로에서 태어나 사교육을 받으며 자란 다음 기병대의 장교가 됐는데, 거의 명예직이어서 신사 계급 사람들과 어울릴 시간도, 관심사이던 수학에 탐닉할 시간도 넉넉했다. 그러다 기병대를 그만두고 파리로 이사를 간 뒤 1723년에 과학원의 회원이 됐다. 프랑스인들은 처음에 아이작 뉴턴의 사상을 영국인에 불과한 사람이 내놓은 연구라 며 의혹의 눈으로 바라보았으나, 모페르튀이는 대륙에서 가장 먼저 뉴턴의 생각을 지지한 사람에 속한다. 그는 과학의 여러 분야 중에 서도 물리학 및 수학 연구로 가장 잘 알려져 있다. 1736년 지구의 위 도 1도에 해당하는 호의 길이를 측정하기 위해 스웨덴의 라플란드 를 다녀온 프랑스 탐사대의 대장이었다. 그는 또 '최소작용의 원리' 라는 관념을 내놓았는데, 확실한 수학적 근거를 제시하지는 않았지 만 본질적으로 말하면 자연은 가장 싸게 먹히는 길을 따른다는 것이 다. 빛이 직선으로 움직인다는 사실도 그 한 예다.

모페르튀이는 또 진짜 군인으로 활약하기도 했다. 1740년 프로 이센 국왕 프리드리히 2세의 초청으로 베를린에 갔다가 프로이센 과 오스트리아 사이에 전쟁이 벌어지자 자원하여 군인으로 출전했 고, 1741년 몰비츠 전투 때 오스트리아군의 포로가 됐다. 풀려난 뒤 잠시 베를린에 갔다가 파리로 돌아와 1742년에 과학원의 원장이 됐 다. 2년 뒤 프리드리히 2세가 다시 그를 초빙했고, 1746년에 왕립 프로이센 과학원의 원장이 됐다. 그러나 1756년 프랑스와 프로이센 사이에 7년 전쟁이 터지자 그 자리에 있기가 불편해졌다. 베를린에 서는 프랑스인이라는 이유로 기피 인물이 됐고, 프랑스에서는 프리 드리히 2세와 가까운 관계라는 이유로 의심을 받게 된 것이다. 그래 서 그는 은퇴하여 프랑스 남부에서 지내다가 스위스의 바젤로 가서 여생을 보냈다. 그러나 이런 격변 속에서도 짬을 내『형이하학적 비 너스』라는 책을 써서 1745년에 출간했는데, 이 책에서 진화에 관한 자신의 생각을 설명했다.

그의 생각이 항상 명확하게 표현된 것도 아니고 갖가지 기괴한 형태가 우연히 만들어진 다음 선택이 이루어졌다는 생각을 옹호하기 때문에 신빙성이 떨어지기는 하지만, 모페르튀이가 이 책에서 다음처럼 선택 관념을 지지하고 있는 것은 사실이다.

> 말하자면 우연에 의해 무수히 많은 개체가 만들어졌다고 할 수 있다. 그중 소수는 자신의 필요를 충족할 수 있게끔 동물의 각 부분을 갖추었다. 그러나 그보다 훨씬 많은 무수한 다수는 적합하지도 가지런하지도 않았다. 이 후자는 모두 사멸했다. 입이 없는 동물은 살 수 없었다. 그 밖에 생식기관이 없는 것들은 스스로 존속할 수 없었다.[10]

이것은 고대 그리스까지 거슬러 올라가 다른 사람들이 한 말에 지나지 않지만, 모페르튀이가 전성설의 발밑을 파내려다 유전학 이해에 중요한 기여를 한 것은 사실이다. 그는 태아는 부모 양쪽으로부터 오는 물질이 결합되어 형성되며 이렇게 결합된 씨앗으로부터 발달한다는 것을 깨달았다. 또 사람들에게 손가락이 하나 더 있는 다지증이 나타난다는 데에 특히 관심이 많았다. 전성설 관점에서 보면 이 비정상 상태는 태초에 창조주가 만들어 넣어 둔 것으로, 적당한 때가 되면 '나올' 수 있게 되어 있었다. 모페르튀이는 이것이 우연이며 이 비정상 상태는 부모 중 어느 쪽에 의해서도 나중 세대로 전달될 수 있다고 말했다. 부모 모두 자식에게 특징을 전달할 수 있다면 모든 세대가 어떻게 하와까지 거슬러 올라가 어머니 안에서 미리 만들어져 있을 수 있겠는가?

　이런 생각은 그가 생전에 동료들에게 보낸 편지에서 가장 분명하게 표현됐지만, 죽고 나서는 1768년에 출판된 유고집에 포함됐다. 그렇지만 모페르튀이는 『형이하학적 비너스』에서 부모의 신체 변화는 부모가 만드는 '씨앗'의 재료가 되는 물질에 영향을 줄 수 있다고 말하면서 옆길로 벗어났다. 그는 이런 변화는 자식에게 전해질 뿐 아니라 동물이 외적 영향에 반응하면서 자연스레 새로운 기관이 발달할 수도 있고, 그렇게 생겨난 기관은 후손에게 유전된다는 결론을 내렸다. 그 다음 세기 초에 장바티스트 라마르크Jean-Baptiste Lamarck가 내놓은 생각이 이와 같은 선상에 있지만 이보다는 덜 극단적이다.

　『형이하학적 비너스』는 또 모페르튀이와 같은 시대 사람인 드니 디드로Denis Diderot에게 큰 영향을 미쳤다. 프랑스의 자유사상가이자 계몽운동의 주요 인물인 디드로는 1713년 샹파뉴의 랑그르에서 태어나, 1734년 법학 공부를 그만두고 아버지로부터 의절당한 뒤 파리에서 주류 사회의 탈락자이자 작가로 살아가고 있었다. 이렇게 그날그날 보헤미안적 생활을 하다 보니 당국과 말썽을 빚을 뿐 아니라 심지어는 기득권층을 공격하는 글 때문에 여섯 달 동안(1749년 7~12월) 투옥되기까지 한다. 그의 인생 역작은 백과사전으로, 긴 시일을 두고 여러 권으로 나왔다. 사전에서 그는 사람들에게 지식을 전하면서 스스로 생각하도록 격려했다. 제1권은 1751년에 나왔는데, 거의 나오자마자 당국에서는 그의 작업을 선동적이라고 보았고 대중에게 미칠 영향을 두려워했다. 1759년에는 공식적으로 금지됐지만 그럼에도 불구하고 몰래 작업을 계속했다. 백과사전은 1772년에야 완성됐다. 디드로는 이듬해에 러시아 제국의 황제 예카테리나 2세의 초청으로 러시아를 방문했다. 그곳에서 다섯 달 동안 머물렀고, 예카테리나는 그에게 깊은 인상을 받은 나머지 그가 요청한 액수의 두 배인 3,000루블을 값진 반지 한 개와 함께 거마비로 주었다. 1784년에 그가 병들었다는 소식을 들은 예카테리나는 그를 편안한 숙소로 옮겨 주었고, 디드로는 그로부터 몇 주 뒤 그곳에서 죽었다.

이 백과사전은 디드로가 남긴 유일한 작품은 아니지만, 여기서 우리는 진화에 관한 그의 생각에만 집중하기로 한다. 그의 통찰력은 백과사전의 한 문장에서 알아볼 수 있다. "자연은 종종 눈치챌 수 없을 만큼 미묘한 정도로 진보한다." 그는 다양한 괴물이 만들어져 그 가운데 적절한 개체가 선택되는 게 아니라, 진화가 작디작은 단계를 거쳐 진행된다는 것을 알아보았다. 이것은 18세기 후반에 있었던 커다란 진일보였다. 그는 이 주제를 자세히 설명하면서 다음과 같이 적었다.

> 동물계나 식물계 안에 있는 개개의 생물체가 생겨나고 자라고 성숙하고 스러져 시야에서 사라지는 것과 마찬가지로 종 전체 역시 비슷한 단계를 거치지 않을까? 만일 종교가 우리에게 동물은 지금과 같은 모습 그대로 창조주의 손에서 만들어졌다고 가르치지 않았다면, 그리고 동물의 시작과 끝에 관해 최소한의 미심쩍은 마음을 갖는 게 허용됐더라면, 철학자가 혼자 추측하도록 두었을 때 동물계는 영원부터 각 요소가 물질 덩어리 여기저기에 따로따로 아무렇게나 흩어져 있었고, 그러다가 마침내 단

진화의 오리진

순히 결합이 가능하다는 이유 때문에 결합하게 됐으며 … 이런 전개가 일어날 때마다 수백만 년씩이 걸렸고, 아직 우리에게 알려지지 않은 새로운 전개가 어쩌면 지금도 일어나고 있는 게 아닐까 하고 의심하지 않을까? … 그러나 종교는 우리가 두서없이 생각하는 수고를 덜어 준다. 종교가 세계의 기원과 존재의 보편적 체계에 대해 우리를 깨우쳐 주지 않았더라면, 자연의 비밀이라고 생각하고 싶을 만한 가설의 가짓수가 얼마나 많았을까?[11]

디드로는 무신론자였고, 이런 생각을 표현할 때는 노골적으로 빈정거리는 투로 말했다. 프랑스혁명으로 다가가는 몇십 년 동안 천주교 국가 프랑스에서 당국이 그를 두려워한 이유는 명백하다.

그러나 이 무렵에 이르러 종교적인 사람들 중에서도 진화의 진실을 파악하는 사람들이 나오기 시작했다. 나중에 몬보도 경이 된 제임스 버넷James Burnett은 1714년 스코틀랜드 북동부 해안 킨카딘셔에 있는 아버지 소유의 장원莊園 몬보도하우스에서 태어났다. 스코틀랜드의 애버딘과 에든버러와 네덜란드의 흐로닝언에서 공부하고 법학 학위를 받았으며 그 뒤 1767년에 에든버러에서 판사가 됐다. 그러나 그는 또 아리스토텔레스로부터 깊이 영향을 받은 철학자였으며, 특히 언어의 기원에 관심이 많았다. 지금으로 보면 과학적 깨달음이라 할 수 있는 것이 그가 품고 있던 강한 종교관을 거슬러 일어난 것도 바로 이 분야에서였다. 그 결과 종교의 굴레를 벗어던지기 전에는 완전한 진화 이론을 성립시키기가 얼마나 어려운지를 알 수 있는 거의 완벽한 예가 탄생했다.

일반적으로 '몬보도Monboddo'라 불리는 그는 아메리카 원주민과 타히티인, 북유럽, 중동 사람들 등 서로 아주 동떨어진 세계 곳곳의 언어를 연구했다. 그는 언어는 진화했다는 생각을 하게 됐고, 이에 따라 인간은 한곳에서 생겨나 지구 전체로 퍼졌다는 의견을 내놓았다. 물론 아담과 하와 이야기와 완전히 일치하기는 했지만 이것은 과학적으로 나온 최초의 인간 단일기원설이었다. 그러나 몬보도는 더 나아갔다. 그는 인간은 영장류와 친척 관계임을 알아보았고 때로는 유인원을 우리 '형제들'이라고 표현했다. 언어의 기원에 대한 그의 가설에서는 여러 세대에 걸쳐 발성기관이 변화한다. 우리 형제 유인원과 더욱 가까운 관계에 있던 조상에서 출발하여 수많은 세대를 내려오는 동안 사람이 환경에 더 잘 적응하기 위한 기술을 받아들이면서 물리적으로 변화하는 것이다. 그는 말을 사육했으므로 육종을 위해 짝을 선별적으로 고름으로써 종의 형태가 바뀌는 가능성을 잘 알고 있었다. 예컨대 항상 가장 큰 말을 골라 짝짓기를 하면 더 크고 더 강한 말을 얻을 수 있었다. 이러한 인위선택은 찰스 다윈이 자신의 이론을 전개하기 위한 시발점으로 사용한 방법이었다. 게다가 몬보도는 현대인으로 발달하기까지의 과정을 전반적으로 망라하는 설명을 내놓았는데, 처음에는 도구를 사용하게 됐고, 다음에는 사회 구조가 생겨났으며, 최종 단계에 언어가 탄생했다고 보았다.[12]

그런데 이 모든 것을 어떻게 성서의 창조 이야기와 양립시킬 수 있을까? 몬보도는 성서에 기록된 이야기와 비유를 문자 그대로 받아들여서는 안 된다는 생각에는 전적으로 동의했지만, 우주가 실제로 하느님의 손에 창조됐다는 생각에도 똑같이 동의하고 있었다. 1770년대에 여러 권으로 출판한 저서 『언어의 기원과 발전에 관하여*Of the Origin and Progress of Language*』에서 몬보도는 이 난제를 해결하기 위해 인간은 유인원의 자손이지만 유인원 자체를 인간과 묶어 한 부류의 피조물로 보고 그 나머지 동물계와는 별개로 구별해야 한다고 주장했다.

몬보도의 생각은 그 이후 세대에 크게 영향을 주지는 못했으나 이래즈머스 다윈Erasmus Darwin 같은 진화 사상가에게 알려졌다. 나아가 더 넓은 독자층에게까지 전달됐다. 찰스 디킨스Charles Dickens의 소설 『마틴 처즐위트*Martin Chuzzlewit*』에는 "인류가 한때 원숭이였을 확률을 다루는 몬보도의 학설"이라는 구절이 나온다. 이것이 책으로 인쇄된 것은 1843년으로, 『종의 기원』이 출간되기 16년 전이고 몬보도가 죽은 지 44년 뒤였다.

몬보도와 같은 시대 사람인 조르주루이 르클레르 드 뷔퐁 백작Georges-Louis Leclerc, Comte de Buffon은 하느님을 언급하지 않으면서 과학적으로 추정한 지구의 나이를 최초로 제시하고 생물 세계에서 진화가 이루어지고 있다고 본 인물이었으나, 인간과 유인원의 계보가 같다는 생각은 받아들일 수 없었다. 이 때문에 몬보도와 편지를 주고받으며 이 문제에 대해 논쟁을 벌였으니, 이를 보면 18세기 후반 진화 사상의 발전을 둘러싸고 혼란이 있었음을 알 수 있다. 두 사람의 생각이 결합되기만 했어도 1800년 이전에 적어도 약간의 진전이 있었을지도 모른다.

훅의 생각이 그대로 묻혀 버린 만큼, 뷔퐁이 내놓은 연구는 지구의 기원과 지구에 있는 생명의 진화를 진정으로 과학적으로 탐구하는 시작에 해당한다. 이 탐구는 이때 시작되어 찰스 다윈과 그 후대까지 끊어지지 않고 이어지며, 도중에 잘못된 곁가지도 많이 생겨났다. 그는 1707년 조르주루이 르클레르라는 이름으로 인생을 시작했으나, 이 책에서는 혼란을 피하기 위해 뷔퐁이라 부르기로 한다. 뷔퐁은 프랑스 디종 근처 몽바르 출신이며, 아버지는 소금세 징수와 관련된 관리였다. 조르주라는 이름은 신중하게 고른 이름이었다. 어머니의 삼촌 조르주 블레소는 훨씬 더 부유한 세금 '농사꾼'이었으나 자식이 없어 뷔퐁을 대자로 삼았다. 1714년 그가 죽으면서 대자에게 큰 재산을 남겼는데 뷔퐁은 아직 어렸기 때문에 부모가 대신 맡았다. 뷔퐁의 아버지 벤자멘 프랑수아 르클레르는 이 역할을 마음 내키는 대로 해석했다. 그는 뷔퐁 마을 전체를 포함하여 매우 넓은 땅을 사들였고, 가족을 데리고 디종으로 이사를 갔으며, 그곳 지방의회의 의원이 됐다. 뷔퐁은 디종에 있는 예수회 학교를 마치고 법률을 공부한 다음 앙제로 가서 수학, 식물학, 의학을 공부했다. 도중에 천문학도 공부한 것으로 보인다. 그러나 앙제에서 유럽 대여행* 중인 젊은 영국인 킹스턴 공작을 만났고, 1730년 공부를 그만두고 공작과 함께 여행길에 올랐다. 그가 이름에 '드 뷔퐁'을 붙인 것은 이 여행 동안이었는데, 친구의 호칭이 드리우는 그늘에 너무 가려지

---

* 유럽 대여행은 17~18세기 유럽에서 상류층 청년 남성이 21세 전후 나이가 됐을 때 유럽 전역을 여행하던 풍습을 말한다. 대개 여행을 안내할 가족이나 개인 교사뿐 아니라 시중들 사람까지 대동했고, 짧게는 몇 달부터 길게는 몇 년 동안 여행을 다녔다. (옮긴이)

고 싶지 않아서였다. 공작은 하인과 사륜마차를 대동하고 멋진 숙소에서 머무는 등 확실히 호화롭게 여행했다. 뷔퐁은 이런 생활에 쉽게 적응했고, 이내 그런 생활을 뒷받침할 수단도 손에 들어왔다.

1731년 8월 뷔퐁의 어머니가 죽었고, 이듬해 12월에 아버지가 재혼하면서 가족의 재산을 전부 가로채려고 했다. 법적 다툼 끝에 뷔퐁은 뷔퐁 마을을 포함하여 자신이 물려받은 유산을 찾을 수 있었다. 킹스턴 공작과 같은 수준은 아니지만 상당한 규모의 재산도 있었다. 그는 아버지로부터 이어받은 '르클레르'라는 이름을 보란 듯 빼 버리고 자신을 '조르주루이 드 뷔퐁'이라고 부르기 시작했다. 그리고 서명할 때는 마치 귀족인 것처럼 이름을 '뷔퐁'이라고만 적었다. 1732년 8월 파리에 정착했고 그곳에서 한가한 부자로 평생을 보낼 수도 있었다. 그러나 볼테르Voltaire를 비롯한 지식인들과 어울리고 과학을 공부하는 한편, 미래를 내다보며 부르고뉴에 있는 자신의 장원을 적극적으로 운영하기 시작했다. 그는 평생 동안 과학에서 비범한 결과물을 내놓았는데, 스스로 게으름을 타고났다고 생각하고 그것을 극복하기 위해 마련한 방안을 보면 어느 정도 이해가 간다. 그는 하인을 고용하여 아침 다섯 시에 그를 깨우게 했고 필요하면 침대에서 끌어내라고 시켰다. 일어나면 바로 연구를 시작했고, 아홉 시에 포도주 두 잔과 빵 한 덩어리로 식사를 한 다음 오후 두 시까지 다시 연구했다. 오후는 점심 식사와 손님을 위해 비워 두었고, 이어 잠시 낮잠을 잔 다음 긴 산책을 나갔다. 다시 다섯 시부터 일곱 시까지 연구했고, 저녁은 먹지 않았으며 아홉 시 전에 잠자리에 들었다.

뷔퐁은 수학에서, 특히 확률 이론에서 먼저 업적을 남겼다. '뷔퐁의 바늘'이라 불리는 문제는 바로 그의 이름을 따온 것이다.* 1734년에는 프랑스 과학원의 보조회원이 됐고 과학원을 위해 목재의 구조적 특성을 연구했다. 당시는 해군력이 목조 함선에 의존하고 있었으므로 이것은 매우 중요했다. 1739년 뷔퐁은 31세라는 젊은 나이로 과학원의 준회원이 됐다. 한 달 뒤 파리의 왕립식물원(오늘날 파리 식물원)장이 갑자기 죽었고, 그 후임으로는 뷔퐁이 딱 맞는 자리에 딱 맞는 (인맥도 딱 맞는) 인물이었다. 급료를 받을 필요가 없다는 것도 그 직위에 적임자였던 작지 않은 이유였다. 왕립식물원은 사실상 파산 상태였고, 그는 식물원이 유지될 수 있도록 이따금씩 자금을 대는 후원자 중 한 명이었던 것이다. 그가 그 일을 매우 유능하게 해낸 것은 거의 덤이었다. 그는 41년 동안 그 직책에 있으면서 식물원을 대규모의 연구소로 탈바꿈시켰고, 대지를 확장했으며, 세계 곳곳에서 동식물 표본을 확보했다.

뷔퐁의 걸작『자연사*Histoire naturelle*』는 자연 세계의 역사 전체를 다루려 한 것으로 1749년부터 1804년까지 44권으로 출간됐다. 마지막 여덟 권은 그가 죽은 뒤 출간됐다. (참고로 뷔퐁의 동생은 디드로의 백과사전에 기고했다.)『자연사』는 내용이 광범위하기도 했지만 뷔퐁이 일반 독자의 관심을 끄는 분명한 문체로 썼다는 이유에서도 영향력이 컸다. 덕분에 베스트셀러가 됐고 유럽에서 모든 교양인의 필독서

---

* 너비가 일정한 널빤지로 깐 마룻바닥에 일정한 길이의 바늘을 떨어뜨릴 때 바늘이 널빤지의 경계에 걸칠 확률은 얼마나 되는가?

로 꼽혔다고 한다. 실제로 그는 글솜씨가 뛰어나 1753년에 아카데미 프랑세즈*의 회원으로 선출될 정도였다. 이것은 그가 결혼한 이듬해였다. 아내는 아들을 낳고 5년 뒤인 1769년에 죽었다. 아들은 뷔퐁이 될 것 같았던 바로 그런 부유한 방탕아였던 한편 순하게 표현하자면 아버지 같은 지성은 없었으며, 결국 1789년 프랑스 혁명 이후 공포정치의 희생자가 됐다. 뷔퐁 자신은 1788년에 죽었으므로 그 모든 소동은 겪지 못했으나, 1772년에 백작 칭호를 받았으니 적어도 스스로 '뷔퐁'이라 칭하던 습관은 정당화된 셈이다.

『자연사』는 1749년에 세 권이 출판된 것이 그 시작이었다. 이 책에서 뷔퐁은 지구의 기원에 관한 자신의 가설을 설명하면서 성서에 나오는 이야기에 대해 입에 발린 말조차 하지 않았고, 그러면서 자신이 추정한 지구의 나이를 제시했다. 뷔퐁은 지구는 혜성의 충격에 태양에서 떨어져 나온 물질로 형성됐다는 아이작 뉴턴의 의견을 받아들였다. 당시 태양은 뜨겁게 달궈진 철 덩어리로 생각됐고, 뉴턴은 『자연철학의 수학적 원리Philosophiae Naturalis Principia Mathematica』에서 빨갛게 달궈진 지구만 한 크기의 쇠공이 지금과 같은 수준으로 식는 데는 적어도 50,000년이 걸릴 것이라고 했다. 이것은 1650년 아일랜드의 대주교 제임스 어셔James Ussher가 성서에 기록된 연대를 근거로 계산하여 창조는 기원전 4004년에 있었다고 발표한 것에 비하면 대담하게 늘어난 나이이지만 뉴턴 시대에는 이렇다 할 반응을

---

* 17세기 프랑스에서 설립된 기관으로 프랑스어와 관련된 일을 관장하고 있다. 40명의 회원으로 구성된다. (옮긴이)

끌어내지 못한 것으로 보인다. 뉴턴 자신은 뜨거운 쇠공이 얼마나 빨리 식는지 정밀하게 측정하려 하지 않았지만 이렇게 말했다. "실험을 통해 진정한 비율을 알아낸다면 기쁠 것이다." 이 과제에 도전한 사람은 뷔퐁이었다.

뷔퐁은 여러 가지 크기의 공을 녹는 순간까지 가열한 다음 식기까지 얼마나 오래 걸리는지 측정했다. 당시에는 정확한 온도계가 없었으므로 그는 손이 예민한 귀족 여성들을 설득하여 실험에 참여하게 했다. 그리고 가장 고운 실크 장갑을 낀 손으로 들고 있어도 데지 않을 만큼 쇠공이 식는 순간을 알아내게 했다. 예상대로 큰 공이 식는 데 더 오래 걸렸다. 이 측정치를 가지고 지구 크기의 쇠공이 같은 정도로 식기까지 얼마나 걸릴지를 추정한 결과 75,000년이 걸린다는 결과가 나왔고, 그는 지구의 실제 나이는 그보다도 많다는 것을 깨닫고 있었지만 『자연사』에는 이 추정치를 실었다. 그는 대중용으로 다음과 같이 썼다.

> 나는 공이 식는 동안 두 순간을 찾아내는 것을 목표로 삼았다. 첫 번째는 공이 더 이상 화상을 입히지 않는 순간, 즉 사람이 공을 손바닥에 들고 1초 동안 있어도 데지 않는 순간이다. 두 번째는 공이 실온으로 식는 순간, 즉 영상 10도가 되는 순간이다. 공이 실온으로 떨어지는 시간을 알아내기 위해 우리는 지름이 같은 다른 포탄을 가열하지 않은 채 두어 가열한 공과 동시에 만지게 했다. 이 두 공을 한 손이나 두 손으로 동시에 순간적으로 만지면서 우리는 두 공이 똑같은 온도가 되는 순간을 알아낼 수 있었다.

… 그런데 이제 뉴턴과 같이 지구만 한 크기의 공이 식으려면 얼마만한 시간이 필요한지를 추론해 내고자 할 때, 위 실험에 따르면 지구가 오늘날의 온도로 식는 데 걸리는 시간은 그가 계산한 50,000년이 아니라 42,964년과 221일이 지나야 데지 않을 수 있는 온도까지 식고, 96,670년과 132일이 지나야 실온까지 식는다는 것을 알게 됐다.

… 모든 현상이 가리키고 있는 것처럼 지구가 화염 때문에 한때 액체였다고 본다면, 지구가 전부 철이나 철분 함유 물질로 구성되었을 경우 중심부까지 고체로 굳는 데는 4,026년밖에 걸리지 않았을 것이고, 손가락을 데지 않고 만질 수 있을 정도로 식는 데는 46,991년밖에 걸리지 않았을 것이며, 실온으로 떨어지기까지는 100,696년밖에 걸리지 않았을 것임을 우리의 실험으로 보여 주었다. 그러나 우리가 알고 있는 모든 것에 따르면 지구는 철분 함유 물질보다 빨리 식는 유리질과 석회암으로 이루어져 있는 것으로 보이기 때문에, 진실에 최대한 가까이 다가가려면 우리가 두 번째 논문에서 소개한 실험에서 측정한 것처럼 여러 물질이 제각기 식는 시간을 고려하고 철이 식는 시간을 가지고 그 비율을 추론해 내야 한다. 유리, 사암, 단단한 석회암, 대리석, 철분이 함유된 물질만 가지고 취합한 결과, 지구는 중심부까지 고체로 굳는 데 2,905년 정도가 걸렸고, 만질 수 있을 정도로 식기까지는 약 33,911년이 걸렸으며, 실온으로 식는 데는 약 74,047년이 걸렸다.

그러나 그의 원고를 보면 그는 실제로 지구의 나이가 300만 년은 됐을 것으로 생각했음을 알 수 있는데, 지구 표면의 바위를 이루는 퇴적물이 쌓이는 과정에 막대한 시간이 걸렸으리라는 것을 깨달았기 때문이었다. 하지만 이런 수치는 발표되지 않았다. 믿을 수 없다는 반응이 나오리라는 것을 알았기 때문일 것이다. 지구의 지각이 담요처럼 열을 차단하여 가두는 역할을 하는 등 여러 이유를 고려하면 이조차도 어마어마하게 과소평가한 수치이다. 그럼에도 불구하고 이것은 지구의 나이를 계산하려 한 최초의 과학적 시도였다. 또 다른 프랑스인 조제프 푸리에Joseph Fourier는 19세기 초에 뷔퐁의 계산을 더 정확하게 다듬었다. 그는 열 차단 효과를 고려하며 뜨거운 물체로부터 그렇지 않은 물체로 열이 흘러가는 방식을 묘사하기 위해 방정식을 만들어 내는 등 여러 가지로 수정을 가했다. 자신이 사용한 기법을 자세히 설명하는 연구를 1820년에 출판했지만 그렇게 계산한 결과 얻은 수치는 공개하지 않았다. 그렇지만 유능한 수학자라면 누구라도 그의 방식을 따라 계산해 낼 수 있었다. 무려 1억 년이었다. 푸리에는 스스로 그 수치를 계산해 냈을 것이 분명하지만, 뷔퐁처럼 그것을 발표하는 데 따른 반발의 위험을 무릅쓸 생각이 없었던 것으로 보인다.

그렇지만 푸리에의 계산 결과조차 더 이전 어느 프랑스인 사상가가 생각한 지구의 최소 나이보다도 훨씬 작았다. 이 사람의 연구는 과학사를 다룰 때 이따금씩 간과된다.

베누아 드 마예Benoît de Maillet(1656~1738)는 프랑스의 귀족이자 외교관으로 1692년부터 1708년까지 카이로의 총영사를 지냈다. 그곳을 비롯하여 해외의 여러 부임지에서 지내는 동안 자연 세계를 연구하고 생명의 기원과 진화에 대해 자기 나름의 결론을 내렸다. 그의 생각은 초고를 여러 차례 고쳐 쓰는 등 몇 년에 걸쳐 집필한 책에 집약됐으나, 그가 죽은 지 10년 뒤 편집자가 인정사정없이 손질한 상태로 출판됐다. 그렇지만 원래의 원고가 충분히 많이 남아 있어서 현대 역사학자들의 손에 드 마예의 원래 생각이 대체로 재구성될 수 있었다. 이 책은 인도의 신비한 현인 텔리아메드(드 마예의 이름을 거꾸로 쓴 것)의 철학을 묘사하고 있는데 원래는 익명으로 출판됐다. 남녀 인어를 실제로 관찰했다고 묘사하는 등 이상하고 불합리한 생각이 가득 차 있기는 하지만, 『텔리아메드*Telliamed*』는 곳곳에 과학적으로 귀중한 혜안이 들어 있었다.

혹과 스테노처럼 드 마예는 높은 산에 화석이 있다는 것은 화석이 보존된 바위가 물 밑에 있었던 것이 확실하다는 뜻임을 알아차렸다. 그러나 혹과는 달리 그는 단단한 바위가 오랜 세월을 두고 솟아오르는 것이 가능하다고 보지 않고, 지구가 한때 완전히 바다 밑에 잠겨 있었으나 바닷물이 조금씩 빠졌다고 추측했다. 그렇지만 그렇게 되기까지는 막대한 시간이 필요하다는 것을 알아차렸고, 이렇듯 장구한 시간을 고려하면서 생명의 진화를 논했다. 그의 신비로운 인도인 현자 텔리아메드는 지구의 나이가 수십억 년일 것으로 추정했는데, 그 다음 세기에 푸리에가 계산한 나이의 열 배였다.

드 마예에 따르면 생명은 우주에서 날아온 포자로부터 바다에서 저절로 생겨났으며, 물에 뒤덮여 있다가 물 위로 섬처럼 드러난 최초의 산봉우리 주위 얕은 물속에서 처음 나타났다. 물이 빠지면서 생물은 땅 위로 올라왔다. 해초가 큰키나무와 떨기나무로 발달했고, 날치가 새로 발달했으며, 물고기가 (결국에는) 사람으로 발달했다.

여기서 중요한 낱말은 '결국에는'이다. 드 마예는 바위의 여러 층에 각기 다른 종류의 동식물 유해가 들어 있는데 거기에는 오늘날 지구상에서는 볼 수 없는 것도 많이 포함되어 있는 것을 보았다. 한 형태의 생물체가 다른 형태의 생물체로 바뀌는 과정에 대한 그의 생각이 혼란스러운 양상을 보이는 것은 충분히 이해할 만하며 여기서 자세히 다룰 것까지는 없다. 그러나 오늘날 진화라고 하는 것이 일어났을 수밖에 없고, 그가 말하는 물고기가 사람으로 바뀌기까지 매우 긴 시간이 걸렸으며, 생물은 환경의 변화에 대응하면서 변화했다는 것을 그가 알아차린 것은 분명하다.

이 책에 대한 반응이 격렬하리라는 것을 드 마예는 알고 있었을 것이 분명하다. 프랑스의 자연학자 데잘리에 다르장빌Dezallier d'Argenville은 1757년 출간된 저서 『자연사 L'histoire naturelle』에서 "사람을 바닷속 깊은 곳에서 데리고 나오고 게다가 행여나 사람이 아담의 자손이 될까 싶어 우리에게 바다 괴물을 조상으로 안겨 주다니!" 하며 드 마예의 어리석음에 격분했다. 볼테르도 똑같이 불쾌해하며 드 마예를 "하느님을 모방하여 말로 세상을 창조하려는 협잡꾼"이라고 묘사했다.[13] 볼테르가 이렇게 쓴 것이 1772년이었으니, 뷔퐁이 지구상 생명의 진화를 하느님을 동원하지 않고 묘사한 때로부터 한참이나 뒤였다.

뷔퐁은 『텔리아메드』에서 제시된 것만큼 긴 시간 척도를 상상하지는 않았지만, 시간이 흐름에 따라 지구의 조건이 바뀌면서 생명이 어떻게 발달했는지를 설명하는 일에서는 드 마예보다 훨씬 나았다.

진화의 오리진

그는 드 마예와 마찬가지로 초기 지구는 물로 뒤덮여 있었다고 생각했다. 그의 가설에서 지구는 지표면이 식으면서 내린 빗물에 잠겼다가 물이 점점 증발하여 없어졌다. 우연히도 이것은 지구라는 행성 자체가 영원불변하지 않고 시간이 가면서 '진화'했다는 관념을 함축하고 있었다. 그리고 그는 옛 생명체들이 멸종했다는 사실이 화석 기록에 나타나 있다는 것을 알았다. 그러나 그가 내놓은 지구 냉각설은 지구 생명체의 형태가 어떻게 변화했는지를 설명하는 메커니즘이 되어 주었다.

뷔퐁 시대는 매머드 같은 큰 동물 유해가 북반구 고위도에서 이미 발견된 뒤였다. 이 동물은 오늘날 지구에서 상대적으로 기온이 높은 지역에서만 볼 수 있는 코끼리와 명백하게 닮았다. 뷔퐁은 지구가 지금보다 따뜻했던 때는 코끼리처럼 생긴 동물이 훨씬 더 북쪽에서 살 수 있었으나 지구가 식으면서 적도 쪽으로 이주했다고 추론했다. 그러나 현대의 코끼리는 북부에서 발견되는 화석 유체와 같지 않다는 것을 알아차렸고, 시간이 흐르면서 어떻게 변화했는지 알아내기 위해 두 종 간의 관계를 연구했다. (간단하게 설명하기 위해 여기서는 한 가지 예만 들었다.) 좋은 과학자가 새로운 증거와 마주칠 때 그렇듯 뷔퐁의 관점 역시 시간이 흐르면서 변화했는데, 이 때문에 과학자가 아닌 역사학자들은 뷔퐁이 진화에 대해 '정말로 생각한 것'이 무엇인지 찾아내려는 과정에서 이따금 혼란에 빠지기도 했다. 그렇지만 일단 그가 서로 모순되는 관점을 동시에 지니고 있었던 적은 없었고, 또 아는 것이 많아짐에 따라 그에 맞춰 생각이 달라졌다는 것을 받아들이고 나면 그가 기본적으로 어떤 생각을 가지고 있었는지는 명확하게 드러난다.

뷔퐁은 몇 가지 부분에서 린네에 동의하지 않았다. 특히 린네가 종을 속으로 묶는 방식은 일정한 규칙을 찾아내려는 욕망과 인간적 상상의 산물이라고 생각했다. 처음에 뷔퐁은 인간과 유인원이 매우 가까운 관계라는 생각을 단호하게 거부했다. 그러나 이 모든 것은 주로 종에 관한 그의 생각이 처음에는 어떻게 보면 린네보다 더 극단적이기 때문이었다. 1740년대 말 뷔퐁은 고정되어 있어서 시간이 지나도 변하지 않는 것을 종이라고 불렀다. 종과 종이 유지되는 데 대한 관점은 번식에 관한 생각에 확고하게 근거하고 있었다. 그는 번식에는 양쪽 부모 모두가 관여한다고 보았으며, 부모 각각으로부터 나온 물질이 섞여 태아가 되고 이것이 종마다 고유한 양식에 따라 발달 과정을 거치는 것으로 묘사했다. 그는 이 양식을 '내적 형틀'이라 불렀는데, 이것이 무엇인지 어떻게 작동하는지는 설명할 길이 없었다. 그저 그 때문에 각 세대가 그 부모 세대와 같도록 만들어진다고, 즉 종은 변하지 않는다고만 말할 뿐이었다.

1753년 『자연사』의 제4권에 쓴 글에서 그는 종이 진화한다는 생각에 반대하는 이유로 보이는 내용을 적었다.

> 만일 동식물에게는 과가 있어서 나귀와 말이 같은 과에 속하고 또 같은 조상으로부터 퇴화가 일어나야만 한쪽이 다른 쪽과 달라질 수 있다는 생각을 일단 받아들이면, 우리는 유인원이 인간과 같은 과에 속하고, 퇴화했을 뿐인 인간이며, 나귀와 말에게 같은 조상이 있었던 것과 마찬가지로 유인원과 인간에게 같은

조상이 있었다고 인정해야 할 것이다. 이에 따라 동물이든 식물이든 모든 과가 하나의 혈통에서 나왔고, 그것이 여러 세대가 지난 다음 그 후손 중 일부는 더 고등하고 그 나머지는 더 열등해졌다는 뜻이 될 것이다.

여기서 중요한 말은 "일단 받아들이면"으로 보이는데, 디드로가 말한 "만일 종교가 우리에게 … 가르치지 않았다면"과 같은 맥락이다. 마치 뷔퐁이 귀류법을 사용하여 이 터무니없는 생각은 사실일 리가 없다고 말하는 것 같다. 그러나 이것이 그가 진화 관념을 이미 정말로 받아들였다는 사실을 감추기 위한 연막이 아닐까 궁금해지는 것도 어쩔 수 없다.

1750년대를 지나 1760년대에 들어서서 뷔퐁은 말과 나귀처럼 가까운 관계에 있는 종을 연구함으로써 실제로 이들이 같은 조상으로부터 진화했다는 생각을 받아들이게 됐다. 또는 어쩌면 실제로 1753년에 그가 그쪽으로 기울어져 있던 생각을 출판할 마음이 들었다고 하는 쪽이 옳을 것이다. 그는 린네의 속(오늘날의 과)을 고유의 내적 형틀로써 정의되는 진정한 종으로 취급함으로써 종은 불변이라는 이전의 생각을 어떻게든 고수하는 한편 그것을 진화 관념에 맞춰 넣었다. 예를 들면 고양이에게는 원래 조상이 갖고 있던 형태가 있는데, 이것이 분화하여 사자, 호랑이, 집고양이 등으로 갈라졌으며, 이렇게 분화한 종류를 별개의 종으로 취급할 게 아니라 변종으로 취급해야 한다는 것이다. 그는 이런 변화는 주식이 되는 음식과 환경의 변화에 대응하여 일어났으며, 따라서 이들이 세계의 여러 곳으로 이주함에 따라 변종(오늘날의 종)으로 갈라졌다고 보았다. 그러나 무엇보다도 중요한 것은 모든 생물이 공통의 조상으로부터 진화했다는, 또는 인간이 물고기로부터 진화했다는 언급은 없었다는 사실이다. 앞서 내놓았던 여러 글에도 불구하고 뷔퐁은 인간과 유인원의 조상이 같다는 생각을 도저히 받아들일 수 없었다. 각 유형의 동물이 지니는 내적 형틀은 지구가 일단 어느 정도 식으면서 '생물입자'로부터 저절로 결정됐으며, 우리 인간의 형틀은 유일무이했다.

그러나 이런 형틀이 처음부터 '완전한' 종을 만들어 내지는 않았다. 뷔퐁은 돼지의 신체 '설계'를 개선의 여지가 있는 사례로 지적했다.

> [돼지는] 독자적이고 특별하며 완전한 설계에 따라 형성된 것으로 보이지 않는데 그 이유는 다른 동물들의 복합체이기 때문이다. 쓸모없는 부분, 또는 쓸모를 찾을 수 없는 부분이 있는 것이 분명하다. 발가락은 모든 뼈가 완전하게 형성돼 있는데, 그럼에도 불구하고 소용되는 데가 없다. 이런 동물의 형성 과정에서 자연은 조금도 최종 원인의 지배를 받지 않는다.

여기서 뷔퐁이 '하느님'이 아니라 '자연'이라고 했다는 것은 중요하다.

1778년에 펴낸 책 『자연의 시대Les époques de la nature』에서 뷔퐁은 이 과정이 단계적으로 일어난 것으로 묘사하면서*, 지구가 식으면서 생

---

* 이 책은 창세기에 나오는 7일간의 창조를 모방하여 일곱 개의 '시대'로 나뉘어 있었다.

물입자로부터 새로운 종류의 생물이 차례차례 나타났다고 설명했다. 이것은 틀린 생각이기는 하지만, 그 한 가지 측면을 보면 그가 하느님으로부터 창조된 인간이 있는 지구가 우주에서 특별한 위치를 차지한다는 생각을 거부하고 있다는 것을 알 수 있다. 그는 태양계의 모든 행성이 (당시 알려져 있던 행성 전부) 똑같은 과정을 거쳤으며, 행성이 식으면서 모든 행성에 똑같은 생물이 나타났거나 앞으로 반드시 나타날 것으로 믿었다.

놀랄 것도 없이 뷔퐁의 글은 종교 당국의 분노를 불러일으켰다. 그의 연구를 두고 소르본 대학교 신학부의 높으신 분들로부터 비난이 떨어진 것이 한 번만이 아니었다. 그의 반응은 언제나 똑같았다. 사과하고, 문제가 되는 부분을 철회한다는 뜻을 서면으로 공개하고, 문제가 되는 책의 다음 판을 낼 때 철회서를 함께 수록하겠다고 약속했다. 그런 다음 그는 이 약속을 무시하고 철회서 없이 계속 책을 냈다. 1785년에 한 친구에게 보낸 편지에서 그는 이렇게 썼다. "[그들이] 바라는 대로 얼마든지 만족시켜 주는 데는 어려울 게 전혀 없었어. 비웃은 것일 뿐인데, 사람들은 어리석어서 그걸로 만족하더군."[14]

뷔퐁은 1788년에 죽었다. 그 무렵 잉글랜드에서는 적어도 한 사람의 진화 사상가가 적어도 동물만큼은 정말로 모두 공통의 조상으로부터 진화해 나왔으며 그 과정이 진행되는 데 수억 년의 시간이 걸렸다는 생각을 담은 책을 차례차례 출판하려 하고 있었다. 게다가 우연하게도 그는 성이 다윈이었다. 그가 이렇게 대담한 한 걸음을 내디딜 수 있었던 것은 뷔퐁이 죽은 그해 제임스 허턴James Hutton

의 『지구 이론*Theory of the Earth*』이 출판되면서 우리 행성의 나이가 어마어마하다는 확실한 증거를 내놓은 덕분이었다. 허턴과 그 뒤를 이은 사람들이 내놓은 연구 덕분에 후일 이 18세기 다윈의 손자는 '시간의 선물' 즉 자연선택에 의한 진화가 작용하면서 종종 눈치챌 수 없을 정도로 미묘하게 앞으로 나아갈 수 있는 긴 시간 척도를 건네받게 된다. 이 선물은 너무나 중요하기 때문에 생물학적 진화 이야기로부터 잠시 한 걸음 물러서서 이에 대해 살펴보는 것이 좋겠다.

3
시간의 선물

제임스 허턴은 지구의 역사 이해에 남긴 업적이 너무나 중요한 까닭에 '지질학의 아버지'라 불린다. 그러나 이 표현이 정확하다면 로버트 훅은 '지질학의 할아버지'라 불러야 마땅하다. 훅의 '지진' 연구로부터 허턴의 생각으로 이어지는 계보를 명확히 추적해 내려갈 수 있기 때문이다. 엘런 탠 드레이크Ellen Tan Drake는 이 계보를 추적하여 저서『쉼 없는 천재Restless Genius』에서 그 이야기를 들려준다.

드레이크는 18세기에는 지구의 기원과 진화에 관한 훅의 생각이 널리 알려져 있었다는 것을 분명히 짚어 준다. 실제로 지금보다 그때 더 잘 알려져 있었다. 이 이야기에서 가장 흥미를 끄는 부분은 루돌프 에리히 라스퍼Rudolf Erich Raspe(1736~1794)라는 독일인과 관계가 있다. 지금은 '뮌히하우젠 남작 이야기'의 저자로 유명하지만 그의 시대에는 오늘날이었다면 지질학자라 불릴 만한 인물이었다. 게다가 1769년 왕립학회의 석학회원으로 선출될 정도로 실력이 뛰어났다.

라스퍼를 회원으로 선출되게 만든 연구는「수륙행성의 자연사」라는 논문으로, 여기에「산山 및 석화한 동물 신체의 기원에 관한 훅의 지구 가설을 확증하며」라는 부제를 달아 내놓았다. 그는 또 현무암은 흐르는 용암이 굳어 형성됐다는 것을 제대로 이해한 최초의 사람에 속했다. 그는 기회가 있을 때마다 자신(과 혹)의 생각을 알렸다. 왕립학회를 위해 자연학자 여러 명의 유럽 여행 보고서를 번역한 것도 그런 중요한 기회였다. 라스퍼는 번역하면서 지진과 화산에 대한 혹의 설명을 곁들여 넣었으나, 그가 만들어 낸 소설 속 인물과 마찬가지로 혹의 생각 중 많은 부분을 자기 것인 양 공로를 가로채고 싶은 유혹을 이기지는 못했다.

18세기 중반에 나온 또 한 가지 중요한 책은 『지진의 역사와 철학―가장 먼 과거부터 현재까지, 이 분야 최고 저자들 선집The History and Philosophy of Earthquakes, from the Remotest to the Present Times, Collected from the best Writers on the Subject』이다. 1757년 익명으로 출간됐지만, 1771년 게 성운을 발견한 영국 천문학자 존 베비스John Bevis(1695~1771)의 작품이 거의 확실하다. 이 책은 1755년 대지진으로 포르투갈 리스본이 파괴되고 수만 명이 죽은 뒤 지진에 대한 우려가 널리 퍼진 일 때문에 나왔다. 총 334쪽 중 3분의 1에 약간 못 미치는 106쪽 분량이 혹의 책을 바탕으로 하고 있고, 혹이 한 말을 책의 속표지에 인용해 놓기까지 했다.

이 모든 것이 중요한 이유는 허턴의 연구를 지지한 존 플레이페어John Playfair(1748~1819)가 허턴은 "지구의 자연사에 관해 뭐든 배울 만한 것이 있는 여행 책은 거의 모두 꼼꼼하게 읽어 보았다"라고 말하고 있기 때문이다. 여기에 라스퍼의 번역이 포함됐을 것이 분명하고 또 허턴이 31세일 때 출간된 베비스의 책을 놓쳤을 리가 없다. 그러나 무슨 이유에서인지 허턴이 직접 쓴 책에서 훅의 이름은 등장하지 않는다.

허턴은 1726년 6월 3일 스코틀랜드의 에든버러에서 태어났다.* 아버지 윌리엄은 에든버러에서 유명한 상인이자 에든버러시의 재무 담당관이었다. 그리고 베릭셔에 농장 둘을 소유하고 있었다. 윌리엄은 허턴이 어릴 때 죽었고, 어머니는 그를 법률가로 키우려고 했다. 그러나 허턴은 조지 차머스의 도제로 잠시 일해 보고 법률은 자기와 맞지 않는다고 판단했다. 그는 화학에 훨씬 더 관심이 많았다. 그래서 18세 때 의사의 조수가 됐고, 에든버러 대학교에서 의학 강의를 듣기 시작했다. 다만 의사가 될 생각은 없었다. 그저 화학을 공부할 수 있는 가장 좋은 수단이 이것뿐이기 때문이었다. 그는 또 프랑스 파리에서도 공부하고 이어 1749년 9월 네덜란드 레이던에서 의학박사 학위까지 받았으나, 물려받은 농장을 최고의 과학적 방법으로 개발하는 데 집중하기로 했다. 그는 최신 기법을 배우기 위해 잉글랜드의 이스트앵글리아와 바다 건너 유럽의 저지대 국가를 두루 여행한 다음, 1750년대에 자신의 농장 중 한 군데에 정착하여 그동안 배운 것을 실행에 옮기기 시작했다. 그가 물려받은 토지는 형편없는 상태였고 바위로 뒤덮여 있었다. 호기심 많은 성격인지라 농장 개량 사업을 하는 동안 지질학과 기상학에 대한 관심이 싹텄다. 그러나 화학에 대한 관심이 깊었던 덕분에 신사 계급 농장주가 어설프게 지질학을 다루는 수준에서 멈추지 않았다.

---

* 영국에서는 1752년까지 구식 달력을 썼다. 현대의 달력으로는 6월 14일이다.

허턴은 친구이자 동료 화학자인 존 데이비John Davie와 함께 검댕으로부터 염화암모늄을 생산하는 기법을 개발했다. 이 약품은 각성자극제로뿐 아니라 염색과 인쇄 등 중요하게 쓰이는 곳이 많았으나 그때까지는 중동에서 상당한 비용을 들여 수입하는 자연산에 의존하는 수밖에 없었다. 데이비는 이 기법을 실용적인 산업 제조 공정으로 개발했고, 그 결과 데이비도 허턴도 경제적 이익을 얻었다. 아직 농장에서 살던 1764년에 허턴은 스코틀랜드 북부로 지질학 연구 답사를 떠났다. 이때 조지 맥스웰클러크George Maxwell-Clerk가 동행했는데, 그는 19세기의 가장 위대한 물리학자 제임스 클러크 맥스웰James Clerk Maxwell의 선조다. 그러다 1768년 염화암모늄 제조 공정에서 수익이 은행 계좌로 흘러 들어오자 허턴은 농장을 임대로 내주고 에든버러로 이사를 가 과학에 전념하기 시작했다. 비록 농업에 대한 과학적 관심도 포함돼 있었지만 허턴은 42세의 나이에 사실상 본격 과학자가 됐고, 스코틀랜드의 계몽운동에서 지도적 인물이 되어 데이비드 흄David Hume, 애덤 스미스Adam Smith, 조지프 블랙Joseph Black 같은 사람들을 친구로 사귀었으며, 1783년 설립된 에든버러 왕립학회의 창립회원이 됐다. 친구 중 약간 덜 유명한 수학자 존 플레이페어가 있었는데 나중에 허턴의 연구가 정당하게 인정받게 만든 사람이다.

지구에 관한 허턴의 생각은 스코틀랜드를 비롯하여 각지를 여행하면서 지질을 직접 관찰한 데서 비롯됐다. 물론 광범위하게 책을 읽은 것도 있었다. 그가 내린 가장 극적인 결론은 지구의 역사가 유한하다는 증거가 없다는 것이었다. 성서학자들이 내놓은 몇천 년이라는 제한된 나이는 말할 것도 없었다. 1788년에 그는 "시작이 있다는 흔적도, 끝이 있다는 전망도 없다"라고 결론지었다. 다시 말해 지구는 언제나 대체로 오늘날과 같은 상태로 존재해 왔고, 언제나 그 상태 그대로 계속 존재할 것이라는 뜻이었다. 이것은 나중에 '동일과정설'이라는 이름으로 알려진 이론을 가장 극단적으로 표현한 것이었다. 동일과정설은 오늘날 우리가 보는 지구의 모든 지형은 어떤 대이변에 의해 지구가 요동친 결과 단번에 만들어진 게 아니라 현재 작용하고 있는 것과 동일한 자연적 과정을 거쳐 만들어졌으며, 동일한 과정이 앞으로도 무한정 계속 작용할 것이라는 이론이다.

허턴은 이 생각을 서둘러 발표할 생각이 없었으며 인간 기준으로 장기간에 걸쳐 발전시키려 했는데, 존 플레이페어에 따르면 "그는 진리를 발견했다고 찬양받는 쪽보다 그 진리를 관조하는 쪽을 훨씬 더 즐기는 사람"이기 때문이었다.[15] 그가 쓴 『지구 이론』은 59번째 생일 직전인 1785년 3월과 4월 두 차례에 나뉘어 에든버러 왕립학회에 소개됐고, 1795년 약간의 첨삭을 거쳐 책으로 나왔다. 이 책에는 그가 일찍이 썼던 학술논문과 소책자에서 가져온 내용도 포함되어 있었다. 그중에서도 1785년 7월 4일 학회에서 발표한 『지구의 체계, 존속 기간, 안정성에 관하여 Concerning the System of the Earth, its Duration and Stability』는 다음처럼 그의 생각을 잘 알 수 있는 좋은 예가 된다.

현재 육지의 단단한 부분은 전반적으로 바다의 작용으로 이루어졌으며, 현재 해변에서 볼 수 있는 비슷한 물질로 만들어진 것으로 보인다. 따라서 다음과 같이 결론 내릴 수 있다.

첫째, 우리가 서 있는 육지는 단일체도 원래 그대로도 아닌 합성

체이며, 둘째 원인의 작용에 의해 형성됐다.

둘째, 현재의 육지가 만들어지기 전 바다와 육지로 이루어진 세계가 존재했으며, 현재 바다 밑바닥에서 일어나는 것과 같은 조류와 해류가 있었다.

끝으로, 바다 밑바닥에서 현재의 육지가 형성되는 동안 예전의 육지에는 동식물이 살고 있었다. 적어도 당시 바다에는 현재와 비슷한 방식으로 동물이 서식하고 있었다.

그러므로 우리는 우리 육지의 전체는 아니더라도 대부분이 이 지구에서 원래 일어나는 작용에 의해 만들어졌다고 결론을 내리게 된다. 그러나 우리의 육지가 물의 작용에 저항하며 영구히 유지되기 위해서는 다음 두 가지 조건이 필요했다.

첫째, 느슨하거나 성분이 일정하지 않은 물질이 모여 형성된 덩어리의 경화.

둘째, 그렇게 경화된 덩어리가 원래 형성된 장소인 바다 밑바닥으로부터 해수면보다 높은 상태를 유지하고 있는 현재의 위치로 융기.[*]

이것은 육지가 침식으로 깎여 나가는 이미지다. 깎여 나간 것이 바다 밑바닥으로 떨어져 퇴적층을 이루고, 그것이 그 위에 쌓인 물질의 무게로 바위로 변하며, 지질작용으로 위로 솟아올라 새로운 육

---

[*] 이것을 혹의 묘사와 비교해 보자. "과거에 바다였던 곳이 지금은 육지이고 과거에 육지였던 곳이 지금은 바다이며, 수많은 산이 과거에는 골짜기였고 골짜기는 산이었다."

지가 되는 과정이 끝없이 되풀이된다. 하느님은 인간이 영원한 보금자리로 삼기 적합한 곳으로 세계를 창조했다는 허턴의 믿음과 맞아 들어가려면 이것은 일종의 영구기관처럼 끝없이 되풀이돼야 했다. 화강암 지층이 다른 바위를 관통하고 있는 곳을 찾아냈을 때 그는 퇴적이 이야기의 전부가 아니라는 것을 깨달았다. 바위가 녹은 상태에서 틈새로 흘러들었다가 단단히 굳은 것으로 보였다. 그러나 그의 생각을 뒷받침하는 증거는 부정합 지질구조를 연구하면서 나왔다. 수평으로 쌓인 것이 분명한 평행한 바위 지층이 현재 위치로 들려 올라오면서 똑같은 힘에 의해 기울어져 있고 때로는 거의 수직으로 서 있었는데, 이처럼 수직으로 서 있는 지층 일부에서 물결 흔적이 보인 것이다. 이는 이들 지층이 물 밑에서 수평으로 놓여 있었다는 명확한 증거였다. 그는 단단한 바위를 들어 올리고 구부리는 데 필요한 에너지원은 지구 내부에서 흘러나오는 열의 효과라고 설명했다.

허턴의 가설은 당시 더 널리 퍼져 있던 생각과 반대됐다. 그것은 한 차례 홍수가 있은 뒤 물이 빠지면서 육지가 만들어졌다는 것으로 '수성론'이라 불렀다. 허턴의 가설에는 '화성론'이라는 이름이 붙었으나 처음에는 그다지 인정받지 못했다. 그 한 가지 이유는 그것이 발표된 책이 모호한 문체로 쓰인 데다 분량이 2천 쪽이 넘기 때문이었다. 그러나 그 속에서 허턴의 생각이 단단한 지구뿐 아니라 지구상의 생명에 관한 데까지 미쳤음을 알 수 있는 부분을 찾아낼 수 있다. 다음을 보자.

만일 하나의 조직체가 자신의 생명을 유지하고 번식하기에 가장 적합한 상황과 상태를 갖추고 있지 않다면, 그 종의 개체 사이에 무한한 변이를 생각할 때 한편으로는 가장 적합한 구성으로부터 가장 멀어진 개체들은 사멸 가능성이 가장 높을 것이고, 반대로 현재 상황에 가장 좋은 구성에 가장 가까운 조직체들은 자신을 보존하고 자기 종족의 개체를 늘리는 데 가장 적합할 것이라고 우리는 확신할 수 있다.

중요한 것은 그가 종의 기원이 아니라 기존 종의 다양한 변종이 환경에 적응하는 방식에 관해 말하고 있다는 사실이다. 식물과 동물 육종(인위선택)에 관심이 있는 농장주로서의 경험 덕분에 이것을 꿰뚫어 볼 수 있었다. 그러나 그는 이런 종류의 자연적 메커니즘이 존재하는 것은 자비로운 하느님의 솜씨 덕분이라고 생각했다.

허턴은 1797년에 죽었지만 그의 생각은 존 플레이페어가 계속 알렸다. 그는 1802년에 『허턴의 지구 이론 해제*Illustrations of the Huttonian Theory of the Earth*』를 펴냈는데, 수성론자들이 허턴의 연구에 대해 내놓은 비판에 답하려는 목적도 있었다. 이것은 허턴이 직접 쓴 책보다 훨씬 더 독자 친화적이었으며 그런 만큼 독자층이 훨씬 더 넓었다. 동일과정설이 독자에게 처음으로 널리 알려진 것은 플레이페어 덕분이지만, 그의 책이 출판됐을 때 이 생각에 탄탄한 과학적 근거를 마련하고 찰스 다윈에게 시간의 선물을 전해 준 사람은 아직 채 다섯 살도 되지 않았다.

이 무렵에 이르러 측량사이자 운하 건설자 윌리엄 스미스William

진화의 오리진

Smith가 지질학이라는 학문의 기반을 이미 다지고 있었다. 그는 1769년 잉글랜드 옥스퍼드셔에 있는 처칠이라는 마을에서 태어났다. 1790년대에는 서머싯셔 석탄운하회사에서 일했는데 그곳에서 맡은 일에는 광산 감독도 포함되어 있었다. 그는 채굴 과정에서 여러 지층이 드러나는 데 흥미를 느꼈고, 지층이 일정한 패턴으로 배치돼 있을 뿐 아니라 거기 포함된 화석의 종류를 가지고 지층을 판별할 수 있다는 것도 알게 됐다. 더 오래된 돌이 덜 오래된 바위 아래에 있는 것이 분명했고, 운하에서는 같은 패턴이 나타날 뿐 아니라 지층이 비스듬하게 경사를 이룬 채 침식이 일어나, 한쪽에서는 오래된 바위가 지표면 가까이에 있고 거기서 약간 멀어지면 덜 오래된 바위가 지표면 가까이에 있는 것도 볼 수 있었다. 1799년 스미스는 잉글랜드의 바스 주변 지역의 지질도를 만들었고, 그 뒤 15년 동안 자신의 사업과 측량사로서 맡은 여러 가지 일을 진행하는 한편으로 잉글랜드와 웨일스*의 지질을 탐사하여 지질학 지식을 넓혔다. 이것은 1815년 영국 최초의 지질도의 탄생으로 이어졌는데 여기에는 스코틀랜드 지역도 일부 포함되어 있었다. 이는 그처럼 넓은 지역을 자세히 다룬 세계 최초의 지질도였고 결국 과학에 커다란 영향을 끼쳤다.[16] 하지만 애석하게도 바스 석회석을 생산하는 채석장 투자를 비롯하여 스미스의 사업 활동은 그다지 성공을 거두지 못했고 결국 1819년에는 런던의 채무자 감옥에 잠시 수감되기까지 했다.

---

* 영국은 그레이트브리튼섬의 잉글랜드, 스코틀랜드, 웨일스와 아일랜드섬 북쪽의 북아일랜드로 이루어져 있다. (옮긴이)

석방된 뒤 측량사로 품을 팔아 살다가 1824년 요크셔에 있는 존 존스턴 경의 장원에 토지 사무장으로 임명됐다. 1831년에는 런던 지질학회로부터 최초로 울러스턴 메달을 받았는데 이것은 지질학자 최고의 영예였다. 1835년에는 더블린 대학교의 트리니티 칼리지로부터 명예학위를 받았다. 1839년에 세상을 떠났다.

스미스의 지질도는 나오는 그 즉시 과학계에 불을 지르지는 못했지만, 그가 생각해 낸 화석을 이용한 지층 판별법은 출판되기 전부터 벌써 윌리엄 버클랜드William Buckland 같은 선구적 지질학자들 사이에 알려져 있었다. 버클랜드는 1784년에 태어나 1813년 옥스퍼드에서 광물학 수석강사가 됐다가 1818년 지질학으로 과목을 바꿨다. 그가 1817년 여름에 광물학 수석강사 자격으로 한 강연이 어느 청년이 갓 품은 열정에 부채질을 했다. 그는 방금 지질학에 관심을 갖게 된 찰스 라이엘Charles Lyell이었으며, 그 때문에 고전학을 가르쳐 법률가가 되게 하려고 그를 옥스퍼드로 보낸 아버지의 노여움이 이만저만이 아니었다.

라이엘의 아버지 역시 이름이 찰스였으며, 법률가 자격을 지니고 있었지만 26세 때 스코틀랜드의 땅과 키노디의 대저택을 물려받았으므로 개업할 필요가 없었다. 아버지 찰스는 그 자신의 아버지가 죽은 해인 1796년에 결혼했고, '우리의' 찰스는 1797년 11월 14일 키노디 저택에서 태어났다. 허턴이 죽은 바로 그 해였다. 그러나 가족은 이내 잉글랜드 사우샘프턴 근처 뉴포리스트에 있는 소유지로 이사를 갔고, 어린 찰스는 그곳에서 남동생 둘과 여동생 일곱 명과 함께 자라났다. 작은 사립학교에서 공부를 마친 찰스는 1816년에 옥

진화의 오리진

스퍼드의 엑서터 칼리지로 진학했으니, 이때까지만 해도 아버지의 뒤를 이어 법률가이자 시골의 신사 계급이 될 운명으로 보였다. 그러나 바로 그해 그는 아버지의 서재에서 책을 한 권 집어 들었다가 거기 푹 빠지고 말았다. 그것은 로버트 베이크웰Robert Bakewell이 쓴 『지질학 입문An Introduction to Geology』이었고, 책에서 소개한 지질학은 허턴의 동일과정설이었다. 라이엘은 이어 플레이페어의 책을 읽었고, 다음에는 옥스퍼드로 돌아갔을 때 버클랜드의 강연을 들었다. 그 이전에는 지질학이라는 학문이 있는지도 몰랐다. 고전학을 계속 공부하여 1819년에 졸업하고 1821년에 문학석사 학위를 받았으나, 열정적인 아마추어 지질학자가 됐고 지질학회의 석학회원이 됐다. 회원이라지만 그저 신사 계급에 맞게 회비를 내는 것이 전부였다. 1818년 아버지가 가족을 데리고 장기간 유럽을 여행했을 때 찰스는 여러 종류의 풍경을 직접 볼 수 있었을 뿐 아니라 파리의 자연사박물관에서 조르주 퀴비에의 화석 표본도 관찰할 수 있었다. 다음 장에서 다룰 퀴비에는 희한하게도 이때 잉글랜드로 건너가 있었다. 라이엘은 1821년에 서식스주 루이스에서 선구적 고생물학자 기디언 맨텔Gideon Mantell을 만났다. 그런 다음 런던으로 돌아가 한 해 전에 시작한 법률 공부를 계속했으나, 시력 문제와 심한 두통에 점점 더 시달렸다. 조명이 시원찮은 방에서 손으로 깨알같이 쓴 문서에 몰두하다 보니 더욱 심해졌다. 그래서 법률 공부를 포기한다는 공식 결정도 내리지 않았고 1822년 5월 변호사 자격도 얻었지만 본격적으로 변호사 일을 하지는 않았다. 1823년 다시 파리를 방문하여 퀴비에를 만났을 때 그는 본질적으로 지질학자가 되어 있었다.

나아가 그는 지질학회 일을 하기 시작했다. 1823년부터 간사 일을 맡았고 그 뒤 해외 담당 간사가 됐으며 결국에는 회장까지 됐다. 1825년 라이엘은 공동 간사를 맡았다. 함께 간사 일을 맡은 조지 스크루프George Scrope는 그와 동갑내기로, 이미 지질학에 크게 기여한 데다 활화산과 사화산을 연구하기 위해 프랑스와 이탈리아를 탐사한 뒤 그것을 바탕으로 『화산에 관한 고찰Considerations on Volcanoes』이라는 책을 쓰는 중이었다. 두 사람은 우애가 굳은 친구가 됐고, 이내 라이엘은 자신도 직접 책을 쓸 생각으로 직접 지질 탐사 대장정에 나섰다.

스크루프는 1797년 3월 10일 태어날 때는 조지 톰슨이었지만 1821년 윌트셔의 마지막 백작의 딸이자 상속녀 에마 스크루프와 결혼하면서 성을 바꿨다. 혼란을 피하기 위해 여기서는 그를 스크루프라 부르기로 한다. 스크루프의 아버지 존 톰슨은 러시아와 거래하는 부유한 무역상이었으나 스크루프의 어린 시절에 대해서는 알려진 게 거의 없다. 스크루프는 런던의 해로 스쿨에서 공부를 마치고 1815년 옥스퍼드의 펨브로크 칼리지로 진학했다. 그러나 당시 옥스퍼드에서는 과학 공부를 위한 기회를 제대로 제공하지 않는다는 것을 금방 알아차리고 1816년 케임브리지의 세인트존스 칼리지로 옮겨 공부하고 1821년에 졸업했다. 케임브리지에서 그를 가르친 사람 중 우드워드 지질학 석좌교수 애덤 세지윅Adam Sedgwick은 나중에 찰스 다윈에게 커다란 영향을 미친다. 옥스퍼드에서 케임브리지로 옮겨 간 일에서 보듯 스크루프는 대학교에서 보내는 시간을 근본적으로 사교 목적이라 생각하는 한가한 신사 계급 대학생과는 달랐다. 그렇지만 아버지가 가진 돈은 무역으로 번 것이지만 귀족 가문과 관계가 있다고 주장한 만큼 일종의 신사이기는 했고, 결혼 전 아직 대학생이던 1816~1817년 겨울 동안 이탈리아의 나폴리로 여행을 다녀올 수 있었을 정도로 부유한 집안 출신이었다. 그곳에 갔을 때 베수비오 화산에 흥미를 느꼈고 1818년에 연구를 위해 다시 그곳으로 답사를 갔다. 한 해 뒤에는 이탈리아의 에트나산에 다녀왔고, 졸업하고 결혼한 해에는 중부 프랑스의 사화산 연구를 위해 여행을 다녀왔다.

중부 프랑스의 여러 산이 화산활동으로 생겼다는 것은 1750년대에 프랑스인 장에티엔 게타르Jean-Étienne Guettard가 인지했는데, 역사시대를 통틀어 이 지역에서 어떠한 화산활동도 기록돼 있지 않는데도 전형적인 고깔 모양을 보고 판단한 것이다. 그리고 1760년대에 마찬가지로 프랑스인 니콜라 디마레Nicolas Desmarest가 남부 프랑스의 마시프상트랄 지역 주위의 현무암 분포 지도를 만들어 용암이 흐른 형상과 비슷하다는 것을 보여 준 적이 있었다. 이런 사실을 자기 자신의 관찰과 결합하여, 그곳의 경관은 화산활동과 침식이 복합적으로 작용하여 만들어졌다는 일관성 있는 설명을 내놓은 사람은 스크루프였다.

그는 또 1822년에 베수비오 화산의 대폭발을 직접 목격했다. 이모든 것이 1825년 저서 『화산에 관한 고찰』의 출간과 1826년 왕립학회의 석학회원 선출로 이어졌다. 스크루프의 책은 화산을 최초로 체계적으로 다루었고, 화산의 작용 방식을 다루는 모델을 최초로 내놓았으며, 지구의 지질사에서 화산이 한 역할을 설명했다. 당시 이 책은 반응이 그다지 좋지 않았고 이 책에 대해 찬사를 내놓은 사람도 많지 않았다. 찬사를 내놓은 사람 중 한 명인 라이엘은 1827년『쿼털리 리뷰_Quarterly Review_』에 실린 에세이에서 이 책을 추천했는데, 이것은 그가 처음으로 발표한 에세이이기도 했다. 문제는 스크루프의 모델이 수성론자의 생각을 거부한다는 것이었다. 수성론은 당시 널리 받아들여지고 있었으며, 독일의 지질학자 아브라함 베르너_Abraham Werner_가 내놓았기 때문에 때로는 '베르너 모델'이라 불리기도 했다. 이 이론으로 보면 지구는 뜨거운 대양으로 뒤덮여 있었으며, 물속에 있던 부유물이 가라앉으며 여러 층의 바위가 됐고, 그 뒤 물이 식고 줄어들면서 오늘날과 같은 대륙이 생겨났다. 스크루프는 에트나 같은 곳에서 지구 안쪽으로부터 뜨거운 물질이 나와 새로 바위를 이루면서 화산이 여전히 활발하게 육지를 만들어 내고 있는 것을 보았다. 이렇게 만들어진 바위는 중부 프랑스에서 보는 바위와 같은 종류였다. 이곳의 현무암은 베르너가 설명한 방식의 퇴적으로 만들어졌을 수가 없고, 화산 분화구와 거기 연관된 지질은 베르너론자의 주장처럼 '지각의 습곡으로' 형성됐을 가능성이 없었다. 스크루프는 프랑스에서 연구한 지질구조는 화산활동이 일어나 용암이 흐른 다음 긴 휴지기 동안 침식에 의해 바위가 깎여 나가 계곡이 만들어지는 과정이 반복된 결과물이라고 설명했다. 이 과정에 얼마나 오랜 시간이 걸렸는지는 추산하지 않았지만 그러기에는 장구한 시간이 필요하다는 것은 분명했다. 스크루프가 1827년『지질학과 중부 프랑스의 사화산_Geology and Extinct Volcanoes of Central France_』을 출판한[*] 뒤 라이엘은 직접 탐사 여행을 꾸려 더욱 많은 증거를 찾아내 이 문제를

진화의 오리진

완전히 마무리 짓고자 했다. 이것이 라이엘 최대의 걸작이자 다윈에게 전하는 선물로 이어진다.

이 이야기를 시작하기 전에, 그 뒤 스크루프의 동향을 짤막하게 요약하기로 한다. 그는 비록 지질학회에서 계속 활동하고 특히 친구 라이엘의 책을 알리는 활동에 열심이었으나, 정치와 사회 개혁에 점점 더 깊이 관여하면서 먼저 지역 치안판사가 됐다가 1833년부터 1868년까지 하원의원으로 활동했다. 지질학에 관한 학술논문을 많이 썼고 1867년 울러스턴 메달을 받았지만 정치경제학에 관한 소책자와 책을 더 많이 썼다. 1867년 아내가 죽은 뒤 마거릿 새비지와 재혼했는데 이때 그는 70세, 신부는 26세였다. 그는 찰스 라이엘이 죽고 몇 달 뒤인 1876년 1월 19일 죽었다. 『왕립학회보Proceedings of the Royal Society』에 실린 그의 사망 기사에서는 스크루프와 라이엘 둘이 지질학을 "추측 영역으로부터 귀납적 과학 영역으로" 옮겨 놓았다고 했다. 그러나 스크루프를 그 변화의 유발자라고 본다면 라이엘은 근본 동인動因이었다.

1828년 유럽 탐사를 떠날 무렵 라이엘은 작가로 명성을 굳힌 상태였다. 이 탐사를 통해 정보를 모을 생각을 늘 품고 있었는데, 동료 과학자들을 위해서만이 아니라 이해하기 쉬운 지질학 책을 써서

---

* 원제는 『오베르뉴, 벨레, 비바레의 화산 형성을 비롯한 중부 프랑스의 지질에 관한 보고서Memoir on the Geology of Central France, including the Volcanic Formations of Auvergne, the Velay and the Vivarais』였다. 『지질학과 중부 프랑스의 사화산』이라는 더 멋진 제목은 나중에 더 인기를 끌었던 판본에서 가져온 것이며 이것이 오늘날 이 책을 가리킬 때 주로 쓰는 이름이 됐다.

베르너 모델을 잠재울 수 있기를 바라는 마음에서였다. 잉글랜드를 출발한 것은 1828년 5월이었다. 파리를 들러 동료 지질학자 로더릭 머치슨Roderick Murchison을 만나, 함께 오베르뉴를 지나 바닷가를 따라 프랑스로부터 이탈리아로 들어갔다. 9월에 이르러 파도바에 도착했다. 머치슨은 거기서 잉글랜드로 돌아가고, 라이엘은 화산활동과 지진활동을 가장 가까이에서 관찰할 수 있는 지역인 시칠리아로 갔다. 그곳의 현장 연구에서 얻은 증거 덕분에 그는 오늘날 지구에서 보는 지형은 정말로 지금도 그 작용을 눈으로 볼 수 있는 동일한 과정에 의해 매우 긴 시간을 두고 형성됐음을 확신했고 결국에는 지질학계 전체가 그것을 확신하게 됐다. 그는 프랑스 마시프상트랄에서 고생물학자들이 오늘날의 강 계곡보다 훨씬 높은 현무암층 밑에서 과거에 강의 퇴적물이었음이 분명한 지층에 묻혀 있는 화석을 찾아냈다는 것을 이미 알고 있었다. 이제 그는 에트나산 자락 해발고도가 210미터가 넘는 산비탈에서 용암층 사이에 끼여 있는 해저의 잔존물을 발견했는데, 일부 선배들과는 달리 그는 그런 형태가 만들어지기까지 걸린 시간을 다음과 같은 묘사로써 나타냈다.

> 서로 다른 용암의 흐름이 군데군데 분리되어 있어 그 사이 시간이 얼마나 흘렀는지를 매우 극명하게 보여 주는 예를 관찰했다. 용암이 흘러 굳은 현무암층 위에 우리가 흔히 먹는 바로 그 종과 완전히 똑같은 굴밭[화석]이 적어도 **20피트 두께**로 얹혀 있고, 이 굴밭 위에 다시 용암층이 응회암과 함께 얹혀 있다.
>
> … 산 밑부분 둘레가 90마일* 정도 된다는 점을 생각할 때, 현재

진화의 오리진

화산 밑부분의 높이를 용암이 한 번 흘러갈 때의 평균 높이만큼 높이려면 말단부의 폭이 1마일 되는 용암이 90번 흘러야 할 것이므로 이 산의 나이가 더없이 오래됐다고 생각하지 않을 수 없다. … 황소계곡의 깊은 단면에서 먼 옛 시대에 흐른 용암이 오늘날의 용암보다 양이 많았다고 볼 만한 증거는 전혀 없어 보인다. 그리고 단단한 바위와 화산암 찌꺼기의 무수한 층이 지금과 마찬가지로 차례차례로 쌓아 올려졌다는 증거는 대단히 많다. 그러므로 이미 설명한 것을 근거로 우리는 8,000 또는 9,000피트 두께의 덩어리로 자라나기까지 선사시대에 어마어마하게 많은 시대가 지나갔을 것이 분명하다고 결론 내릴 수밖에 없다. 그렇지만 그 전체가 비교적 최근인 플라이스토세 시대의 나중 시기에 만들어진 것으로 보아야 한다. 적어도 이것이 앞서 자세히 설명한 지질학적 자료를 가지고 우리가 내리는 결론이다. 자료로 보면 산에서 가장 오래된 부분은 산의 밑부분 주위에서 보이는 해양층보다 나중은 아니더라도 적어도 같은 시대에 생겨났음을 알 수 있다.

강조는 라이엘이 넣은 것이다. 이 인용문에서 볼 수 있듯 라이엘은 에트나 같은 화산도 격변주의자의 주장처럼 단번의 대격변에 의해 형성된 게 아니라 용암이 되풀이되어 흐르면서 조금씩 만들어졌

---

* 20피트는 6미터이다. 90마일은 145킬로미터, 8,000피트와 9,000피트는 각각 2,400미터 2,700미터 정도 된다. (옮긴이)

다는 것을 깨달았다. 『지질학의 원리*Principles of Geology*』에서 가져온 이 인용문을 보면 그가 과학적으로 세밀한 부분까지 빈틈없이 주의를 기울일 뿐 아니라 문체도 명확하다는 것을 알 수 있다. 이 두 가지가 결합되자 책은 커다란 성공을 거두었다. 그가 주장하는 요점은 독자들에게 명확했다. 에트나 자체는 인간을 기준으로 볼 때 매우 오래됐으나 지질학적 기준으로는 매우 젊다. 따라서 지구 자체는 어마어마하게 오래됐을 수밖에 없다는 것이다.

라이엘이 지질학에 기여한 업적은 잘 알려져 있다. 그보다 덜 알려져 있는 것은 그가 또 '종의 변성'이라는 수수께끼를 풀기 위해 부심했다는 것이다. 그는 "에트나의 가장 높은 부분에 있는 수목 지대의 기후를 산의 밑부분 해변으로 옮기면" 어떻게 될지를 다음처럼 논했다.

> 올리브, 레몬 나무, 부채선인장이 당장 더 낮은 지대로 내려가기 시작할 참나무나 밤나무와 경쟁할 수 있다거나, 역시 몇 년 사이에 낮은 지대를 차지하기 시작할 소나무에 맞서 참나무나 밤나무가 자리를 지킬 수 있을 것이라고는 어떤 식물학자도 기대하지 않을 것이다.

라이엘은 이것을 종의 변성에 **반대하는** 논리로 보고 장바티스트 라마르크의 생각을 반박하기 위해 내놓았다. 올리브, 레몬 나무, 부채선인장이 새로운 종으로 변화하는 게 아니라 새로운 기후에 이미 적응한 침입자들에게 압도당한다는 것이다. (당시 회자된 사건을 두고 라이엘이 한 말을 예로 들면) 북아메리카 원주민이 유럽인에게 밀려나 언젠가는 "시와 전승에서만 기억될 운명"인 것과 마찬가지 방식이 었다. 그렇지만 흥미롭게도 라이엘은 이 예를 "어떤 새로운 조건에서 투쟁에 덜 적합한 종의 피할 수 없는 운명을 보여 주는 무기력한 이미지"로서 제시한다. 이런 의미의 적합성과 새로운 조건 속의 생존투쟁은 물론 찰스 다윈이 내놓은 이론의 주춧돌이 됐다. 그러나 라이엘은 종이 멸종하고 다른 종으로 대치된다는 것은 받아들였으며, 다만 다음과 같이 이것은 하느님의 '간섭'에 의한 일이라는 생각 쪽으로 기울어졌던 것으로 보인다.

> 각 종은 하나의 쌍으로, 또는 하나의 개체로 충분할 경우 하나의 개체로 시작했을 것이다. 그리고 증식하여 정해진 기간만큼 살아남아 지구상의 정해진 장소를 차지할 수 있는 때와 장소에서는 종이 계속해서 창조됐을 것이다.

라이엘은 먹이 같은 자원을 두고 벌어지는 경쟁 때문에 종이 멸종될 수 있다고 본 것은 분명하지만, "새로운 종은 우리로서는 전혀 이해할 수 없는 원인에 의해 발생했다"고 생각했다.

라이엘의 책은 유럽 대륙 곳곳의 지질학자들이 내놓은 연구를 받아들여 지질학이라는 주제를 포괄적으로 바라보려 한 어마어마한 시도였다. 그는 또 책의 내용, 특히 제1권의 내용을 친구 스크루프와 논의했다. 『지질학의 원리』라는 제목은 아이작 뉴턴이 쓴 『자연철학의 수학적 원리』에게 보내는 경의의 표시로서 의도적으로 고른 것으로, 이를 보면 그의 야심이 어느 정도였는지 짐작이 갈 것이다. 제1권은 존 머리 출판사에서 1830년에 나왔다. 학회지『쿼털리 리뷰』의 출판사였으므로 수많은 에세이를 기고하면서 알게 된 곳이었다. 제목에서도 암시되어 있지만 부제에서도 야심찬 목표가 분명하게 나와 있었으니, 그것은 "지구 표면에서 과거에 있었던 변화를 현재 작용 중인 원인으로써 설명하다"였다. 이로써 그는 누가 보아도 동일과정설을 지지하는 쪽으로 확고하게 자리매김했다.

책은 나오자마자 성공을 거두었지만 그의 책에 열광한 독자들은 제2권이 나오기를 기다려야 했다. 라이엘은 스페인에서 현지 조사를 진행하는 한편 1831년 런던 킹즈 칼리지에서 새 지질학 석좌교수로 임명됐다. 이 모든 일에 신경을 쓰느라『지질학의 원리』제2권은 1832년 1월까지 나오지 않았다. 이해에 라이엘은 지질학자의 딸 메리 호너와 결혼했다. 관심사가 같았던 두 사람은 신혼여행으로 스위스와 이탈리아로 지질학 탐사를 다녀왔다. 킹즈 칼리지의 교수로 보낸 시간은 성공적이었다. 그가 한 강의 시리즈는 인기가 많았고 당시로서는 보기 드물게 여성도 강의를 들을 수 있었다. 그러나 아버지로부터 웬만큼 용돈을 받고 있었고 메리도 약간의 수입이 있었다. 라이엘의 책과 그 밖의 글에서 들어오는 수입까지 더해지자 1833년에 이르러서는 따로 직업을 갖지 않아도 될 정도가 됐다. 그리고 그해 자신의 걸작 제3권이 출간된 뒤 책과 그 밖의 활동에 몰두하기 위해 교수직에서 물러났다. 급료를 받는 다른 일자리에 고용되어 있지 않았다는 뜻에서 그는 최초의 전문 과학 저술가라 할 수 있었다.

진화의 오리진

라이엘이 몰두한 책은 본질적으로 『지질학의 원리』 세 권으로, 여러 차례 개정을 거치면서 여러 판본이 나왔다. 마지막 판본인 제12판은 1875년 그가 죽은 직후 나왔다. 그는 죽기 직전까지 이 책 작업을 하고 있었다. 라이엘이 남긴 다른 역작은 한 권으로 나온 『지질학의 요소 Elements of Geology』인데 학생과 연구자를 위한 안내서로 쓴 책이다. 1838년에 처음 나온 뒤로 라이엘답게 최신 정보를 반영하기 위해 개정을 거듭한 이 책은 최초의 현대적 지질학 교재로 자리 잡았다. 사회적으로도 그의 노력은 무시되지 않아, 1848년에는 기사 작위를 받았고 1864년에는 본질적으로 세습 가능한 기사에 해당하는 준남작이 됐으며, 달과 화성 모두에 그의 이름을 딴 운석 충돌구가 있다.

그 뒤 라이엘의 인생 행로는 찰스 다윈과의 관계 말고는 우리의 이야기와 직접 관계가 있지는 않으나, 잠시 주제에서 벗어나 19세기에 세계가 어떻게 변하고 있었는지를 살펴보는 것이 좋겠다. 1841년 라이엘은 증기선을 타고 북아메리카로 여행을 떠나, 나이아가라폭포에서 '현재 작용하고 있는 원인'의 힘을 목격하고 지구가 오래됐다는 새로운 증거를 모았다. 그는 기차로 광범위한 지역을 다닐 수 있었고, 공개 강연으로 인기를 끌어 책의 판매량과 수입을 늘렸다. 라이엘은 북아메리카를 세 번 더 방문했는데 반세기 전만 해도 상상할 수 없었을 정도로 편안하게 여행했다. 실제로 겨우 10년 전 『지질학의 원리』 제1권을 가지고 세계 일주 항해에 나선 어느 젊은 지질학자에 비해 훨씬 편안하게 여행했다.

그 젊은이는 찰스 다윈 Charles Darwin으로 라이엘의 지질학을 신봉하는 사람이었다. 그때의 항해에서 로버트 피츠로이 Robert FitzRoy가 지휘하는 영국 군함 비글호를 타고 지질학을 연구한 덕분에 처음으로 과학계에 이름을 알렸다. 피츠로이는 귀족 집안 출신으로, 잉글랜드의 국왕 찰스 2세의 사생아 중 그래프턴 공작 작위를 받은 사람의 후손이었다. 1805년 찰스 피츠로이 경의 막내아들로 태어난 로버트는 기대할 만한 유산이 (상대적으로) 거의 없었으므로 12세 때 포츠머스에 있는 왕립 해군학교로 보내져 해군으로서 인생을 개척하게 됐다. 그곳에서 크게 두각을 드러냈으므로 1828년에 이르렀을 때 갠지스호에 올라 남아메리카 해역에서 해군제독 로버트 오트웨이 경의 전속부관으로 복무하고 있었다. 측량선 비글호 함장이 업무의 중압감과 지휘관에게 따르는 고독을 이기지 못하고 자살하자 피츠로이는 중령으로 승진하여 그 후임자로 임명됐다. 중령에 지나지 않았지만 이제는 공식적으로 함장이라는 칭호가 붙었다.

피츠로이는 전임자가 시작한 측량 작업을 완수하고 1830년 가을 런던으로 귀환했다. 배는 너무 낡아 철저한 정비가 필요했고, 그러는 동안 피츠로이는 거취가 불확실해졌다. 그러나 이내 남아메리카의 측량 작업을 확대한다는 결정이 내려지면서, 피츠로이는 정비를 마친 비글호를 이끌고 다시 남아메리카의 동해안을 따라 대륙 남쪽 끝의 티에라델푸에고 제도를 돌아 서해안으로 올라온 다음 태평양을 건너 복귀하는 임무를 맡았다. 출항은 1831년 말로 예정됐고 당시 피츠로이는 26세에 지나지 않았다. 지휘관의 외로움을 이미 경험했을 뿐 아니라 전임자의 운명을 너무도 잘 알고 있는 데다 우울증이 발작하여 자살한 삼촌까지 있었던 피츠로이는 지적으로나 사회적으로 자신과 대등한 신사 동반자를 데리고 가기로 마음먹었다.

해군의 엄격한 군기에 얽매이지 않아도 되는 사람과 여행하며 자연 세계에 대한 관심도 나누겠다는 생각이었다. 그는 이 생각을 당시 측량 작업을 전체적으로 총괄하고 있던 해군부 수로학자 프랜시스 보퍼트Francis Beaufort 대령과 의논했다. 1831년 여름 보퍼트는 이것을 수학자 친구 조지 피콕George Peacock에게 언급했다. 그는 케임브리지 트리니티 칼리지의 석학연구원으로서 학교가 방학한 동안 런던에서 머무르고 있었다. 피콕은 케임브리지의 동료인 자연학자 존 헨슬로 John Henslow에게 관심이 있는지 물었다. 35세였던 헨슬로는 10년 전이 라면 좋은 기회로 받아들였겠지만, 결혼한 지 얼마 되지 않은 데다 최근 아기까지 태어나 거절할 수밖에 없었다. 그래서 그는 당시 명성이 높아지고 있던 더 젊은 케임브리지 학자 레너드 제닌스Leonard Jenyns에게 이 기회를 넘겼다. 하지만 제닌스 역시 케임브리지서 보티섬 마을 교회의 성직자 임무를 맡은 직후였으므로 이 제안을 거절했다. 비글호의 출항일이 이제 신경 쓰일 정도로 다가와 있었다. 8월 24일 헨슬로는 제닌스보다 더 젊은 찰스 다윈에게 편지를 썼다. 젊은 다윈으로는 거절할 여지가 거의 없는 제안이었다.

> … 티에라델푸에고 제도까지 갔다가 동인도 제도를 지나 돌아 오는 여행 제안이 자네에게 올 가능성이 높은데 그 기회를 자네 가 기꺼이 잡았으면 하는 마음이 간절하군. 피츠로이 함장이 정 부 임무로 아메리카 남단을 측량하는 동안 동반해 줄 자연학자 를 추천해 달라는 부탁을 피콕 교수님으로부터 받았는데, 그분 이 런던에서 이 편지를 읽고 자네에게 전달하실 거야. 내가 아

는 사람 중 그런 상황에 응할 가능성이 높은 최고의 적임자는 자네라고 말해 두었어. 이렇게 말한 이유는 자네가 **완전한** 자연학자라는 생각에서가 아니라 자연사에서 주목할 가치가 있는 모든 것을 채집하고 관찰하고 기록으로 남기는 일을 맡을 자격이 차고 넘친다고 생각하기 때문이야. 적임자를 찾는 일은 피콕 교수님의 재량에 달렸고, 그분이 이 일에 기꺼이 나설 사람을 찾지 못하면 기회는 아마 물거품처럼 사라지겠지. 피츠로이 함장은 (내가 이해하기로) 단순한 채집자보다는 동반자가 돼 줄 사람을 원하고 있고, 또 자연학자로서 아무리 우수하다 해도 마찬가지로 신사 신분이 아니라면 받아들이지 않을 거야.

그러면 1831년 8월 29일 지질학 현장 답사에서 집으로 돌아와 이 편지를 받은 젊은이는 어떤 사람이었을까?

다윈은 1809년 2월 12일 잉글랜드의 슈롭셔에서 의사 로버트 다윈의 아들로 (그리고 마찬가지로 의사인 이래즈머스 다윈의 손자로) 태어났다. 여섯 명 중 다섯째로, 누나 셋, 여동생 하나, 그리고 네 살 위 형 이래즈머스가 있었다. 1817년 어머니가 죽자 가장 나이 많은 누나 메리앤과 캐럴라인이 하인들을 데리고 집안일을 감독하며 살림을 꾸려 나갔다. 아버지 로버트는 마음이 울적해져 상실감을 달래기 위해 일에 몰두했다. 인근 학교에 막 다니기 시작한 찰스는 1818년이 되자 형이 학생으로 가 있던 슈루즈베리의 기숙사에 들어갔다. 두 형제는 집안의 변화 때문에 매우 가까워졌다. 1822년 이래즈머스는 슈루즈베리를 졸업하고 케임브리지에 들어가 의학을 공부했으나, 강

진화의 오리진

의가 지루해진 그는 그곳에서 파티광 같은 사람이 됐다. 1823년 찰스는 형을 찾아가도록 허락받았을 때 그곳에서 부유한 대학생 생활을 맛보았다. 술뿐 아니라 당시 새로 유행하던 웃음가스도 그때 처음으로 접했다. 학교로 돌아온 찰스는 공부를 소홀히 하고 특히 새 사냥을 다니면서 대체로 시간을 낭비하며 지냈다. 그래서 1825년 로버트는 아들을 학교에서 데려와 자신의 의원에서 조수 일을 하게 했다. 그는 아들의 태도가 나아지는 데다 의학에 관심을 보이는 것이 역력하자 에든버러로 보내 의학을 공부하게 했다. 케임브리지에서 어떻게든 3년 과정을 마친 이래즈머스도 같은 시기에 병원 실습을 위해 에든버러에 가 있었으므로 로버트는 이래즈머스가 찰스에게 신경을 써 주었으면 했다. 두 형제는 학업에서는 꼭 필요한 만큼만 노력을 기울이며 그럭저럭 즐기며 공부한 반면, 해안과 내륙을 따라 표본을 채집하는 일을 비롯하여 진짜 관심사인 과학에는 많은 시간을 쏟았다.

이래즈머스는 다시 한번 학업을 마치는 데 성공했다. 그러나 찰스는 수술을 두 차례 지켜 보면서 의사가 될 가능성이 사라지고 말았다. 그중 한 번은 어린아이였는데, 당시는 마취제가 없었으므로 비명을 지르는 아이의 모습이 평생 그에게 남았다. 그는 『자서전 *Autobiography*』에 다음과 같이 썼다.

나는 수술이 끝나기 전에 얼른 밖으로 나갔다. 다시 들어가지도 않았다. 그 무엇으로 권유해도 들어갈 수 없었기 때문이다. 이것은 클로로포름이라는 축복이 있기 오래전의 일이었다.

그 두 사건은 오랫동안 나를 상당히 괴롭혔다.

자신의 그런 감정을 아버지에게 말할 수 없었던 찰스는 이래즈머스가 학업을 마친 뒤 1826년 10월 표면적으로 의학을 공부하기 위해 에든버러로 돌아갔다. 그러나 사실은 자연사와 지질학 수업을 들었고, 스코틀랜드의 해부학자이자 해양생물 전문가로 로버트 그랜트Robert Grant로부터 크게 영향을 받았다. 그러나 아버지와의 담판은 피할 수 없었던 만큼, 1827년 8월 아버지에게 의학 공부를 계속할 수도 의사가 될 가능성도 없다고 털어놓았다. 존경받는 집안에서 군대 쪽 취향이 전혀 없는 쓸모없는 젊은 아들에게 남은 길은 오직 하나뿐이었다. 이에 따라 찰스는 시골의 독립교회 성직자가 되기로 하고 케임브리지의 크라이스트 칼리지로 진학하여 고전학을 공부하게 됐다.

자연사에 관심이 있는 청년에게 이것은 그렇게 나쁜 방향이 아니었다. 시골 교구 성직자 중 취미로 자연학을 연구하는 사람이 많았다. 가장 좋은 예는 셀본의 길버트 화이트Gilbert White였는데 다윈도 충분히 그들처럼 될 가능성이 있었다. 찰스 다윈이 존 헨슬로의 식물학과 애덤 세지윅의 지질학의 영향을 받게 된 것은 케임브리지에 있던 때였다. 물론 공식적으로 공부해야 할 과목에는 소홀했기 때문에 마지막 순간에 벼락치기로 공부하면서 1831년 꽤 괜찮은 성적으로 졸업했다. 그런 다음 웨일스 주위로 지질 탐사를 떠났다. 시골 교회 성직자로서 본격적으로 조용한 생활을 시작하기 전에 마지막으로 신나게 다닐 기회로 생각했을 것이 분명하다. 그러나 이 탐사에서 돌아와 보니 피츠로이의 제안을 담은 편지가 피콕으로부터 와 있었다. 그랬으니 그가 얼마나 그 제안을 받아들이고 싶었을지는 상상이 갈 것이다. 아들이 하고 싶은 일이 혈기에 찬 모험으로만 보였을 아버지에게 허락을 받기까지는 얼마간의 설득이 필요했지만, 결국 모든 일이 순조롭게 풀려 1831년 12월 27일 아직 23세도 채 되지 않은 다윈은 비글호에 올라 피츠로이와 함께 출항했다. 배의 도서실에는 245권 정도의 책이 있었고, 그는 또 라이엘이 쓴 『지질학의 원리』 제1권을 한 부 가지고 갔는데 이것은 사실 피츠로이가 환영한다는 뜻에서 준 선물이었다. 헨슬로는 다윈에게 이 책을 읽되 "어떤 일이 있어도 그 안에 있는 관점을 받아들여서는 안 된다"라고 충고했다.[17] 그러나 직접 관찰을 시작한 뒤로 다윈은 이내 라이엘의 관점이 정확하다고 받아들이게 됐다.

증거는 비글호가 처음 닿은 육지인 아프리카 서쪽 카보베르데 제도의 산티아구섬에서 눈에 들어왔다. 그곳에서 다윈은 해수면 위 10미터 높이에 하얀 물질로 이루어진 무늬를 보았다. 산호가 그 위에 물질이 쌓이면서 눌려 생긴 것이 분명했다. 그렇지만 산호는 물 밑에서만 형성된다. 나중에 다윈이 『자서전』에 쓴 대로 그것은 "조개와 산호 부스러기가 가라앉은 바다 밑바닥 위로 용암이 한 줄기 흘러가면서 그곳을 구워 단단한 흰색 바위로 만든" 지층이었다. 그러면 바다가 예전에는 오늘날보다 적어도 10미터는 더 높았다는 말일까? 아니면 그 섬이 바다 위로 솟아오른 걸까? 라이엘의 영향을 받은 다윈은 증거로 볼 때 섬이 실제로 솟아오른 것이라고 생각했다. 그러나 대격변이 있었다는 흔적이 없었으므로 긴 시간을 두고 점진적으로 융기한 것이 분명했다.

피츠로이와 비글호가 남아메리카 해안을 따라 이동하며 몇 달씩 지루한 측량 작업을 진행하는 동안 다윈은 식물과 지질을 연구하고 케임브리지에 있는 헨슬로에게 표본을 보내는 등 실제로 배보다는 뭍에서 더 많은 시간을 보냈다. 가장 먼저 보낸 표본 중에는 그때까지 과학계에 보고된 적이 없는 거대한 포유동물의 뼈 화석들도 있었다. 이것은 오늘날 땅늘보라 불리는 동물의 것으로서 헨슬로의 과학자 동료 사이에서 크게 화제가 됐고, 그래서 헨슬로는 그것들을 1834년 영국 과학진흥협회의 연차총회에서 전시했다. 이리하여 찰스 다윈이라는 이름이 처음으로 지질학자와 고생물학자로서 과학계에 널리 알려지게 됐다.

어디를 가든 다윈은 융기의 증거를 찾아냈다. 1835년에 이르러 비글호는 이제 남아메리카의 서해안을 탐사하고 있었고, 다윈은 저 웅장한 안데스산맥까지도 이런 식으로 형성됐을까 궁금해지기 시작했다. 그가 융기를 직접 경험한 것은 그해 2월 20일이었다. 큰 지진이 일어났을 때 그는 뭍에 있었는데, 이 지진으로 칠레 발디비아의 시가지와 그 주변 지역이 큰 타격을 입었다. 지진이 잠잠해진 뒤 그는 바다의 만조 수위 바로 위로 홍합밭이 새로 솟아올라 있는 것을 보았다. 밀물 때보다 1미터 정도 더 높이 올라와 있었으므로 홍합은 모두 죽어 있었다. 이 땅은 지진 동안 그만큼 솟아오른 것이었다. 이런 식의 지진이 충분히 오랜 기간에 걸쳐 반복되면 정말로 안데스를 현재 높이까지 올려놓을 수 있어 보였다. 다윈은 산맥을 탐사하여 이것이 사실임을 확인했다. 해수면보다 훨씬 높은 곳에서 물고기 화석을 발견했고, 수목선보다 높은 곳에서 규화목 숲을 발견했으며, 과거에 커다란 힘이 작용했다는 것을 보여 주는 뒤죽박죽이 된 지층을 발견했다.

그러나 동전에는 양면이 있는 법이다. 라이엘의 생각이 옳다고 할 때, 안데스가 솟아오르고 있다면 다른 곳에서는 땅이 가라앉고 있을 것이 분명했다. 비글호가 태평양을 건너 서쪽으로 항해하기 전에 다윈은 가운데에 섬이 없이 산호초가 대략 원형을 이루고 있는 산호섬이 존재한다는 것을 알고 있었다. 산호는 햇빛을 많이 받는 따뜻하고 얕은 바다에서만 자란다. 다윈 이전에는 일반적으로 산호는 바다에서 화산이 솟아올라오면서 새로 형성된 섬 주위에서만 자란다고 생각했다. 라이엘조차 그랬다. 그러나 다윈은 사실은 그 반대라는 것을 깨달았다. 산호는 실제로 점점 바다 밑으로 가라앉고 있는 섬을 둘러싼 가장자리로서, 산호만 남아 수면에서 보이는 것이다. 태평양을 가로질러 건너오는 항해 도중 다윈은 파도 밑으로 가라앉아 죽은 산호의 유체 위로 산호가 새로 자라나 있는 것을 직접 보았다. 오늘날 우리는 이것이 태평양 전체가 아래로 가라앉고 있기 때문이 아니라는 것을 알고 있다. 그럼에도 불구하고 산호섬에 대한 다윈의 설명은 본질적으로 정확하며 이 역시 지질학자로서 그가 명성을 굳히는 데 도움이 됐다.

헨슬로는 다윈의 연구에 너무나 감명을 받은 나머지 그가 항해를 마치고 귀국하기도 전에 과학적 발견을 설명하는 편지 몇 편을 인쇄하여 아는 사람들 사이에서 돌려 보았다. 1835년 11월, 세지윅은 다윈이 남아메리카에서 발견한 내용을 지질학회에서 낭독했고, 1836년

10월 잉글랜드로 돌아오자 다윈은 거의 즉각 석학회원에 선출됐다. (그는 1839년까지 동물학회에는 가입하지 않았다.) 1837년 1월 4일 다윈은 지질학회에서 남아메리카가 1세기당 2.5센티미터 정도의 속도로 융기하고 있는 증거를 설명하는 논문을 낭독했고, 그의 28번째 생일이 지나고 며칠 뒤인 2월 17일에는 학회의 위원회에 선출됐다. 젊은 지질학자가 화려하게 등장한 것이다.

다윈은 계속 지질학에 기여했는데, 「화산 현상과 산맥의 융기」라는 제목의 논문을 1838년 3월 지질학회에 제출한 것도 그중 하나다. 안데스산맥이 실제로 오늘날 그 지역에서 본 (그리고 몸으로 느낀!) 바로 그 과정에 의해 어마어마하게 긴 시간에 걸쳐 들려 올라왔다는 증거를 상세히 해설한 이 논문은 활발한 논쟁을 불러일으켰고, 그 결과 중론은 그에게 유리한 쪽으로 좁혀졌다. 라이엘이 다음처럼 쓴 것은 이것을 보고 난 뒤의 일이다.

> 사람들이 나의 점진적 변화 이론을 대하던 때와는 다른 분위기에 나는 크게 의아했다. … 4년 전 내놓았을 때 그 이론은 나의 면전에서 예의에 어긋나지 않는 범위에서 한껏 조롱받았다.[18]

다윈은 30번째 생일 직전인 1839년 1월 24일 왕립학회의 석학회원으로 선출됐는데 주로 남아메리카에서 한 연구 덕분이었다. 남아메리카에서 한 연구 요약이 그가 그해 5월 출간한 『연구 일지Journal of Researches』에 수록됐다.* 이 책이 전하는 내용은 그 결론이 마음에 들지 않는 사람에게도 명확했다. 어떤 사람은 혹평하는 뜻에서 평

진화의 오리진

을 내놓으면서, 다윈이 옳다면 "바다가 안데스산맥의 발치에 닿아 있던 때로부터 적어도 1백만 년은 지났을 것이 분명하다"라고 말했다. 그러나 비판적인 반응은 소수였다. 크게 보면 점진주의와 지구의 장구한 나이를 과학계에서 널리 받아들인 것은 다윈이 남아메리카에서 본 것을 설명한 일이 계기가 됐다고 볼 수 있다. 그 하나만으로도 그는 과학사에서 중요한 인물로 기억될 것이다.

1840년대 초에 이르러 다윈은 지질학자로 명성이 확고해져 있었다. 그 사이에 결혼도 했고 가족도 늘고 있었으며, 평생을 살아가게 될 켄트주의 다운하우스에 자리 잡고 살고 있었다. 그러나 그는 이미 진화에 대해 생각하고 있었다. 진화에 대한 관심은 남아메리카에 가 있을 때 그에게 전해진 라이엘의『지질학의 원리』제2권에서 싹터 있었다. 그 책에서 라이엘은 장바티스트 라마르크의 생각을 자세히 설명했다. 지지하려는 뜻에서가 아니라 반박하기 위해서였다. 다윈은 다양한 생물 세계뿐 아니라 종이 멸종하고 다른 종으로 대체되고 있다는 화석 증거를 직접 목격하고 있던 바로 그때 한 가지 진화 사상을 알게 된 것이다. 그러나 자신이 생각하고 있는 내용을 발표하는 데에는 조심스러웠다. 특히나 생물과학에서는 아무 이름도 없는 지질학자가 그런 의견을 내놓아 봤자 강한 반발만 일어날 것이 분명했다.

---

* 정식 제목은『피츠로이 해군 대령이 지휘하는 군함 비글호가 1832년부터 1836년까지 방문한 여러 나라의 지질 및 자연사 연구 일지*Journal of Researches into the Geology and Natural History of the various Countries Visited by H.M.S. Beagle , under the Command of Captain FitzRoy, R. N., from 1832 to 1836*』이다.

그런데 지질학자가 어떻게 진화생물학자로 탈바꿈했는지를 들여다보기 전에 '시간의 선물' 이야기가 그 뒤 어떻게 됐는지를 살펴보아야 한다. 오늘날 지구의 역사를 논하는 시간 척도에서 보면 백만 년이라는 시간은 눈 깜짝할 순간에 지나지 않는 한편 진화가 작용하기에 충분하고도 남는 시간이 된다.

라이엘과 다윈이 수집한 증거로 지질학자들이 지구의 역사는 정말로 어마어마하게 길다고 설득당하고 있던 바로 그때 물리학자들이 제동을 걸었다. 19세기에는 열과 운동을 다루는 열역학이 증기기관과 나란히 발전했다. 실제로 증기기관을 경험하면서 과학이 발전했고, 과학이 발전하면서 증기기관이 발전했다. 19세기 중반에 이르렀을 때 열에너지가 운동에너지로 바뀌어 증기기관이 움직이는 것처럼 에너지가 한 형태에서 다른 형태로 바뀔 수는 있지만, 그렇게 바뀔 때의 효율이 100퍼센트가 아니어서 에너지가 점점 바깥 우주로 새어 나간다는 것을 이해하고 있었다. 이것은 공식적으로는 '열역학 제2법칙'이라는 이름으로 떠받들리고 있고, 좀 더 일상 차원으로 내려오면 '모든 건 닳게 마련'이라는 말로 표현한다. 에너지가 아무리 많아도 무한정하지 않다. 게다가 1840년대에 몇몇 사람들은 지구 표면에서 살고 있는 생물이 의존하고 있는 태양도 거기 포함된다는 것을 깨달았다.

이 연구의 선구자가 두 사람 있었는데 당시에는 이들이 한 연구의 진가가 제대로 이해되지 않았다. 이 무명 학자들은 바로 독일인 의사 율리우스 폰 마이어Julius von Mayer(1814~1878)와 영국인 공학자 겸 교사로서 1883년 불가사의하게 실종된 존 워터스턴John

Waterston(1811~1883)이다. 두 사람은 태양은 무엇으로 계속 빛을 발산하고 있는가 하는 수수께끼를 두고 각기 독자적으로 고민했고, 지속적으로 태양 표면으로 떨어지는 운석이 '연료'가 되어, 중력에너지가 먼저 운동에너지로 바뀌어 빠른 속도로 떨어지다가 충돌하면서 열에너지로 바뀔지도 모른다는 의견을 각기 독자적으로 내놓았다. 그러나 이들의 연구는 대체로 무시됐고, 근본적으로 똑같은 생각을 또 다른 독일인과 또 다른 영국인이 훨씬 더 발전시켜 내놓았다.

오늘날 켈빈 경Lord Kelvin이라는 이름으로 더 널리 알려져 있는 윌리엄 톰슨William Thomson(1824~1907)은 운석충돌설을 발전시켜 논리적 결론을 내리고 그것을 지구의 운명과 연결 지었다. 1852년 톰슨은 만일 태양 자체의 생명이 유한하다면 다음과 같은 결론을 내릴 수 있다고 썼다.

> 과거의 한정된 기간 내에서 지구는, 또 미래의 한정된 기간 내에서 지구는 현재와 같은 구성 상태의 인간이 거주하기에 적합하지 않았고 또 마찬가지로 적합하지 않을 것이 분명하다. 물질세계에서 현재 일어나고 있다고 알려진 작용을 지배하는 법칙으로는 있을 수 없는 미지의 작용이 과거에 일어났거나 앞으로 일어나지 않는 한 그렇다.[19]

한 해 뒤 톰슨은 워터스턴의 운석충돌설에 대해 알게 돼 그런 상황에서 에너지가 얼마나 방출될지, 또 그것으로 태양이 얼마나 오랫동안 빛을 발산할 수 있을지를 계산하기 시작했다. 그는 이내 운석으로는 그렇게 되지 않는다는 것을 깨닫고 관심을 행성들에게 돌렸다. 그리고 태양계 안의 행성을 한 번에 하나씩 모조리 삼킨다고 해도 거기서 방출되는 에너지로는 겨우 몇천 년 동안 빛날 수 있을 뿐이라는 것을 알아냈다.

한편 1821년 독일 포츠담에서 태어난 헤르만 폰 헬름홀츠Hermann von Helmholtz(1821~1894)는 1854년 2월 태양 에너지 문제에 관한 첫 논문을 출간하면서 기발한 생각을 내놓았다. 그것은 태양이 계속 빛나게 할 열을 만들기 위한 중력에너지가 태양의 질량 전체로부터 오는 것일 수 있다는 의견이었다. 만일 태양의 질량 전체가 태양계보다 더 넓은 영역에 바위 구름 형태로 퍼져 있다가 한데 뭉치면서 서로 충돌하여 중력에너지가 열로 바뀐다면 용융된 상태의 불덩어리가 만들어질 것이다. 당시 헬름홀츠는 이럴 때 얼마만큼의 열이 방출될지 계산하지 않았지만 톰슨은 이를 계산했고, 그 결과 1천~2천만 년 동안 태양이 빛을 뿜을 수 있을 만큼의 에너지가 만들어질 거라는 결론을 내렸다. 그런데 그만한 에너지가 있다 해도 한꺼번에 방출된다면 무슨 소용일까? 톰슨은 처음에는 그 생각을 무시했다. 그러다가 또 다른 생각이 떠올랐다. 만일 그 에너지가 어떤 식으로든 점차적으로 방출될 수 있다면 태양은 1천~2천만 년 동안 빛을 뿜을 수 있었다. 안전하게 1천만 년으로 잡고, 1862년 톰슨은 『맥밀런 매거진Macmillan's Magazine』에 다음과 같이 썼다.

그러므로 전체적으로 태양이 지구를 비춘 기간이 1억 년이 되지 않았을 가능성이 매우 높고, 5억 년이 되지 않을 가능성은 거의

진화의 오리진

확실하다. 미래를 두고 말한다면, 지구에서 서식하는 생물이 생명에 필수적인 빛과 열을 앞으로 수백만 년 이상 누리지는 못할 것이라고 똑같이 확실하게 말할 수 있다. 창조라는 거대한 저장고에 준비되어 있는 미지의 에너지원이 있지 않는 한 그렇다.

톰슨은 나중에 이 생각을 궁극적 형태로 발전시켰다. 만일 태양이 매우 천천히 쪼그라들고 있다 해도 여전히 중력에너지를 방출할 것이다. 그러나 한꺼번이 아니라 서서히 그럴 것이다. 태양과 같은 별은 실제로 천천히 쪼그라들면서 중력에너지를 열에너지로 바꾸는 것만으로도 1천만 년이나 2천만 년 동안 계속 빛을 뿜을 수 있다. 오늘날 천문학자는 실제로 별이 이런 식으로 일생을 시작한다는 것을 알고 있으며, 이 시간 척도는 '켈빈-헬름홀츠 시간 척도' 또는 '헬름홀츠-켈빈 시간 척도'라 부른다. 그러나 이 생각은 그 초기 형태에서도 이미 다윈에게는 충분히 문젯거리가 됐다.

동일과정설의 주장을 바탕으로 지구 나이가 매우 많다는 것을 증명하기 위해 다윈은 잉글랜드 남부의 윌드 지방과 같은 풍경이 만들어지려면 얼마나 오랫동안 침식이 일어나야 하는지를 계산했다. 계산 기준으로 삼은 것은 잉글랜드의 백악 절벽이 현재 한 세기 동안 2.5센티미터 정도의 속도로 침식되고 있다는 측정치였다. 이것은 계산을 쉽게 하기 위한 대략적인 수치일 뿐이며, 현대의 계산 결과보다는 약간 더 높은 수치가 나오지만 얼토당토않을 정도로 높은 수치는 아니다. 톰슨은 이 수치에 대해 약간은 냉소적인 태도로 논평했다.

그러면 '월드 지방이 침식되는' 데 3억 년이 걸린다는 지질학적 추정을 우리는 어떻게 생각해야 하는가? 역학을 근거로 태양에 있는 물질의 물리적 상태가 우리네 실험실에 있는 물질의 상태와 다르다고 추측하는 정도보다 1천 배 더 다를 확률, 그리고 폭풍우 치는 바다에서 극도로 광포한 해협의 파도가 닥쳐와 다윈 씨가 한 세기에 2.5센티미터라고 추정한 것보다 1천 배 더 빨리 백악 절벽을 깎아 들어갈 확률 중 어느 쪽이 더 높을까?

이 문제 때문에 다윈은 평생 동안 고민했고, 자신의 이론을 일부 불필요하게 (그리고 현명하지 못하게) 수정하게 됐다. 그 자세한 내용을 여기서 다룰 필요는 없다고 본다. 태양에너지 문제는 사실 다윈이 죽고 나서 해결됐는데, 방사능의 발견과 알베르트 아인슈타인의 특수상대성이론, 그리고 태양이 그 중심부에서 수소를 헬륨으로 바꾸는 데서 에너지를 얻는다는 사실을 알게 되었기 때문이다. 실제로 이 문제는 톰슨이 이 문제를 논하던 당시 "물질세계에서 현재 일어나고 있다고 알려진 작용을 지배하는 법칙으로는 있을 수 없는 미지의" 바로 그 '작용' 때문에 해결됐다. "창조라는 거대한 저장고에 준비되어 있는 미지의 에너지원"이 정말로 있었던 것이다. 이 에너지원은 태양이 100억 년 동안 대체로 지금과 같은 정도로 빛을 내뿜을 수 있을 만큼 충분하며, 지금 태양은 수명의 절반 정도밖에 지나지 않았다. 태양의 과거 역사가 거의 50억 년이라면 진화가 다윈이 묘사한 대로 작용했을 만큼 충분한 시간이다.

태양과 별의 진짜 나이에 대한 이해가 발전하는 것과 나란하게,

진화의 오리진

20세기에 방사능의 발견이 있은 뒤로 물리학자는 지구의 나이를 점점 더 정확하게 알아낼 수 있었다. 이것은 어니스트 러더퍼드Ernest Rutherford의 연구로부터 시작됐다. 그는 1871년 뉴질랜드에서 태어났으나, 영국인 프레더릭 소디Frederick Soddy(1877~1956)와 함께 캐나다에서 연구하다가 방사성 원자에는 독특한 양식의 성질이 있다는 것을 발견했다. 일정한 시간 즉 반감기가 지나면 시료에 있는 원자의 절반이 다른 것으로 '붕괴'하는 현상이었다.* 처음에 방사성 물질의 양이 얼마나 많고 적은가와 상관없이 반감기가 한 번 지나면 그 물질의 반이 붕괴하고, 다시 반감기가 지나면 남은 것의 반이 (즉 원래의 4분의 1이) 붕괴하는 식으로 계속 진행된다. 반감기는 방사성 물질의 종류에 따라 다르며, 붕괴하여 되는 물질은 처음의 물질이 무엇인가에 따라 다르다.

방사성 우라늄은 붕괴하면 납이 되는데, 미국인 학자 버트럼 볼트우드Bertram Boltwood(1870~1927)는 바위 시료에 함유된 여러 종류의 (동위원소) 우라늄 대비 납의 비율을 측정하여 시료의 나이를 판단하는 기법을 개발했다. 이 기법을 런던 로열 과학칼리지 학부생이던 아서 홈스Arthur Holmes(1890~1965)가 노르웨이에서 채취한 데본기 암석 표본의 나이를 측정하는 데 사용하여 3억7천만 년이라는 결론을 얻었다. 1900년대의 첫 10년이 거의 지나갔을 무렵, 즉 다윈이 죽고 30년도 지나지 않았을 때 대학생조차 학부 연구 과제로 암석의 나이를 계산해 낼 수 있었다. 홈스는 그 뒤로 계속 이 기법을 다듬었고,

---

* 1907년 러더퍼드는 영국 맨체스터 대학교에서 물리학교수가 됐다. 1937년에 죽었다.

결국 가장 오래된 암석의 나이, 따라서 지구 자체의 나이는 45억 년임을 입증했는데, 완전히 별개로 진행된 태양의 나이 연구에서 추산한 결과와 잘 맞아떨어졌다. 그러는 사이에 그는 1944년에 라이엘에게 경의를 표하는 뜻으로 제목을 붙인 『자연지질학의 원리Principles of Physical Geology』라는 교재를 출판했고 이것은 수십 년 동안 표준 교재가 됐다. 이 책이 성공한 한 가지 이유는 명확하기 때문이었다. 홈스는 한 친구에게 보낸 편지에서 "영어권 국가에서 널리 읽히려면 이제까지 만난 학생 중 가장 우둔한 학생을 생각한 다음 이 주제를 그 학생에게 어떻게 설명할지를 생각하라"고 했다.[20] 우리의 이 책은 그 정도까지 명확하지는 않겠지만, 진화의 시간 척도에 대해 독자 여러분이 다윈처럼 걱정하지는 않아도 될 만큼 충분한 증거를 살펴보았다고 믿는다. 이제 원래 주제로 돌아가기로 한다.

제2부

중세

The Middle Ages

4
다윈에서 다윈까지

우리는 진화론의 진화에 관한 이야기를 뷔퐁 백작의 죽음과 다윈의 할아버지 이래즈머스에게 바통이 넘어가는 부분까지 살펴보았다. 이래즈머스 다윈은 은퇴한 법정변호사 로버트 다윈의 아들로 1731년 12월 12일 태어났다. 케임브리지 대학교의 세인트존스 칼리지에서 공부하고 처음에는 시인으로 명성을 얻었으나 생계를 직접 해결해야 했다. 에든버러에서 잠시 머문 것을 비롯하여 더 공부한 다음 버밍엄 근처 마을에서 의사가 됐다. 의사로 개업하여 성공을 거둔 외에도 다윈은 과학에 흥미를 갖게 되어 증기기관이라든가 구름이 형성되는 방식 등을 다룬 논문을 출간했다. 27세 생일이 지난 직후 메리 하워드와 결혼하여 둘 사이에 자식을 다섯 두었다. 그중 엘리자베스와 윌리엄은 젖먹이 때 죽고, 찰스, 이래즈머스, 로버트는 모두 자라 성인이 됐다.* (찰스는 성인이 되자마자 죽었다. 에든버러의 의학도일 때 해부 도중 손가락이 베였고, 그 상처가 감염되어 20세의 나이에 패혈증으로 죽었다.) 그중 1766년에 태어나 '우리의' 찰스 다윈의 아버지가 된 로버트만 결혼했다. 그 역시 의사가 됐다.

진화의 오리진

로버트는 막내였으며, 1770년 어머니가 죽었을 때 여전히 집에서 살고 있었다. 메리 파커라는 17세 소녀가 그들의 집안으로 들어와 어린 로버트를 보살폈다. 그러나 그것이 메리가 한 일의 전부는 아니었다. 메리는 로버트의 아버지 이래즈머스의 딸을 둘 낳았고, 이래즈머스는 두 아이가 자신의 자식임을 공개적으로 인정하고 메리가 집을 떠나 결혼한 뒤에도 두 아이를 자기 딸로서 키웠다. 이래즈머스는 50세가 되던 해인 1781년 엘리자베스 폴이라는 과부와 재혼하여 다시 일곱 명의 아이를 낳았고 그중 여섯 명이 유아기를 넘기고 살아남았다.[**]

이런 모든 와중에 번창하는 의원까지 운영하고 있었으니 다른 일을 할 시간은 거의 없었을 거라는 생각이 들지도 모른다. 그러나 그렇지 않았다. 이래즈머스 다윈은 1761년 왕립학회의 석학회원이 됐고, 제임스 와트James Watt, 벤저민 프랭클린Benjamin Franklin, 조지프 프리스틀리Joseph Priestley 같은 선구적 과학자들과 어울렸다. 허턴은 1774년 여름 그를 찾아와 그 지역에서 지질학 연구를 하는 동안 그의 집을 근거지로 삼았다. 이래즈머스는 허턴이 1788년 펴낸 『지구이론』을 일찍 탐독한 독자였고 새로 나온 산소 연소 이론을 가장 먼

---

[*] 서양에서는 태어난 아기에게 우리처럼 이름을 지어 붙이는 게 아니라 대개 이미 사용되고 있는 이름 중에서 마음에 드는 것을 가져와 붙인다. 이때 가족이나 가까운 친척, 친구의 이름을 가져오는 경우도 많아 혼란의 원인이 되기도 한다. 다윈에 관한 이야기에서는 이름이 같은 사람이 특히 많다. (옮긴이)

[**] 에른스트 크라우제Ernst Krause의 과학 연구 평전 『이래즈머스 다윈Erasmus Darwin』에 수록된 찰스 다윈의 「일러두기Preliminary Notice」에서 이래즈머스 다윈의 흥미로운 생애를 엿볼 수 있다.

저 받아들인 사람에 속했다. 그는 매월 한 번씩 보름에 가장 가까운 일요일에 만나는 과학자 동아리 '만월회'를 창립한 주역이었는데, 달이 밝은 날 만난 것은 모임을 마치고 저녁 때 집으로 돌아올 때 달이 밝아 안전하게 말을 몰아 돌아올 수 있기 때문이었다. 그는 또 린네를 영어로 번역했다. 이래즈머스는 새로 생겨난 운하와 제철 산업에 현명하게 투자했고, 웨지우드 도자기 회사를 창업한 조사이어 웨지우드Josiah Wedgwood의 가까운 친구였다. 아들인 로버트 다윈은 1796년 웨지우드의 딸 수재나와 결혼했다. 그 전 해에 수재나는 아버지가 죽으면서 25,000파운드를 물려받았는데 오늘날의 가치로 환산하면 수백만 파운드(수십억 원)에 해당된다. 이는 아들 찰스 다윈이 할아버지와는 달리 생계 걱정은 하지 않아도 된다는 뜻이었다.

이래즈머스는 동료들 사이에서 이미 평판이 훌륭했지만 50대 말에는 과학계 밖에서도 유명해졌다. 처음에는 1789년 『식물의 사랑법The Loves of the Plants』이라는 책을 출간하면서였다. 이것은 린네가 남겨 둔 성적 암시와 풍자를 최대한 활용하여 린네의 책을 시적 형태로 대중화하려는 방편으로서 시작됐다. 이는 18세기 말에는 화끈한 것이었으며 데즈먼드 킹헬리Desmond King-Hele*에 따르면 셸리, 콜리지, 키츠, 워즈워스 같은 시인을 비롯하여 넓은 독자층에게 다가갔다. 그중 콜리지는 1796년 이래즈머스를 찾아간 것이 확실하다. 『식물의 사랑법』에 이어 1792년에 펴낸 또 다른 시집 『초목의 섭리The

---

* 데즈먼드 킹헬리(1927~2019). 영국의 물리학자, 시인. 과학과 예술을 접목시킨 저술가로 알려져 있다. 이래즈머스 다윈의 생애에 관한 책을 많이 썼다. (옮긴이)

진화의 오리진

Economy of Vegetation』, 이어 두 권을 합친 선집 『식물원*The Botanic Garden*』
도 모두 성공을 거두었다. 『식물원』에는 2,440줄의 시가 수록됐지
만, 그 아래에는 80,000낱말* 정도 분량의 주석이 달려 있었으므로
그 자체로도 자연 세계를 다룬 책이라 할 수 있었다.

　이로써 이래즈머스의 최대 역작인 『주노미아*Zoonomia*』라는 산문집
을 위한 무대가 마련됐다. 제1권은 200,000낱말 정도 분량인데 1794년
에 나왔고, 제2권은 1796년 300,000낱말 분량으로 나왔다. 이 책은
주로 의학 등 다른 주제를 다루고 있지만, 제1권의 40개 장 중 55쪽
분량밖에 되지 않는 한 장에서 시집에서는 대충 다루고 지나갔던 진
화에 관한 생각을 자세히 설명한다.

　이때는 혁명적 생각을 내놓기에는 위험한 시기였다. 과학에서
조차 그랬다. 1793년 프랑스 국왕이 단두대의 이슬로 사라졌고 영
국은 프랑스와 전쟁 중이었다. 기성 질서에 대한 조그마한 위협도
의심의 눈길로 바라보았고 의심 정도로 그치지 않는 때도 많았다.
1790년에는 민주주의 개혁을 적극적으로 지지한 선구적 화학자 조
지프 프리스틀리의 집에 폭도가 들이닥쳐 "교회 만세! 국왕 만세!"
를 외치며 집을 완전히 무너뜨려 놓았다. 프리스틀리와 아내는 탈
출하여 결국 아메리카로 갔다. 진화는 확실히 반교회적 사상으로
인식됐고, 진화 사상을 공개적으로 지지한다는 것은 명성을 무너뜨
리는 행위가 될 수 있었다. 그러나 1794년 이래즈머스는 63세였고,

---

* 지금 읽고 있는 이 책의 영문판이 본문과 주석, 찾아보기를 합쳐 85,000낱말 정도 분량이
　다. (옮긴이)

프리스틀리의 운명을 보고 어느 정도 불안감은 있었지만 명성에 신경 쓸 나이는 이미 지났다고 생각한 것 같다. 그는 다음과 같은 질문으로 인정사정없는 공격을 퍼부었는데 허턴에게 영향을 받은 것이 분명하다.

> 지구가 존재하기 시작한 뒤로 기나긴 시간이 흐르는 동안, 인류의 역사가 시작되기 전 어쩌면 수백만이라는 시대가 지나는 동안, 모든 온혈동물은 **위대한 제1원인**으로부터 동물성을 부여받은 단 하나의 생명 가닥으로부터 생겨났으며, 이 동물성은 자극과 감각과 의지와 연상의 인도를 받는 새로운 성향을 가지고 새로운 부분을 획득하는 능력으로 이루어져 있고, 따라서 타고난 원래의 활동 방식에 의해 지속적으로 개량해 나가는 성질과 그렇게 개량된 점을 세대에서 세대로 영원히 물려주는 성질을 지니고 있다고 생각한다면 너무 지나친 상상일까.

그러나 그로서는 확실히 예상 밖일 수밖에 없었던 것은 제목을 그저 「발생」이라고만 붙인 진화에 관한 이 장을 평론가도 그 밖의 독자들도 무시하고 즉각적인 반응을 보이지 않았다는 사실이다. 이 내용은 의학을 다룬 부분 사이에 너무나도 잘 파묻힌 나머지 사람들이 금방 찾아내지 못했고, 이래즈머스의 손자 찰스 다윈조차도 자기 자신의 진화 이론이 출간되기 전에는 읽지 않았을 정도였다. 그러나 2년 뒤『주노미아』와 저자를 향한 공격이 시작됐다. 심지어 정치만평에서도 다윈을 혁명에 동조하는 사람으로 풍자했다. 적어도 저

진화의 오리진

자 본인이 볼 때는 투옥될 가능성이 확실히 있었다. 1799년 다윈의 책을 발행한 출판사 사장 조지프 존슨이 "악의적이고 불온하며 질이 나쁜 사람으로서 우리의 주권 군주인 국왕에게 역심을 품은" 이유로 여섯 달 동안 감옥에 갇혔기 때문이다. 그러나 존슨에게는 실제로 저런 혐의가 있었고 '불온서적'을 출간한 역사가 있었다. 다윈의 『주노미아』는 그 수준이 그런 책에는 한참 못 미쳤으므로 실질적으로 저자가 그 때문에 구속될 위험은 없었다.

손자가 내놓은 연구의 선구 격인 이 책에서 이래즈머스는 인간이 선택적 번식을 통해 새로운 종류의 동식물을 개발하는 방식을 조명하고, "네 발에 발톱이 하나씩 더 달린 고양이 품종"을 예로 다루면서 특질이 부모로부터 자식으로 상속되는 방식을 설명했다. 나아가 "앵무새처럼 어떤 새는 견과를 깨뜨리기 위해 더 단단한 부리를 획득했고, 참새처럼 더 단단한 씨앗을 부수기에 적합한 부리를 획득한 새도 있으며, 그 밖에 비교적 부드러운 씨앗에 적합한 부리를 얻은 새도 있다"라고 적었다. 그러나 그는 생물 종이 생명의 거미줄 속에서 차지하고 있는 저마다의 자리에 적합한 특질을 **어떻게** 획득했는지에 대해서는 전혀 알지 못했다. 그는 동식물이 필요한 것을 얻기 위해 노력함으로써 몸 안에 변화가 일어났다고 추측했고, 이런 식으로 획득한 특질이 이후 세대로 전달되는 것이라고 생각했다. 단단한 견과를 깨려고 노력하는 새는 더 강한 부리를 갖게 되는데 역도 선수에게 근육이 붙는 것과 마찬가지 방식이었다. 이 새의 자식은 부모보다 약간 더 강한 부리를 가지고 태어나고, 더욱 '노력'하면서 이후 세대의 새들이 점점 더 강한 부리를 가지고 태어난다고 보았다. 그러나 그중에서도 한 부분이 오늘날의 독자 눈에 특히 도드라져 보인다. 어떤 종의 수컷 새가 하는 역할을 묘사하면서 다음과 같이 말한다.

> 새끼에게 먹이를 가져다주지 않고 따라서 혼인하지 않는 새는 암컷을 독차지하기 위한 싸움을 위해 며느리발톱으로 무장하고 있는데 닭이나 메추라기가 그렇다. 이 무기는 다른 종의 공격에 대항하기 위한 방어 수단이 아닌 것이 확실하다. 이 종의 암컷에게는 이 무기가 없기 때문이다. 수컷 사이에 이런 경쟁이 일어나는 최종 원인은 가장 강하고 가장 활동적인 동물이 종을 번식시키면 그로 인해 종이 개량되기 때문인 것으로 보인다.

이것은 자연선택에 의한 진화 이론과 안타까울 정도로 가깝다!

이래즈머스 다윈의 마지막 책 『자연의 사원The Temple of Nature』은 1803년 출간됐으며, 최초의 생명 가닥으로부터 생명이 진화하여 오늘날의 다양한 종이 생겨났다는 이야기를 시구에 담아 들려준다.* 아래에 한 부분을 소개한다.

> 끝없는 파도 밑에서 유기 생명체가
> 태어나 대양의 진주 동굴에서 길러져

---

* 원제는 『사회의 기원The Origin of Society』이었으나, 발행인 조지프 존슨의 제안에 따라 좀 덜 도발적인 제목으로 바뀌었다.

우선 유리구로는 보이지 않는 작은 것이 되어
진흙으로 옮겨 가거나 늪지를 꿰뚫고
뒤이어 세대들이 피어나면서 이들이
새로운 힘을 얻고 더 큰 지체를 갖추네.
거기서 수많은 초목 무리가 샘솟고
지느러미와 발과 날개 달린 숨 쉬는 계통이 나오네.

그리고

지구를 돌며 소리쳐라, 번식이 어떻게 싸우는지,
어떻게 죽음을 쳐부수고 행복이 살아남는지.
모든 지방에서 생명이 어떻게 사람들을 늘리는지
회춘하는 젊은 자연이 어떻게 시간을 정복하는지.

이번에도 주석은 그 자체로 책 한 권이 될 수 있을 정도이며, 여기
에는 다음처럼 화산활동에 의해 육지가 솟아오른 뒤 생물이 바다에
서 나와 뭍으로 올라오는 데 대한 묘사도 포함된다.

섬이나 대륙이 원초적 바다 위로 솟아오른 뒤 무수히 많은 수
의 가장 단순한 동물들이 새로 생겨난 뭍의 가장자리나 변두리
에서 먹이를 찾으려 노력하고 그렇게 점점 양서류가 될 것이다.
오늘날의 개구리가 수생생물로부터 양서류로 변화하는 것과 같
다. … 마른 땅에 올라와 마른 공기 안에 있는 생물체는 생존을

유지하는 새로운 능력을 점차 획득할 것이다. 그리고 수천 년, 어쩌면 수백만 년 동안 무수히 번식해 나간 끝에 마침내 땅을 가득 채우고 있는 수많은 동식물이 생겨났을 것이다.

그러나 다윈은 그 한 해 전 70세의 나이로 죽었으므로 자신의 생각을 전파할 수도 없었고 자신의 관점 때문에 공격받는 번거로움을 겪지도 않았다. 책에 대한 평은 대부분 적대적이었다. 새뮤얼 테일러 콜리지Samuel Taylor Coleridge는 윌리엄 워즈워스William Wordsworth에게 보낸 편지에서 "인간이 오랑우탄 같은 상태로부터 발달해 나왔다는" 생각에 구역질이 난다면서 "모든 역사, 모든 종교, 아니 모든 가능성에 위배되는" 생각이라고 썼다.[21] 『에든버러 리뷰Edinburgh Review』는 이렇게 논평했다. "그의 명성이 오늘날 떴다 사라지는 유행보다 더 오래 살아남을 운명이라면 시인으로서 지닌 실력 덕분일 가능성이 높다. 그리고 과학에 관한 그의 공상은 '불후의 시구에 결합'되지 않고서는 필시 망각으로부터 건져 올라올 기회가 없을 것이다."

이제 장바티스트 피에르 앙투안 드 모네, 슈발리에 드 라마르크 Jean-Baptiste Pierre Antoine de Monet, Chevalier de Lamarck라는 화려한 이름의 프랑스인이 이와 비슷한 생각을 좀 더 완성된 형태로 발전시킬 차례였다. 이 생각은 '라마르크주의'라는 이름으로 알려지게 됐다. 역사학자 사이에서는 라마르크가 이래즈머스 다윈의 의견을 알고 있었는지 아니면 완전히 독자적으로 생각해 냈는지를 두고 의견이 엇갈린다. 어느 쪽도 확실한 증거는 없다. 그러나 라마르크는 그것을 더 완전하게 발전시켜, 오늘날 우리가 볼 수 있는 생물의 다양성이 어떤

진화의 오리진

식으로 그 이전의 생물체로부터 진화했는지에 대한 포괄적이고 상당히 과학적인 설명을 최초로 내놓은 것은 분명하다. 그에게는 이 이론에 그의 이름이 붙을 자격이 있다. 그러니 19세기 초의 과학이라는 맥락에서 그가 이루어 낸 진일보가 얼마나 큰 의미가 있는지를 제대로 이해하지 못하는 사람들로부터 이따금씩 겪는 것과 같은 수모를 당할 이유는 없다.

프랑스어 '슈발리에'는 영국의 기사에 해당하는 호칭으로, 이름은 거창하지만 라마르크는 금숟가락을 물고 태어나지 않았다. 1744년 8월 1일 프랑스 피카르디의 바정탕에서 태어난 그는 가난한 하급 귀족의 11번째 아이였으므로 장차 자기 앞가림을 스스로 해야 한다는 것을 잘 알고 있었다. 형 세 명이 군에 들어갔고 맏형은 전사했다. 어린 장바티스트는 형들을 따라 군에 들어가고 싶었지만 아버지의 강요에 따라 아미앵에 있는 예수회 칼리지에 들어갔다. 1760년에 아버지가 죽자 라마르크는 학업을 그만두고 군에 들어갔고, 그가 속한 군대는 7년 전쟁의 한 부분이었던 포메라니아 전쟁에서 프로이센에 맞서 싸웠다. 17세의 자원병이었던 그는 눈부신 활약을 펼쳐 전장에서 진급했으나, 그것을 축하하느라 벌어진 시끌벅적한 행사에서 목에 부상을 입는 바람에 파리로 후송되어 수술을 받아야 했고, 수술 뒤에는 회복을 위해 1년 동안 쉬었다. 연금이 1년에 400프랑에 지나지 않았기 때문에 그 뒤 4년 동안 파리의 어느 은행에서 일하면서 의학을 공부했다. 그러다가 의학을 그만두고 유명 식물학자 베르나르 드 쥐시외Bernard de Jussieu 밑에서 식물학을 공부했다. 10년 뒤인 1778년 세 권짜리 대작『프랑스 식물지Flore française』를 내놓았고,

이로써 명성을 굳혀 그 이듬해에 뷔퐁 백작의 후원으로 프랑스 과학원의 회원이 됐다. 34번째 생일 직후 마리 안 로잘리 들라포르트와 결혼했다. 아내는 아이 여섯 명을 낳고 1792년에 죽었다. 그는 그 뒤로 두 번 더 결혼했는데 모두 그보다 먼저 죽었다. 1781년 라마르크는 왕실 식물학자로 임명됐고, 그 이후로 널리 여행을 다니면서 희귀 식물을 비롯하여 광물 표본 같은 것들을 수집했다.

1788년에는 왕립식물원의 식물표본실장으로 임명됐으나, 프랑스 혁명 때는 깊이 직접 개입하는 일을 피할 수 있었다. 1790년 식물원의 이름을 '파리 식물원'으로 바꾸도록 부추기는 지혜를 발휘한 사람은 라마르크였다. 1793년에는 파리 국립 자연사박물관의 교수가 됐다. 이때 맡은 과목은 오늘날 무척추동물학이라 불리며, 이 분야에 이 이름을 붙인 사람도 라마르크이다. 당시 라마르크는 종이 변하지 않는다고 믿었으나 연체동물을 연구하면서 의견이 달라지게 됐다. 진화에 관한 자신의 초기 생각을 처음 발표한 것은 1800년 5월 11일에 56세의 나이로 한 강연에서였고, 1802년에는 자신의 지구 지질학 이론을 자세히 설명하는 『수문지질학 _Hydrogéologie_』을 출간했다. 이 책에 소개된 모델에 따르면 지구는 영원하지만 일정한 방식으로 변화하기 때문에 언제나 거의 비슷해 보인다.* 라마르크는 해류가 동쪽에서 서쪽으로 흐르면서 대륙 서쪽 해안의 물질을 침식하여 바다 건너 대륙 동쪽 해안에 쌓으며, 따라서 대륙이 지구 둘레를

---

* 그는 설사 지구가 영원하지 않다 해도 지구의 나이는 "인간이 계산할 수 있는 역량을 완전히 초월했다"고 말했다.

따라 조금씩 이동한다고 주장했다. "변화하면 할수록 똑같다(Plus ça change, plus c'est le même chose)"는 것이다. 이것은 극단적 형태의 동일과정설로서 완전히 틀린 이론이었다. 그러나 그의 책은 생물학이라는 낱말을 현대적 의미로 사용한 최초의 책 중 하나로 기억되고 있다. 다만 학자들은 최초로 사용한 사람이 실제로 누구인지를 두고 지금도 논쟁을 벌이고 있다.

더 중요한 것은 같은 해에 라마르크가 『생물체의 조직에 관한 연구Recherches sur l'organisation des Corps Vivants』라는 책도 펴냈다는 사실이다. 이 책에서 그는 1800년에 한 강연보다 더 완전하게 발전한 진화 이론을 내놓았다. 이것은 출판 시기를 맞췄다는 이유 때문만이 아니라 다른 이유에서도 『수문지질학』과 짝을 이루도록 만든 책이었다. 라마르크는 지구가 항상 변화하고 있기 때문에 생물은 여러 환경에 적응하기 위해 끊임없이 변화하고 있다고 주장했다. 그는 다음과 같이 썼다.

> 이것은 동물의 습성이자 삶의 양식이며, 동물의 선조 개체들이 처해 있던 상황에 의해 시간이 지나면서 신체의 형태, 장기의 개수와 상태, 그리고 거기 부여된 기능이 결정됐다.

라마르크의 생각은 주류 인물들 특히 파리 식물원의 교수 조르주 퀴비에로부터 공격과 조롱을 받았으나 비교적 젊은 동료 사이에서는 웬만큼 지지를 얻었다. 그는 강의를 계속했지만 1804년 60세가 되자 공개적 논란에는 대체로 관여하지 않으면서 책을 쓰는 일에 더 신경을 썼다. 『동물철학*Philosophie zoologique*』은 1809년에 나왔는데 이 책에서 그는 진화에 관한 생각을 자세히 풀어냈다. 이 무렵 그는 건강이 나빠져 있었고 시력이 떨어지고 있었다. 그럼에도 불구하고 일곱 권짜리 역작 『무척추동물의 자연사*Histoire naturelle des animaux sans vertèbres*』를 1815년부터 1822년까지 내놓았다. 1818년 시력을 잃은 다음부터는 생활고에 시달리는 자식들에게 의지했다. 1829년에 라마르크가 죽었을 때 자식들은 과학원으로부터 돈을 빌려 장례식 비용을 대야 했다. 그러나 그 무렵 그의 진화 사상은 무시할 수 없을 정도로 큰 영향을 미치기 시작한 상태였다.

종은 변하지 않는다는 생각을 가지고 있던 라마르크가 생각을 바꾸게 된 것은 연체동물 같은 단순한 동물 연구가 계기였던 것으로 보인다. 이런 소위 최하등 생물에게는 전문화된 장기가 없었고, 그래서 라마르크는 이들이 단순한 만큼 전기가 작용하면 자연적으로 발생할 수 있다고 보았다. 1790년대와 19세기 초에는 아직 전기에 대한 이해가 형편없었고 그저 신비한 힘이라고 생각하고 있었다. 전기가 '생기生氣'를 가져다줄지도 모른다는 생각은 『프랑켄슈타인*Frankenstein*』(1818)을 쓴 메리 셸리*Mary Shelley* 같은 작가뿐 아니라 과학자까지도 진지하게 받아들이고 있었다. 그러나 라마르크는 자연발생적으로는 만들어질 수 없는 복잡한 생물체를 만들어 내려면 그것이 아닌 다른 방법이 요구된다고 생각했고 따라서 단순한 것을 복잡하게 만드는 어떤 메커니즘이 필요해 보였다. 그렇게 생각해 낸 과정은 과학적이라기보다는 신비주의에 더 가까웠다. 『무척추동물의 자연사』에서 그는 다음과 같이 썼다.

액체가 빠른 속도로 움직이면 섬세한 조직 사이에 도랑이 뚫릴 것이다. 이내 그 흐름에 변화가 일어나기 시작하면서 서로 다른 장기들이 나타날 것이다. 그러는 동안 액체 자체도 더 정교해져 더 복잡해질 것이고, 더욱 다양한 분비물과 장기를 이루는 물질을 만들어 낼 것이다.

단순한 것에서 복잡한 것으로 발달하는 변화는 일찍이 1800년 5월에 한 강연에서 묘사됐다. 다만 헷갈리게도 라마르크는 논리를 역방향으로 전개하며 다음과 같이 말했다.

> 다른 동물에 비해 무척추동물은 조직이 놀라울 정도로 퇴화하고 갈수록 동물적 기능이 감소하기 때문에 철학적 자연학자라면 크게 흥미를 느낄 것이 분명하다. 이들을 따라가면 점진적으로 동물화의 궁극적 상태, 다시 말해 실로 동물의 성질이 있다고는 거의 판단되지 않는 가장 단순하게 조직된 가장 불완전한 동물에 마침내 다다르게 된다. 이들이 아마도 자연의 출발점일 것이며, 긴 시간과 우호적 환경에 힘입어 이들로부터 다른 모든 동물이 나왔을 것이다.[22]

마지막 문장에서 분명히 알 수 있듯 라마르크의 논리는 가장 단순한 생물이 저절로 발생했고 그런 다음 진화에 의해 더 복잡한 형태로 발달했다는 것이다. 여기서 '긴 시간' 역시 중요하다. 그러나 이것은 진화의 작용을 바라보는 이래즈머스 다윈의 관점과는 다르다.

라마르크는 종이 멸종했다는 것은 받아들이지 않았고, 화석 기록에서는 발견되지만 오늘날 살아 있지 않는 동물 형태가 오늘날에도 볼 수 있는 동물 형태로 진화했다고만 받아들였다. 그리고 모든 생물이 공통의 한 조상, 즉 이래즈머스가 말하는 '생명 가닥'으로부터 진화했다고도 생각하지 않았다. 라마르크는 새로운 형태의 생물은 오늘날에도 끊임없이 저절로 생겨나고 있으며, 시간이 가면서 점점 더 복잡한 형태로 발달할 것으로 생각했다. 이것을 보면 라마르크가 이래즈머스 다윈의 연구를 알지 못한 것이 분명하다고 짐작할 수 있다. 알았더라면 적어도 다윈의 생각을 반박하기라도 했을 것이다.

라마르크의 이론은 실제로 두 부분으로 이루어졌고, 오늘날 대개 라마르크주의라고 부르는 것은 그중 두 번째 부분이었다. 첫 번째 부분을 그는 하나의 자연법칙으로 보았는데, 단순한 생물체는 이 법칙의 자극 내지 강요에 따라 더 복잡한 생물체가 된다는 것이었다. 일종의 복잡성을 향한 투쟁이었다. 이 과정이 **어떻게** 일어나는가 하는 것이 두 번째 부분으로, 이래즈머스 다윈이 상상한 것과 본질적으로 똑같이 생물체가 생전에 획득한 특질을 다음 세대로 전해 준다는 것이었다. 그러나 그는 또 쓰이지 않는 장기는 쪼그라들거나 퇴화하며 결국에는 사라진다고 보았다. 『동물철학』에서 그는 "장기가 사용되지 않으면 … 점점 빈약해지고 결국에는 완전히 사라진다"라고 썼다. 이 과정을 보여 주는 한 예로 그는 두더지가 시력을 잃은 방식을 언급한다.

진화에 관한 라마르크의 생각은 1815년 출판된 『무척추동물의 자연사』 제1권에 소개한 네 가지 '법칙'으로 가장 잘 요약된다.

제1법칙 : 생명 자체의 힘에 의해 모든 생물체는 체적이 늘어나고 각 부위의 크기가 생명 자체에 의해 정해진 한도까지 커지려는 불변의 경향이 있다.

제2법칙 : 동물에서 새로운 장기가 만들어지는 것은 새로운 필요를 지속적으로 경험하거나 필요에 따라 새로운 신체 활동을 시작하고 유지해야 하기 때문이다.

제3법칙 : 장기와 그 기능이 발달하는 것은 해당 장기를 사용하느냐와 일정한 상관관계가 있다.

제4법칙 : 한 개체가 일생 동안 획득한 모든 부분 … 또는 조직에서 바뀐 모든 부분은 번식 과정에서 보존되며, 그 변화를 경험한 개체들에 의해 다음 세대로 전달된다.

제4법칙이 오늘날 라마르크주의라 부르는 부분이다. 그렇지만 어쩌면 라마르크가 내놓은 이론 중 가장 눈에 띄는 부분은 그의 시대 많은 사람이 받아들이기 어려웠던 바로 그 부분이었는지도 모른다. 찰스 라이엘이 라마르크의 생각을 거부하게 된 것도 그 때문이었다. 그것은 바로 라마르크가 인류를 명확하게 진화 과정에 포함시켰다는 사실이다. 라마르크의 생각이 세부적으로 어떤 뛰어난 점이 있든 간에 그가 내린 종의 정의보다 더 나은 정의를 내놓기는 어려우며, 그가 정말로 심오한 사색가로서 진화 사상의 발달에 진정으로 기여했음을 알 수 있다. 그는 종을 다음과 같이 정의한다.

> 종은 습성, 특질, 형태에 변화가 생길 정도로 환경이 변하지 않
> 는 한 동일한 조건에서 발생됨으로써 영속되는 비슷한 개체의
> 집합이다.

라마르크라는 이름은 대개 '조프루아'라 줄여 부르는 에티엔 조프
루아 생틸레르Étienne Geoffroy Saint-Hilaire(1772~1844)라는 이름과 흔히 연
관된다. 그러나 이것은 주로 둘이 같은 시기에 파리 식물원에서 일
했기 때문이며 생각이 비슷했기 때문은 아니다. 조프루아는 한 세
대에서 다음 세대로 갑자기 도약함으로써 새로운 형태의 생물이
만들어질 수 있다고 생각했다. 예컨대 최초의 새는 파충류의 알에
서 부화했다고 보는 것이다. 이 예에서 보듯 이런 도약은 배아에서
일어나며, 나아가 그는 환경 변화가 원인이라는 의견을 내놓았다.
1833년 출판된 논문에서 그는 다음과 같이 썼다.

> [유리할 수도 불리할 수도 있는 변형은] 상속되며, 이런 변형은
> 해당 동물의 나머지 조직 부분에 영향을 미친다. 변형이 해로운
> 효과로 이어지면 해당 특질이 있는 동물은 사멸하고, 어느 정도
> 다른 형태 즉 새로운 환경에 적합하도록 변화한 형태를 지니는
> 다른 동물로 대치되기 때문이다.

오늘날 돌연변이라 부르는 이런 극단적 변형은 '괴물 기대주'라 불

렸다. 자연이 갖가지 도약을 마구 일으키면서 그중 환경에 적합한 개체가 있을 것으로 기대한다는 관점이다. 이런 괴물 중 더 잘 적응한 것은 살아남고 그 나머지는 사멸한다는 생각은 자연선택이라는 생각과 안타까울 정도로 가깝지만, 부모의 폐에 작용하는 대기에 대한 반응으로 배아 안에서 도약이 일어난다는 생각을 바탕으로 하고 있다. 중간에 해당하는 형태는 없으며, 선택이 개입되어 있기는 하지만 그 과정은 점진적이 아니라 급속도로, 한 세대에서 다음 세대로 즉각적으로 일어난다는 것이다. 그러나 조프루아는 적어도 진화가 일어난다고 생각하기는 했다.

파리 식물원에서 라마르크와 함께 일한 또 다른 동료 퀴비에는 고생물학을 연구하여 멸종이 사실임을 입증했고 또 그의 연구가 지금은 진화의 작용을 보여 주는 증거로 간주되고 있는데도 진화 사상 전체에 대해 격렬하게 반대했다.

조르주 퀴비에Georges Cuvier는 1769년 8월 23일 몽벨리아르에서 태어났다. 그는 사실 장 레오폴 니콜라 프레데리크라는 이름으로 세례를 받았지만, 그가 태어나기 전 형 조르주가 1769년 네 살 나이로 죽은 까닭에 형의 이름으로 불렸다. 당시 몽벨리아르는 신성 로마 제국의 제후국인 뷔르템베르크 공국에 속해 있었지만 1793년에 프랑스에 합병됐다. 흥미로운 것은 라마르크와 퀴비에는 결국 서로 원수가 됐지만 두 사람의 생각 모두 절반은 사실이었다는 점이다. 라마르크는 진화를 현실로 받아들였지만 멸종이 있었다고는 믿지 않았다. 퀴비에는 멸종의 증거는 받아들였지만 진화는 믿지 않았다.

아버지가 스위스 근위대 장교였던 퀴비에는 열 살 무렵 자연사에 흥미를 느꼈다. 열두 살 때 삼촌이 가지고 있던 뷔퐁의 『자연사』를 통독했는데, 삼촌은 그때까지 출간된 『자연사』를 모두 가지고 있었다. 근처 김나지움(고등학교)을 다닌 다음 15세 때 뷔르템베르크의 연줄 덕분에 슈투트가르트에 새로 만들어진 카를 아카데미에 들어가 뛰어난 학생이 됐다. 1788년에 졸업했으나 유력한 인맥도 없고 따로 들어오는 수입도 없었으므로 프랑스의 캉에 있는 데리시 후작의 아들 아실 데리시의 가정교사가 되어 후작의 집으로 들어갔다. 거기서 캉에 있는 식물원과 그곳 대학교 도서관을 이용할 수 있었다. 노르망디의 시골인지라 프랑스 혁명의 첫 몇 년 동안 혼란이 닿지 않는다는 점에서 좋았으나, 1791년 격변이 거기까지 미치자 후작은 가족과 아들의 가정교사를 데리고 비교적 안전한 피캉빌의 여름 별장으로 갔다. 당시 유명 의사이자 농업 전문가인 앙리 테시에 Henri Tessier가 공포정치를 피해 가명으로 노르망디로 피신해 있었다. 테시에가 발몽 시내에서 농업에 대해 강연했을 때 퀴비에가 그를 알아보고 안면을 텄다. 둘은 이내 친구가 됐고, 테시에는 퀴비에의 능력을 알아보고 동료에게 편지로 "노르망디의 똥 더미에서 방금 진주를 찾아냈다"고 말했다.

자코뱅이 권력을 잡은 동안 퀴비에는 지역 코뮌에서 행정 담당으로 일했다. 공포정치가 잠잠해지면서 퀴비에는 편지를 통해 파리의 자연학자 공동체에 소개됐고 그들과 편지를 주고받기 시작했다. 총재정부가 들어선 1795년에는 상황이 많이 가라앉아 퀴비에는 18세가 된 아실과 함께 파리에 들렀다. 아실이 파리를 방문한 목적은 알

진화의 오리진

려져 있지 않지만, 퀴비에는 그동안 편지를 주고받던 사람들을 파리에서 직접 만날 수 있었고, 그러는 과정에서 파리 국립 자연사박물관에서 조수로 일하지 않겠느냐는 제안을 받았다. 이에 그는 자연사박물관에 통합되어 있던 파리 식물원에서 26세 생일이 되기 직전부터 일하기 시작했다.

퀴비에는 그로부터 1년이 지나기 전에 처음으로 중요한 연구를 해냈는데 이것은 그가 앞으로 어떤 인물이 될지를 보여 주는 사례였다. 그는 아프리카와 인도의 코끼리 골격을 연구하며 서로 비교하기도 하고 매머드의 화석 유체와도 비교했으며, 또 당시 '오하이오 동물'이라 불리던 동물과도 비교했다. 나중에 퀴비에는 후자에게 '마스토돈'이라는 이름을 붙이게 된다. 그가 1796년에 한 어느 강연은 나중에 따로 출판됐는데, 이 강연에서 그는 아프리카와 인도의 코끼리는 서로 다른 종이며 둘 모두 매머드와는 다르다는 증거를 제시하여, 매머드는 살아 있는 후손이 없고 멸종했음을 암시했다. 오하이오 동물은 이들 모두와 달랐으므로 이 역시 멸종된 종이었다. 멸종이 실제로 일어난 일이라는 것을 최종적으로 입증한 것은 퀴비에의 연구였다.

또 한 가지 그의 커다란 업적은 살아 있는 동물과 화석 동물 분석 연구와 밀접한 관계가 있는데, 동물 신체의 모든 부분은 서로 의존 관계에 있으며 그 동물의 생활양식에 따라 결정된다는 사실을 설명한 것이다. 그는 이 '신체 부분의 상관관계'를 1798년에 출판된 논문에서 다음과 같이 자세히 설명했다.

만일 어떤 동물의 이빨이 고기로 양분을 섭취하기 위해 반드시 갖추어야 하는 상태로 되어 있다면, 더 이상 살펴보지 않아도 그 동물의 소화기 계통 전체가 그런 종류의 음식에 적합하며 골격 전체와 이동기관, 심지어 감각기관까지 먹이를 추적하여 잡는 데 숙달되도록 배치되어 있다고 확신할 수 있다. 이런 것들은 그 동물의 생존에 필요한 조건이기 때문이다. 그렇게 되어 있지 않다면 생존할 수 없을 것이다.[23]

물론 이런 깨달음은 조각조각 남아 있는 화석을 재구성하는 작업에서 퀴비에뿐 아니라 다른 학자들에게도 귀중한 도움이 됐다. 같은 논문에서 그는 다음처럼 (약간의 과장을 섞어) 계속한다.

비교해부학은 뼈 하나만 검사하고도 그 뼈의 주인이던 동물의 강綱뿐 아니라 심지어 속屬까지도 판단할 수 있는 경우가 많을 정도로 완벽한 수준에 이르렀다. 무엇보다도 그 뼈가 머리나 사지의 일부분이라면 … 어느 정도까지 [이들 뼈 중] 어떤 것이든 하나만으로도 전체를 추론해 낼 수 있다.

퀴비에는 비교해부학 연구를 통해 또 생물 세계의 관계를 다시 생각하게 됐다. 그는 지구상의 모든 생물을 가장 밑에 '원시적' 형태가 있고 가장 위에 인간이 있는 단일한 존재의 사슬 또는 생명의 사다리로 나타내기가 불가능하다는 것을 알아차렸다. 그는 동물을 해부학적 특징에 따라 척추동물, 무척추동물, 체절동물, 방사대칭동물

진화의 오리진

등 네 가지로 분류했다. 지금은 이 분류를 더 이상 사용하고 있지 않지만, 퀴비에가 동물계를 그런 분류 체계로 구분했다는 사실은 생물학적 사고에서 찰스 다윈이 사용한 생명의 나무 비유를 향하는 길을 가리키는 중요한 이정표가 됐다.

그러나 이 모든 성공 때문에 퀴비에의 사고는 막다른 길로 이어졌다. 그는 동물의 모든 부분은 그 동물의 생활양식에 완전히 적합하다는 것을 알아보았고 이에 따라 종은 변할 수 없다고 주장하기에 이르렀다. 신체의 아무리 작은 부분이라도 변화하면 동물이 기능을 효과적으로 수행하는 데 불리해지기 때문이었다.

퀴비에는 프랑스 과학계에서 너무나 중요한 인물이 된 까닭에 그가 진화에 반대하자 라마르크와 조프루아의 연구는 사실상 빛을 잃고 말았다. 그는 파리 식물원의 교수가 됐고, 왕립학회를 비롯하여 외국의 수많은 학회 해외회원이 됐다. 나폴레옹 시대뿐 아니라 부르봉 왕정복고 이후에도 공직을 훌륭하게 수행했고, 레지옹 도뇌르 훈장을 받았으며, 마침내는 남작 작위를 받았다. 1810년 무렵부터 죽을 때까지 그는 세계에서 가장 영향력이 큰 생물학자였다고 해도 과언이 아니다. 퀴비에가 입을 열면 과학계 특히 프랑스에서는 귀를 기울였다.

퀴비에는 격변주의자였다. 일찍이 1796년에 내놓은 코끼리 논문에서 그는 다음처럼 썼다.

이 모든 사실은 그 자체로 일관성을 띨 뿐 아니라 어떤 보고와도 상충되지 않는 바, 나로서는 우리 이전 세계가 존재했으나 어떤 형태의 격변으로 파괴됐음을 증명하는 것으로 보인다.

연구를 계속하면서 그는 종의 멸종을 나타내는 증거를 더 많이 찾아냈고, 그가 연구할 수 있었던 한정된 양의 화석 증거를 바탕으로 일련의 격변이 있었음이 분명하다는 결론을 내렸으며, 매번 격변이 일어난 뒤에는 새로운 종이 완전히 형성된 상태로 등장하여 다음 격변으로 완전히 멸종할 때까지 변하지 않고 그 상태를 유지했다고 확신했다. 그러나 그렇다고 해서 멸종이 일어난 뒤 매번 새로 창조가 있었다는 뜻은 아니었다. 그는 지역적 격변으로 지구상의 한 부분에서는 생명체가 완전히 사멸할 수 있지만, 그러고 나면 세계의 다른 곳에서 (문자 그대로 새로운 종이 아니라) 다른 종이 들어왔다고 주장했다. 그의 생각은 1812년에 출판된 그의 논문집 머리에 수록된 「서론」에서 명확하고도 자세히 설명됐다. 이 「서론」은 따로 수많은 언어로 번역 (주로 해적판으로) 인쇄되어 널리 영향을 미쳤다. 1826년 퀴비에 본인이 그 내용을 수정하여 『지구 표면의 격변에 관한 담론 *Discours sur les révolutions de la surface du globe*』이라는 제목으로 출판했다.

생전에 퀴비에는 라마르크와 조프루아와 진화 이론을 두고 논쟁을 벌였다. 그러나 그의 마지막 총탄은 무덤 저편에서 날아왔다. 사실 라마르크와 퀴비에 모두의 무덤 저편에서 날아왔다. 1829년 마지막 주에 라마르크가 죽었을 때 이제 60세이자 주류 과학계의 기둥이 된 퀴비에는 과학원을 대표하여 사망기고문을 써 달라는 청탁을 받았다. 그러나 샤를 10세가 민주화의 물결을 뒤집으려 한 일 때문에 1830년 파리에서 폭동이 일어난 데다 퀴비에와 조프루아 사이에 '변형 이론'의 우수성을 두고 격론이 벌어지면서 사망기고문이 뒤로 밀렸다. 논쟁에서는 퀴비에가 이겼다. 그가 젊은 자연학자들에게 한 충고는 자연 세계가 어떻게 작동하는지를 설명하는 이론 개발에 시간과 노력을 낭비하지 말고 자연 세계를 묘사하는 일에만 신경을 써야 한다는 것이었다. 물론 많은 자연학자가 이 충고를 귀담아들었다. 드디어 라마르크의 사망기고문을 쓰기 시작했을 때 퀴비에는 너그러운 기분이 아니었고 따라서 라마르크의 명성을 잔인하게 짓밟았다. 그는 그 글을 1832년 초에 과학원에 넘겼으나 본인은 5월 콜레라가 돌 때 죽고 말았다. 사망기고문은 퀴비에가 죽은 다음 발표됐다. 이 글에는 「드 라마르크 씨를 위한 송덕문*Éloge de M. de Lamarck*」이라는 제목이 붙었지만 진화에 관한 자신의 생각을 다음처럼 요약하고 있었다.

> 진화 사상은 두 가지 인위적 전제를 바탕으로 하고 있다. 하나는 배아를 조직하는 것은 '생기'이며, 다른 하나는 노력과 욕구에 의해 장기가 생겨날 수 있다는 것이다. 이런 전제를 기반으로 하는 체계는 시인의 상상력을 돋울 것이다. 형이상학자라면 여기서 완전히 새로운 여러 가지 체계를 이끌어 낼 것이다. 그러나 그것은 내장이나 심지어 깃털 하나라도 해부해 본 사람의 검증은 단 한순간도 통과하지 못한다.

그의 말에는 일리가 있었다. 그러나 라마르크를 매도하면서 그와 아울러 진화라는 사실까지 진화의 부정확한 메커니즘이라며 매도해 버렸다. 퀴비에의 막중한 명성이 뒷받침되다 보니 프랑스에서는 그때문에 진화 사상이 더 발달하지 못하고 주저앉고 말았다. 바로 그순간 바다 건너 영국에서는 진화 사상이 힘을 얻기 시작했다.

이 생각은 교회를 비롯한 보수 주류의 반대 때문에 퍼지는 속도가 느렸으나, 일찍이 1819년 영국의 외과의사 윌리엄 로런스William Lawrence가 라마르크의 진화 사상을 상당히 개선한 생각을 출판했다. 로런스는 1783년에 태어나 찰스 다윈의 걸작이 출판되는 것을 보고난 뒤인 1867년에 죽었다. 1819년 그가 출간한 책 역시 걸작으로 간주되며, 이 책을 출간했을 때 그 자신이 주류 사회의 기둥이 되어 있었다. 그는 1813년 왕립학회의 석학회원으로 선출됐고, 1815년 왕립외과의사회의 해부학 및 수술학교수로 임명됐다. 퍼시 비시 셸리와 그의 아내 메리를 수술한 적도 있는데 이들과는 사적으로도 아는사이였다. 로런스는 특별한 생기가 있다는 생기론을 공개적으로 반대했고, 그의 관점이 메리 셸리가 1818년 출간된『프랑켄슈타인』을쓸 때 영향을 준 것으로 보인다.

로런스는 인간을 비롯한 생명의 본질을 유물론적 관점에서 바라보았다. 이 관점은 1819년 그가 출간한 책『인간의 생리학과 동물학과 자연사에 관한 강연집 Lectures on physiology, zoology, and the natural history of man』에 잘 나타나 있다. 그때 그는 30대 말의 나이였고 외과의사로서 전성기에 다가가고 있었다.* 이 책이 대개『인간의 자연사』 또는

---

* 라마르크를 비롯하여 다른 언어권에서는 '생물학(biology)'이라는 낱말을 이미 사용하고 있었지만 영어권에서는 그의 책에서 처음으로 이 낱말이 사용됐다.

진화의 오리진

일상 대화에서 '인간에 관한 강연집'이라 불린다는 사실에서 이 책에서 주로 다룬 내용이 무엇인지 알 수 있다. 로런스는 라마르크의 연구를 잘 알고 있었지만 진화가 일어나는 메커니즘에 대해서는 라마르크에 동의하지 않았다. 그는 진화의 두 가지 핵심 특징을 파악했다. 첫째 "자식은 [부모의] 선천적 특징만 상속받을 뿐 획득한 성질은 상속받지 않는다." 둘째, 변종과 종의 차이는 "간간이 부모와는 다른 특질을 지닌 자식이 토착 변종 내지 선천적 변종으로서 태어나고 그런 변종이 번식을 통해 증식하는 것으로 설명될 수 있다." (그는 종을 종족이라 불렀다.) 로런스에게 부족한 것은 일부 변종은 선택되어 살아남고 나머지는 살아남지 못하는 메커니즘이 무엇인지를 설명하지 않았다는 점이었다. 그럼에도 그는 동식물이 변화하고 여러 변종이 만들어지는 데 지리적 격리가 중요하다는 것을 인식했고 선택적 번식의 위력을 알고 있었다. 이것을 알 수 있는 약간은 놀림조의 예로서 그는 귀족 집안 사람들이 아름다운 이유를 다음처럼 설명했다.

> 지체 높은 귀족은 일반적으로 결혼할 때 다른 사람들에 비해 전세계의 미인을 고를 권력을 더 많이 지니고 있었다. 이로 인해 … 이들은 사회 내에서 지니는 특권만큼이나 우아한 몸매를 통해서도 자신의 계급이 돋보이게 했다.

그러나 우리가 볼 때는 이 예가 재미있을지 몰라도 이것을 보면 이 책이 그렇게 극단적인 반응을 불러일으킨 이유를 알 수 있다. 로런스는 인간을 노골적으로 나머지 동물 세계와 똑같이 취급하고 있었다. 심지어 우리가 사람들 사이에서 보는 변이는 "유대인의 성서로도 그 밖의 어떤 역사 기록으로도 설명할 수 없으며" 동물학 기법을 활용하여 연구해야만 가능하다고까지 말하고, 그 이유를 설명하면서 다음처럼 조금도 사정을 두지 않았다.

> 애초에 아담 앞에 데리고 온 모든 동물을 묘사하고 이후 모든 동물을 방주 안에 모으는 것은 … 동물학적으로 불가능하다.

로런스는 확신을 가지고 이렇게 주장할 수 있었는데, 그가 퀴비에와 허턴을 비롯한 여러 지질학자의 연구를 잘 알고 있었다는 것도 그 한 가지 이유였다.

> 아래쪽의 지층 즉 시간의 첫 단계에는 지금 살아 있는 동물과는 가장 많이 다른 유체들이 들어 있다. 거기서 지표면으로 다가갈수록 조금씩 더 우리의 현재 종들과 가까워진다.

그리고

> 멸종한 동물 종족 … 실제로 존재했음을 보여 주는 이 진정한 기록물들은 상당히 높은 확률로 인간 종족의 형성보다 더 앞선 시기의 것으로 생각된다.

성서를 문자 그대로 진리라고 믿는 사람들에 대해 그는 다음처럼 지적한다.

> 천문학자는 유대인의 성서에 따라 천체의 운동을 묘사하거나 그것들을 지배하는 법칙을 규정하지 않고, 지질학자 역시 모세의 글 내용에 따라 경험의 결과를 수정할 필요가 있다고 생각하지 않는다. 따라서 나는 이 주제[종의 기원]가 논의 가능한 주제라고 결론짓는 바이다.

로런스가 한 연구의 핵심적 특징은 시릴 달링턴Cyril Darlington*이 다음과 같이 요약했다.

- 인간의 육체적, 정신적 차이는 상속된다.
- 인간의 여러 종족은 한배에서 태어난 새끼 고양이에서 보는 것과 같은 변이에 의해 나타났다.
- 성선택으로 인해 고등 종족과 지배 계층의 아름다움이 향상됐다.
- 종족이 격리되면 특질이 유지된다.
- '선택과 배제'는 변화와 적응을 위한 수단이다.
- 인간은 길들인 소와 마찬가지로 선택적 번식을 통해 개량할

---

* 시릴 달링턴(1903~1981). 영국의 생물학자, 유전학자, 우생학자. 염색체 교차가 어떻게 일어나는지를 알아내고 그것이 유전에서 어떤 역할을 하는지, 따라서 진화에서 얼마나 중요한지를 알아냈다. (옮긴이)

수 있다. 역으로 인간은 동종 번식 때문에 망칠 수 있는데, 이것은 여러 왕가에서 관찰되는 결과다.

- 인간을 동물로 취급하는 동물학 연구는 의학이나 도덕학, 나아가 정치학을 가르치고 연구하기 위한 유일하게 타당한 기반이다.

이 모든 것, 특히 동물학 연구에 적합한 대상에 인간을 포함시킨 것은 당시로서는 신성모독으로 보였다. 지지하는 측과 반대하는 측 사이의 격렬한 공개 논쟁이 벌어진 끝에 1822년 대법관이 이 점을 문제 삼아 이 책의 저작권을 무효화했고, 로런스는 어쩔 수 없이 공식적으로 이 책의 출판을 철회하지 않을 수 없었다. 하지만 검열 측면에서 이 조치는 효과가 없었다. 이 책이 수십 년 동안 여러 종류의 해적판으로 인쇄됐기 때문이다. 그러나 로런스로 보면 이 책은 본질적으로 진화의 의미와 진화가 인류에게 지니는 의미에 관한 토론에 공개적으로 기여한 마지막이었다. 직업도 사회적 입지도 끝장날 수 있는 상황이 되자 로런스는 의사 일에 집중했고 이내 주류 세력의 눈에는 분수를 되찾은 것으로 보였다. 그는 1828년에 왕립외과의사회의 위원회에 선출됐고 나중에는 회장이 되면서 빅토리아 여왕의 '수석 외과의사'가 됐다. 그리고 준남작까지 됐다. 1844년 그를 찾았던 어느 방문객이 '인간에 관한 강연집'을 두고 다음과 같이 말했다.

나는 몇 년 전 '인간에 관한 강연집'에 크게 흥미를 느꼈으나, 그 때문에 저자는 성직자들에게 밉살스러운 인물이 됐다. 의식적

삶과 무의식적 삶 간의 관계를 조금 더 깊이 파헤치고 들어가려
했기 때문이었다. … 그는 이 때문에 겁을 먹은 것 같고, 그래서
지금은 그저 외과의사 일을 하면서 옛 잉글랜드 방식대로 일요
일을 지키고 있을 뿐, 현재로서는 생리학과 심리학을 건드리지
않고 있다.[24]

흥미롭게도 잉글랜드에서 활동하는 다른 의사 두 사람은 로런스
의 '인간에 관한 강연집'이 나오기 전에 이미 명확하게 인간을 대상
으로 하는 진화 사상을 책으로 출판하고서도 그와 같은 오명은 쓰지
않았다. 이들은 진화에 관한 생각을 비교적 티 나지 않게 내놓았다.
첫 번째 경우는 너무나 짤막하게 언급했기 때문에 무심코 읽으면 놓
치기 십상이었다. 그 주인공은 1786년 잉글랜드 헤리퍼드셔의 로손
와이에서 태어나 1848년 죽은 제임스 프리처드 James Pritchard였다. 그
는 에든버러에서 공부했는데, 그곳에서 1808년 발표한 박사 논문의
주제는 인간의 다양한 변종과 종족의 기원이었다. 1813년에는 두
권짜리 책 『인간의 신체사에 관한 연구 Researches into the Physical History of
Man』를 펴냈다. 이것은 본질적으로 그의 학위논문을 손질하고 확장
한 것으로, 인간의 여러 변종은 공통의 조상으로부터 진화해 내려
왔다고 당연하게 받아들이면서 다음과 같이 말한다.

전체적으로 인간의 원시 종족은 필시 흑인종이었을 것이라고
결론 내리게 되는 데는 여러 이유가 있으며, 그리고 나로서는 그
반대편에서 내놓을 만한 논리가 전혀 없다.

그러나 이것이 찰스 다윈의 비교적 온건한 선구자로 보인다면, 같은 해인 1813년 윌리엄 웰스William Wells는 후일 다윈이 자연선택 원리를 최초로 인식한 사례라고 평가한 것을 내놓았다.*

웰스는 그 생각을 발표하기 전 다채로운 삶을 살았다. 그는 1757년, 미국 사우스캐롤라이나의 찰스턴에서 1753년 그곳에 정착한 스코틀랜드인 부모에게서 태어났다. 1775년 영국의 지배에 대한 저항운동에 가담하라는 압력을 받았을 때 그는 영국으로 가는 쪽을 택하여 에든버러와 런던에서 의학을 공부했다. 1779년에는 네덜란드로 가서 스코틀랜드군 연대에서 외과의사로 복무했으나 지휘관과 사이가 틀어졌다. 자원자이므로 그는 직위에서 사임할 수 있었고, 사임하자마자 그 지휘관에게 결투를 신청했으나 지휘관은 그것을 무시했다. 그 뒤 네덜란드의 레이던에서 의학 공부를 마치고 런던을 거쳐 에든버러로 가서 그곳에서 1780년 의학박사 학위를 받았다.

이듬해 웰스는 가족의 일을 처리하기 위해 찰스턴으로 돌아갔다. 당시 그 지역은 여전히 영국의 지배를 받고 있었다. 웰스는 자기 자신의 일을 정리할 수 있었을 뿐 아니라 그곳에서 잉글랜드에 있는 집안 친구의 사업을 돌볼 수 있었다. 1782년 영국이 물러나자 웰스는 영국인들과 함께 플로리다로 갔다가 마침내 1784년 잉글랜드로 돌아갔다. 그곳에서 의사로 정착하고 1793년 왕립학회의 석학회원이 됐고 1798년 세인트토머스 병원의 보조의사가 됐다.

---

* 다윈은 『종의 기원』의 제1판이 출간되기 전에는 웰스의 연구에 대해 알지 못했다. 그의 평가는 『종의 기원』의 나중 판본에 추가로 들어간 「역사 스케치」에 나온다.

진화에 관한 웰스의 생각은 1813년 왕립학회에서 발표한 논문에서 나왔는데 이것은 그로부터 5년 뒤인 1818년 『두 편의 에세이*Two Essays*』라는 이름으로 출간된 책에 부록으로 수록됐다. 그러나 웰스는 책이 나오기 전 해에 이미 죽고 없었다. 부록은 「피부 일부가 흑인 피부와 비슷한 백인 종족 여성에 관한 설명과, 백인 및 흑인 종족의 피부색과 형태 차이가 나타나는 원인에 대한 약간의 의견」이라는 제목이 붙어 있었다. 나중에 다윈의 인정을 받은 부분에서 웰스는 인위선택(동식물의 육종)과 자연선택을 비교하면서 다음과 같이 말한다.

> 거주하는 나라에 적합한 인류의 변종이 생겨날 때, 동물 육종가의 손에 인위적으로 이루어지는 일이 자연의 손에 — 더 느리기는 해도 — 똑같은 효율로 이루어지는 것으로 보인다. 아프리카 중부 지역에 흩어져 사는 주민 중 소수에게서 우연히 먼저 인간의 변종이 생겨나면 누군가는 다른 사람들에 비해 그 나라의 질병을 더 잘 견딜 것이다. 이 종족은 수가 늘어날 것이고 다른 종족은 줄어들 것이다. … 그리고 가장 어두운 색이 그 기후에 가장 알맞을 것이므로 긴 시간이 지나면 이 종족이 그 나라의 유일한 종족은 아니겠지만 가장 우세한 종족이 될 것이다.

이것은 그야말로 자연선택이다. 그러나 다윈이 말한 대로, "그는 이것을 오직 사람에게만, 그리고 특정 특질에만" 적용한다. 다만 공평히 말하자면 웰스는 자세한 설명에 들어가기 전에 "다른 동물들과 마찬가지로 인간에게서도"라고 분명히 말했다. 자연선택을 모든 형태의 생명체에게 일반적으로 적용할 수 있다는 내용과 생존투쟁의 역할에 대한 훨씬 더 강한 표현은 다윈이 로버트 피츠로이와 함께 항해에 나서기 직전인 1831년에 나왔다. 그러나 이번에도 부록에서 나왔으며, 이번에는 『해군용 목재와 수목재배학에 관하여On Naval Timber and Arboriculture』라는 책의 부록이었다. 이것은 1860년까지 눈에 띄지 않은 채로 있었으나, 다윈이 걸작을 출간한 바로 이듬해에 책의 저자가 그 존재를 지적하면서 알려졌다.

이 책의 저자 패트릭 매튜Patrick Matthew는 1790년 스코틀랜드의 퍼스 근처 어느 농장에서 태어났다. 어머니 애그니스 던컨은 유명한 1797년 캄퍼던 전투에서 네덜란드를 쳐부수고 승리하여 귀족 작위와 스코틀랜드의 토지를 하사받은 영국의 제독 애덤 던컨 (1731~1804)과 친족 관계였다. 매튜 가족은 던컨으로부터 장원을 상속받았고, 1807년 아버지가 죽자 매튜가 17세의 나이로 장원의 관재인이 됐다. 장원 안에는 광대한 과수원이 있었고 위스키 산업을 위해 곡물을 재배했다. 매튜는 유럽을 두루 여행했다. 여행 도중 1815년에는 파리에 들렀으나 나폴레옹이 엘바섬에서 탈출하면서 일정을 당겨야 하기도 했다. 여행을 마치고 돌아온 뒤 수목재배학 전문가가 됐다. 가족 관계로 그는 특히 해군 전함 건조용 목재의 용도에 관심이 많았다. 이 때문에 41세가 되던 해에 나온 책 『해군용 목재와 수목재배학에 관하여』를 쓰게 됐다.

당시 자연학자는 대부분 여전히 종은 약간의 변이가 일어날 뿐 고정불변하다고 믿었다. 진화 또는 변성을 논할 때는 대개 이래즈머스 다윈이나 라마르크의 연구처럼 종이 개량되어 자신의 생태적 환경에 더 적합해진다는 맥락에서 다루었다. 매튜가 찰스 다윈과 앨프리드 러셀 월리스보다 한발 앞서 이루어 낸 커다란 지적 도약은 자연선택에 의해 새로운 종이 만들어질 수 있다는 사실을 깨달은 것이었다. 다만 그는 이것이 너무나 자명하여 크게 떠들어 댈 거리가 되지 않는다고 생각한 것으로 보인다. 게다가 그는 여러 곳에서 '자연적 선택 과정', '선택 원칙', '자연법칙에 의한 선택' 등을 언급하면서 '자연선택'이라는 용어를 거의 만들어 내기 직전까지 갔다.

그가 책을 쓴 중요한 취지 하나는 나무의 재배 방식을 비판하는 것이었다. 그는 나무를 재배할 때 덜 적합한 개체를 선택함으로써 상업적으로 중요한 나무 종의 질이 떨어지는 결과를 낳았다고 보았다. 그러나 여기서 우리에게 흥미로운 부분은 그의 자연선택 설명으로, 그는 다윈이나 월리스가 내놓은 연구만큼이나 분명하게 설명한다.[*]

자연에는 보편적 법칙이 하나 있으니, 번식하는 조직체는 모두 자기 종류나 자기 자신이 흔히 처하는 조건에 가장 적합하게 되는 경향이 있다는 것이다. 육체적, 정신적 또는 본능적 능력을 최고로 완벽한 상태로 만들어 그 상태로 계속 유지하고자 하는 것으로 보인다. 이 법칙은 사자에게 힘을 주고 토끼에게는 민첩

---

[*] 마이클 월은 이것을 더 넓은 맥락에서 설명했다. 『린네학회 생물학 저널 *Biological Journal of the Linnean Society*』, 제115권, 제4호, 제1쪽, 2015년 4월 19일 자.

성을 주며 여우에게는 꾀를 준다. 생명을 샅샅이로 번형힘에 자연은 시간의 쇠퇴에 스러지는 것의 빈자리를 채우기 위해 필요한 만큼을 훨씬 넘어서는 증식력을 지니고 있으므로, 힘이나 민첩성, 인내력, 꾀를 갖추지 못한 개체들은 천적의 먹이가 되거나 주로 영양분이 부족하여 걸리는 병 때문에 주저앉음으로써 번식하지 못한 채 때 이르게 스러지고, 그들의 빈자리는 그들 종류 중 더 완벽한 개체들이 생존 수단을 압박해 들어오며 차지한다.

매튜는 자연선택에 의한 진화의 세 가지 핵심 요건을 잘 이해하고 있었다. 종의 개체가 늘어나 경합과 '생존투쟁'이 일어날 것, 한 종에 속한 개체들 간에 '변이'가 있을 것, 변이가 '상속'될 수 있을 것이 그 세 가지다.

이 셋 중 첫째는 따로 언급할 만하다. 매튜뿐 아니라 그 뒤의 진화 사상가들에게도 크게 영향을 주었기 때문이다. 이 논리는 토머스 맬서스Thomas Malthus 신부가 명확하게 인간이라는 맥락에서 가장 위력적으로 내놓았다. 그는 1766년에 태어나 케임브리지에서 공부하고 1788년에 성직자가 됐다. 후일 하트퍼드 근처 헤일리버리 칼리지에서 역사학과 정치경제학교수가 됐지만, 『인구론An Essay on the Principle of Population』의 제1판을 내놓은 것은 1798년 서리주 올버리에서 보조사제로 일하는 동안이었다. 이 논문은 익명으로 나왔지만 19세기에 여러 판본으로 확장되어 저자의 이름으로 출판됐다. 맬서스는 1834년까지 살았다. 그러나 대부분의 동시대 사람들과 마찬가지로 매튜의 연구에 대해서는 모르고 있었다.

진화의 오리진

맬서스는 인구는 기회가 허락되면 기하급수적으로 늘어난다는 점을 강조했다. 이것은 인구가 일정한 기간에 두 배가 되고 같은 기간이 지나면 다시 두 배가 되는 식으로 늘어난다는 뜻이다. 이는 인간의 인구뿐 아니라 다른 종에도 적용된다. 간단한 예를 들면 한 쌍의 사람들이 자식을 네 명 낳고 모두 살아남아 부모가 된다면 세대를 거칠 때마다 같은 식으로 반복될 것이고, 그러면 원래 쌍의 손자녀는 16명, 증손자녀는 64명이 되는 식으로 세대가 내려갈 때마다 늘어날 것이다.* 그러나 중요한 것은 '모두 살아남아 부모가 된다면' 부분이다. '과잉'(맬서스의 용어) 인구가 번식하기 전에 죽어 없어지면 인구는 어느 정도 안정된 수준에서 유지된다. 맬서스는 이 논문을 쓴 시점에 구체적으로 북아메리카를 예로 들며, 인구가 대략 25년마다 두 배씩 늘어나면서 새로운 땅으로 퍼져 나가고 있었다고 지적했다. 이 증가세라면 북아메리카 대륙의 인구는 겨우 16세기만에 1,800경 명이라는 불가능한 숫자에 다다를 것이다. 똑같은 논리가 민들레, 코끼리, 기린, 거미 등 모든 종에도 적용된다.

맬서스는 인구는 포식자, 질병, 그리고 특히 가용 식량에 의해 억제된다고 지적했다. 실제로 인구는 가용 자원이 뒷받침해 줄 수 있는 한도까지만 늘어난다는 것이다. 그는 다음과 같이 썼다.

어느 곳에서나 자연적 증가세가 너무 크기 때문에 어느 나라에

---

* 그러나 자식마다 부모가 두 명 있다는 점을 기억해야 한다. 따라서 전체적으로 인구가 여기서 설명하는 것처럼 극적으로 늘어나지는 않는다.

서든 최고점에 도달할 때 그 이유를 설명하기는 대체로 쉬울 것
이다. 그보다 어려운 것은, 또 그보다 흥미로운 것은 증가세가
멈추는 직접적 요인을 추적하는 일이다. … 이 막강한 힘은 어
떻게 되는가 … 무엇으로 억제되는가, 어떤 형태의 조기 사망 때
문에 인구가 생계 수단이 부양할 수 있는 한도를 넘기지 않는 수
준으로 유지되는가?

매튜는 다음을 이해했다.

조직된 생명체는 자신을 조절하고 적응하는 성향을 지니고 있
는데, 그 근원은 자연이 극단적 증식력을 지니고 있다는 사실로
도 거슬러 올라갈 수 있을 것이다. 앞서 언급한 것처럼 자연은
온갖 변종을 낳음으로써 노쇠로 인한 빈자리를 채우는 데 필요
한 수준을 훨씬 넘어서는 (천 배나 되는 때도 많다) 증식력을 지
니고 있다. 존재 영역은 제한되어 있고 이미 점유되어 있으므로
더 끈질기고 더 튼튼하며 상황에 더 적합한 개체들만 투쟁하여
어른으로 성장할 수 있다. 이들은 자신이 다른 어떤 종류보다도
더 적응력이 뛰어나고 더 점유력이 높은 환경에서만 서식한다.
더 약하고 상황에 덜 적합한 개체들은 조기에 사멸한다.

매튜, 다윈, 월리스가 독자적으로 생각해 낸 것은 이 과정에서 개
체 사이에서 자원을 두고 경쟁이 일어나 환경에 가장 적합한 적자가
선택되어 생존하고 번식하며 덜 적합한 개체는 도중에 낙오한다는

것이다. 매튜는 이것을 다음과 같이 표현했다.

초년의 젊은 생명이 그처럼 어마어마하게 스러지는 속에서 혹
독한 시련을 거쳐 자연이 요구하는 수준의 완벽함과 적합성을
검증받고 어른으로 성장하는 개체들만 번식을 통해 자기 종류
를 이어나갈 수 있다.

매튜가 그 이후 저자들과 핵심적으로 다른 점은, 라이엘의 '시간
의 선물'이 완전히 이해되기 전에 책을 펴낸 그는 격변주의자고 후
대 저자들은 점진주의자라는 것이다. 그는 오늘날 지구상에서 보는
조건에서는 새로운 종이 자연선택에 의해 생겨날 수 있다고 보지 않
고, 당시 화석 기록에서 알려진 것과 같은 대격변이 있은 뒤에라야
가능하다고 믿었다.* 그리고 그는 이 과정에서 복잡한 장기가 새로
만들어질 수 있다고 생각하지 않았다.

경쟁선택 법칙에서 지느러미는 발로, 발은 팔로, 팔은 날개로,
또 그 역으로 바뀔 수 있지만 여기에도 정해진 한도가 없지는 않
다. 이 법칙은 장기가 개량되게 하고 상황이 변화하면 상황에 맞게
장기가 변형되게는 하지만 새로운 장기를 생성하지는 못한다. 이
법칙이 어떻게 수정된다 해도 뱀의 속 빈 독니를 그런 모양으로 만

---

* 지금은 두 가지 과정 모두가 작용하는 것으로 인정되고 있다. 실제로 대량 멸종에 이
어 새로운 종이 급격히 늘어나지만, 그 사이의 기간에도 종의 형성이 진행된다.

들어 그 뿌리에 있는 독주머니를 눌러 독을 상처 깊이 강제 주입할 수 있게 만들 수도 없고, 위험하기 짝이 없는 뱀 꼬리에 경고 방울을 달 수도 없다.

그는 "생물이 이처럼 상황에 맞춰 연속적으로 평형을 이루는 데는 설계의 아름다움과 통일성이 있다"고 말하면서 진화가 어떤 설계자가 정해 놓은 법칙에 따라 진행되는 것으로 보았다. 그렇지만 마이클 윌Michael Weale은 설계자 관념을 우리가 받아들이든 받아들이지 않든, '이론'보다는 '법칙'이라는 용어가 자연선택을 훨씬 더 잘 묘사한다고 지적한다. 대중이 생각할 때 법칙은 피할 수 없는 자연의 사실인 반면 이론은 그보다 덜 확고하며 새로운 증거가 나타나면 바뀔 수 있다. 마찬가지로 자연선택은 실제로 하나의 법칙이며, 매튜는 이것을 깨닫고 "자연에는 보편적 법칙이 하나 있으니, 번식하는 조직체는 모두 자기 종류나 자기 자신이 흔히 처하는 조건에 가장 적합하게 되는 경향이 있다는 것이다"라고 썼다.

뜻밖이랄 것도 없이 다윈은 매튜의 책에 대해 알지 못했고 따라서 그의 영향을 받지 않았다. 매튜의 생각이 해군용 목재에 관한 책 안에서 그렇게나 눈에 띄지 않게 발표되지 않았다면 다윈은 용기를 얻어 진화에 대한 자신의 생각을 더 일찍 출간했을지도 모른다. 그러나 1844년 또 다른 책이 나왔는데 이 책은 다윈에게 반대의 효과를 주었다. 로버트 체임버스가 『창조 자연사의 흔적Vestiges of the Natural History of Creation』을 내놓았을 때의 반응을 본 다윈은 아직 진화에 관한 자신의 생각을 공개할 때가 되지 않았다고 확신했다.

진화의 오리진

로버트 체임버스는 1802년 스코틀랜드 스코티시보더스의 피블스에서 태어났다. 아버지 제임스는 말 그대로 목화 산업 종사자로서 가족이 사는 집 1층 작업장에서 목화로 실을 짰다. 로버트에게는 형 윌리엄, 그리고 아버지와 이름이 같은 동생 제임스가 있었다. 그는 근처 학교에서 읽고 쓰기와 산수의 기본을 배운 다음 고등학교로 진학하여 고전학을 배웠다. 그러나 닥치는 대로 읽고 몇 년에 걸쳐 『브리태니커 백과사전』의 내용을 흡수하는 등 주로 독학으로 지식을 쌓았다. 로버트가 고등학교에 들어간 무렵 가족은 에든버러로 이사를 갔고 형 윌리엄은 어느 서적상의 도제로 일하고 있었다. 이사는 경제적 상황 때문에 어쩔 수 없이 택한 일이었다. 우선 동력 직조기가 도입되면서 제임스 같은 가내수공업자는 폐업할 수밖에 없었다. 폐업한 그는 직물상이 됐다. 이때 나폴레옹 전쟁 때문에 가석방된 프랑스인 포로들이 피블스 근처에 수용돼 있었고, 제임스는 이들에게 가게에서 상당히 큰 액수까지 외상 거래를 하게 해 주었다. 포로들이 외상을 갚지 않은 채 예기치 않게 다른 곳으로 옮겨 가게 되자 그는 파산하고 에든버러로 이사를 나와 일자리를 찾았다.

로버트는 16세 때 학교를 나와 에든버러의 중심가 리스워크에서 책 가판점을 운영하여 가계에 보탬을 주기 시작했다. 그는 아버지의 낡은 책으로 시작하여 차츰 재고를 늘리고 평판을 쌓아 올렸다. 한편 형 윌리엄은 중고 인쇄기를 사들여 소책자를 발행하는 사업을 시작했다. 1820년대 초 두 형제는 힘을 합쳐, 로버트가 글을 쓰고 윌리엄은 그것으로 잡지와 소책자를 발행하여 한 부에 몇 페니씩 받고 팔다가 나중에는 단행본도 발행하기 시작했다. 로버트가 쓴 『월터 스콧 경의 생애*Life of Sir Walter Scott*』도 그렇게 나왔다. 1830년 대에 두 형제는 공식적으로 W&R 체임버스라는 출판사를 차렸고, 그러는 한편으로 로버트는 에든버러에서 동생 제임스 2세와 함께 서점을 운영했다. 윌리엄과 로버트는 『체임버스 에든버러 저널*Chambers's Edinburgh Journal*』이라는 잡지를 내기 시작했는데 단 1페니 가격으로 과학, 역사, 예술 발전에 관한 정보에 목마른 사람들의 갈증을 채워 주었다. 이 잡지는 발행 부수가 금세 수만 부에 이르러 출판사의 재정적 성공이 확실해졌다. 로버트는 또 『유명 스코틀랜드인의 전기 사전*Biographical Dictionary of Eminent Scotsmen*』, 『로버트 번스의 생애와 작품*Life and Works of Robert Burns*』, 『체임버스 백과사전*Chambers's Encyclopaedia*』 등 W&R 체임버스가 발행하는 단행본의 저자로도 활발하게 활동했다. 그중 백과사전은 1859년부터 1868년까지 여러 권으로 발행됐다. 그러나 그가 쓴 책 중 가장 유명해진 것은 그의 생전에는 그의 이름으로도, W&R 체임버스를 통해서도 출판되지 않았다.

로버트는 지질학의 매력에 푹 빠져 있었고, 1830년대 이후로 동향을 면밀하게 주시하고 있었으며, 라이엘의 연구도 잘 알고 있었다. 1840년 에든버러 왕립학회의 석학회원이 됐고 1844년에는 런던 지질학회의 석학회원이 됐다. 그는 당대의 유명 과학자들과 연락을 주고받았고, 1848년에는 『고대의 바닷가*Ancient Sea-Margins*』라는 책을 펴냈다. 나중에는 스칸디나비아와 캐나다로 답사를 다녀와 그곳에서 본 것들에 대해 썼다. 그러나 그 무렵 그의 걸작은 이미 나와 있었다.

『창조 자연사의 흔적』은 1844년에 출간됐다. 제목은 "시작이 있

진화의 오리진

다는 흔적도, 끝이 있다는 전망도 없다"고 말한 허턴에 대한 경의 표시였다. 로버트 체임버스는 시작이 **있었으며** 지구와 지구상의 생명이 언제나 오늘날 우리가 보는 것에 가까운 상태로 존재하지는 않았다고 보았다. 그는 별에서부터 인류에 이르기까지 모든 것의 기원과 진화에 관한 추측성 모델을 내놓으며 인간을 그 과정의 정점에 놓았다. 이것은 인간은 유일하게 특별히 창조된 존재가 아니라 '하등' 동물로부터 발달, 즉 진화했다는 뜻이었다. 체임버스는 자신의 생각이 어떤 논란을 불러일으킬지 잘 알고 있었고, 그래서 자신의 이름을 감추기 위해 매우 꼼꼼하게 신경을 썼다. 아내에게 원고를 베껴 쓰게 하여 자신의 필적이 드러나지 않게 했고, 런던의 출판업자 존 처칠John Churchill에게 원고를 전달할 때는 맨체스터에서 활동 중인 저널리스트 친구 알렉산더 아일랜드Alexander Ireland를 통했다. 교정쇄는 똑같은 경로를 거쳐 체임버스에게 전달됐고, 이후의 모든 연락도 아일랜드를 거쳤다. 그 밖에 비밀을 아는 사람은 체임버스의 아내, 윌리엄 체임버스, 그리고 또 다른 친구인 로버트 콕스Robert Cox 세 사람뿐이었다. 갖가지 추측이 돌고 체임버스가 저자일 거라는 의심도 여러 차례 받았지만, 1871년 그가 죽을 때까지 공식적으로 그가 저자라고 인정한 적은 없었다.

체임버스는 단순한 형태의 생물은 자연발생이 가능하며, 그러고 나면 더 복잡한 형태로 진화하는 것으로 보았다. 그는 자신의 지질학 지식을 이용하여 화석 기록에서 동물 형태가 단순한 것으로부터 복잡한 것으로 나아가고 있으며 그것이 궁극적으로 인류까지 이어진다는 주장을 뒷받침했다. 그리고 모든 것이 하느님으로부터 시작됐고 세계가 (또는 세계들이 — 체임버스는 지구가 생물이 사는 유일한 곳이라고는 생각하지 않았으므로) 작동하는 법칙을 하느님이 세웠을 수 있다는 생각은 받아들였지만, 자신의 피조물을 가지고 만지작거리는 '간섭적' 창조주라는 생각은 다음과 같이 명확히 거부했다.

제3기 이전에 번성했던 어떤 동물 종도 … 지금은 존재하지 않는다. 그리고 그 시기 동안 등장한 포유류 중 많은 형태는 지금 완전히 사라진 반면 그 나머지는 지금 친척 종만 있을 뿐이다. 따라서 이전에 존재한 형태에 새로운 형태가 수시로 추가되고 또 명백히 부적절해진 형태가 수시로 빠져나간다는 — 발전뿐 아니라 끊임없는 변화가 일어난다는 — 것을 알 수 있는데 이는 매우 강하게 눈길을 끄는 사실이다. 이런 모든 상황을 솔직하게 생각해 보면, 생물체의 창조에 대해 지금까지 일반적으로 생각하고 있던 것과는 어느 정도 다른 생각을 하지 않기가 거의 불가능하다.

다시 말해 하느님은 왜 굳이 새로운 종을 창조했다가 나중에 파괴하는 걸까? 그 대답은 하느님이 일이 굴러가게 한 다음 자신이 정한 원칙에 따라 전개되도록 내버려 두었다는 것일 수밖에 없다.

자신의 생각으로부터 흘러나오는 자연 원칙을 설정하는 것만으로 이 수없이 많은 세계에 형태를 부여하신 존엄한 분께서 새로운 조개나 파충류가 이런 세계 안으로 들어와 존재하게 될 때 매번 직접 구체적으로 간섭한다는 생각을 어떻게 할 수 있다는 말인가? 이것은 한 순간이라도 떠올릴 수 없는 어리석은 생각임이 틀림없다.

그렇지만 체임버스는 진화가 일어나는 메커니즘에 대해서는 하느님의 계획이 전개된다는 것 말고는 어떤 의견도 내놓지 않았다. 결정적으로 그는 진화를 환경이나 여타 외적 조건의 변화에 대한 반응으로 보지 않았다. 그리고 지속적이고 점진적인 과정으로 보지도 않았다. 그는 발전(그가 말하는 진화)이 작은 도약으로 일어난다는 생각에 동의했다. 그의 이런 사고는 로버트와 윌리엄이 모두 양손과 양발에 손발가락이 하나씩 더 달린 채로 태어났다는 사실에 영향을 받았을 수도 있다. 남는 손가락과 발가락은 이들이 젖먹이일 때 수술로 제거됐다.

솔직히 말해 『창조 자연사의 흔적』에는 그다지 새로운 게 하나도 없었으며, 이래즈머스 다윈이나 웰스나 매튜의 연구에 익숙한 사람이라면 누구도 놀랍게 받아들이지 않았을 것이다. 그러나 그들의 연구에 익숙한 사람은 거의 없었고, 또 체임버스는 자신의 생각을 서사시의 주석도, 다른 주제를 다루는 책의 부록도 아닌 책 자체의 주제로 제시했다. 저자가 익명이라는 점 역시 신비로운 분위기를 만드는 데 한몫했다. 『창조 자연사의 흔적』은 선풍적 베스트셀러가 됐고 진화를 상류 인사들의 대화 주제로 만들었다. 벤저민 디즈레일리와 에이브러햄 링컨이 이 책을 읽었고, 빅토리아 여왕의 부군 앨버트는 여왕에게 이 책을 낭독해 주었다. 대중매체의 초기 서평은 호의적이었다. 『랜싯_The Lancet_』조차도 그랬다. 그러나 이내 과학계와 신학계 주류의 헤비급들이 핵 주먹을 날리며 달려들었다.

이 책에 대한 수많은 공격 중 가장 눈에 띄는 것은 다윈에게 지질학을 가르친 스승이자 케임브리지 대학교 우드워드 지질학 석좌교수를 역임했고 이제는 노리치 대성당 참사회 의원이 된 애덤 세지윅 신부의 공격이었다. 화가 머리끝까지 난 그는 찰스 라이엘에게 보낸 편지에서 『창조 자연사의 흔적』을 '더러운 책'이라 부르며 이렇게 썼다. "나는 이 책이 여자의 손에 쓰였다고밖에 생각할 수 없네. 겉보기로는 너무나 우아하게 잘 차려입었어."[25] 나아가 그는 85쪽짜리 신랄한 서평을 써서 1845년 7월 『에든버러 리뷰』에 발표했다. 세지윅은 "성서에서 인간이 하느님의 모습대로 만들어졌다고 가르칠 때 그것은 우화이며 사실은 유인원의 자식들이라는 말을 듣고 있는" 독자들, 특히 "우리의 명예로운 처녀들과 부인들"이 걱정된다고 썼다. 이런 서평은 익명으로 출간되는 것이 일반적이었지만 이때 세지윅은 자신이 썼다는 것을 확실히 알아볼 수 있게 했다.

그러자 『창조 자연사의 흔적』의 내용을 지지하는 사람들이 세지윅을 공격하고 나섰다. 이렇게 활발하게 논쟁이 벌어지자 책의 세계에서 나쁜 홍보라는 것은 없다는 격언이 진실임이 입증되면서 책은 더욱 잘 팔려 나갔다. 그 뒤 몇십 년 동안 이 책은 수많은 판본과 개정판으로 나왔고, 체임버스가 죽은 뒤 알렉산더 아일랜드가 준비한 제12판이 마침내 저자 이름을 밝히며 1884년에 출간됐다.

『창조 자연사의 흔적』은 19세기 말까지 다윈의 『종의 기원』보다 많이 팔렸다. 여기에는 『창조 자연사의 흔적』에 대한 반응에 놀란 다윈이 자신의 걸작을 1859년까지도 출판하지 않고 그냥 가지고 있었던 탓도 있다. 그렇지만 그는 세지윅이 종의 변성이라는 생각 전반에 대해 꼼꼼하게 비평했지만, 아직 세상에 내놓지 않은 자신의 책에서 이미 고려하고 답한 부분을 문제 삼았을 뿐이라는 것을 알고 기분이 좋았다. 그는 라이엘에게 보내는 편지에서 세지윅의 반론을 예견하고 "그 논거 중 어떤 것도 놓치지 않았다"는 사실을 "알게 되어 무척 기쁩니다"고 말했다.[26] 그러나 그렇다고 해서 자신의 책을 얼른 내야겠다는 생각은 들지 않았다.

『창조 자연사의 흔적』때문에 다윈은 다시 입을 다무는 쪽으로 돌아갔지만, 이 때문에 또 다른 자연학자가 자연선택이라는 이론 — 또는 법칙 — 으로 이어지는 여정에 오르게 됐다. 이 젊은이는 후일 종의 '변성'이 정말로 실제로 일어났다는 생각을 처음으로 하게 된 것은 체임버스의 책을 읽으면서였으며, 그 덕분에 그 생각을 뒷받침할 증거를 찾는다는 목표를 가지고 현장 연구를 계획하게 됐다고 썼다. 그의 이름은 앨프리드 러셀 월리스Alfred Russel Wallace였으며, 다윈이 밖으로 나와 입을 열고 자신의 생각을 대중 앞에 발표하도록 압박하는 데 중요한 역할을 하게 된다.

5
월리스와 다윈

 찰스 로버트 다윈과 앨프리드 러셀 월리스는 각기 독자적으로 똑같은 어마어마한 생각을 — 진화라는 바로 그 어마어마한 생각을 — 거의 똑같은 시기에 해냈다. 자연선택이라는 이 생각을 논할 때 영예의 자리는 대개 다윈이 차지하지만, 월리스의 이야기는 『창조 자연사의 흔적』의 출판과 직접 연결되고 있고 고대인으로부터 다윈까지 이어지는 사슬의 마지막 연결 고리가 된다. 논리적으로 볼 때 그의 이야기가 먼저이며, 따지고 보면 그와 동시대를 산 더 유명한 사람의 이야기에 못지않게 모든 면에서 흥미롭다.

 월리스는 1823년 1월 8일 영국 웨일스 지방 몬머스셔의 어스크 바로 근처 오두막에서 태어났다. 그러나 부모는 모두 잉글랜드인이었다. 이곳까지 흘러와 살고 있는 까닭은 아버지의 운이 점점 기울었기 때문이었다. 그 이전까지 아버지 토머스 비어 월리스의 인생은 제인 오스틴이 쓴 소설의 조연급 등장인물을 연상시킨다. 그는 1792년 법률가 자격을 얻었다. 그러나 따로 매년 500파운드의 수입이 있어 개업할 필요가 없었으므로 런던과 바스를 오가며 한가롭게

진화의 오리진

지냈다. 1807년 메리 앤 그리널과 결혼하고 아이들이 생기자 토머스는 수입을 늘리려고 여러 가지 투자를 했으나, 결과적으로 그다지 현명한 투자가 아니어서 그 반대 효과가 났다. 이 때문에 비용을 줄이기 위해 웨일스로 이사를 가게 됐다. 그러나 앨프리드가 다섯 살이 됐을 때 가족은 다시 메리의 고향 하트퍼드로 이사를 갔다. (찰스 다윈이 대학 공부를 위해 케임브리지에 들어간 무렵이었다.) 그러므로 웨일스인은 월리스가 자기네 출신이라고 곧잘 주장하기는 하지만, 웨일스에서 태어난 잉글랜드인이라고 말하는 게 가장 정확하다. 그의 가족은 당시 흔히 일어나던 종류의 '선택'의 희생자가 됐다. 딸아이 한 명이 생후 5개월 때 죽었고, 여섯 살에 한 명, 여덟 살에 또 한 명이 죽었다. 앨프리드는 살아서 어른이 된 자식 여섯 중 다섯째였다. 위로 형 윌리엄과 존이 있었고, 엘리자베스라는 누나와 패니라 불리던 누나 프랜시스가 있었다. 그리고 1829년에 남동생 허버트가 태어났다. 하트퍼드에 도착한 직후 앨프리드는 조지 실크라는 아이를 만났고 둘은 평생 친구 관계를 유지했다.

하트퍼드 생활은 처음에는 어느 정도 안락했다. 앨프리드가 아홉 살 때 누나 엘리자베스가 22세의 나이로 죽었지만, 그는 자서전에서 자신은 너무 어려 크게 영향을 받지 않았다고 말한다. 나이로도 우애로도 가장 가까운 형제자매는 존과 패니였다. 토머스는 제자를 받아들임으로써 수입을 보충한 덕분에 어느 정도 편안하게 자식 교육을 시킬 수 있었다. 윌리엄은 도제 측량사로 일하고 있다가 런던에 있는 커다란 건축 회사와 일하게 됐다. 존 역시 또 다른 건축가의 도제가 되어 런던으로 떠났고, 패니는 교사가 되기 위한 준비

과정으로 프랑스어를 배우기 위해 프랑스의 릴로 떠났다. 앨프리드는 하트퍼드 중등학교의 기숙 학생이 됐다. 그러나 가족의 경제 사정은 다시 나빠졌다. 메리 월리스에게는 상속받은 돈이 약간 있었는데, 자신과 자식들을 위해 법률가인 형부 토머스 윌슨Thomas Wilson에게 관리를 맡겨 두고 있었다. 그러다 윌슨이 파산하자 메리의 유산은 법적 절차가 다 해결될 때까지 몇 년이나 묶여 있었으므로 그동안 전혀 수입을 얻지 못했다. 앨프리드는 학비 (1년에 25기니 정도) 대신 학교에서 저학년을 가르침으로써 겨우 학교의 마지막 학년을 마칠 수 있었다. 진학할 가능성이 없었으므로 14세가 되기 직전인 1836년 크리스마스에 학교를 떠나 세상으로 나섰다. 부모는 허더스던의 더 작은 오두막으로 이사를 갔고, 앨프리드는 런던으로 가서 형 존과 합류했다. 때는 1837년, 빅토리아 여왕이 왕위에 오른 해였다. 다윈은 잉글랜드로 돌아온 지 채 1년이 지나지 않았고, 이미 진화에 대해 생각하고 있었으나 토머스 맬서스의 논문은 그 다음 해에나 읽게 된다.

존과 함께 지내는 동안 앨프리드는 소위 '과학관'이라는 곳에서 저녁 시간을 보내는 때가 많았다. 그곳은 일종의 기계공 교육원이었는데 책과 잡지를 읽고 사람들과 사귈 수도 있었다. 이미 박식했던 그는 그 덕분에 불공평한 사회 체제에 대한 나름의 생각과 자비로운 창조주가 존재하는데도 악과 불행이 어떻게 존재할 수 있는가 하는 수수께끼에 대한 생각을 어느 정도 정리할 수 있었다. 그러나 여름에 형 윌리엄의 도제 측량사로 일하기 시작하면서 이 휴가는 끝났다. 일은 즐거웠다. 야외에서 일했으므로 앨프리드에게는 지질학과 식물학을 직접 배울 기회가 됐으나, 형제는 그것으로 근근이 먹고살수 있을 뿐이었다. 일거리는 1844년 초까지 드문드문 들어왔다. 일거리가 없을 때 앨프리드는 어느 시계공의 도제가 됐으나 오래 가지못했다. 그러는 동안 월리스는 다윈이 쓴 『비글호의 항해The Voyage of the Beagle』와 라이엘의 『지질학의 원리』를 읽었다. 한편 맬서스의 논문을 읽고 영향을 받은 다윈은 월리스는 물론이고 누구도 모르게 노트에다 진화에 관한 자신의 생각을 정리해 나가고 있었다. 그중 하나에서 그는 다음과 같이 적었다.

> 모든 종류의 적합한 구조체를 자연의 섭리에 있는 틈새에 끼워넣으려는, 아니, 더 약한 것들을 밀쳐 내고 틈새를 만들어 내고있는 십만 개의 쐐기 같은 힘이 있다고 말할 수 있을 것이다. 이모든 쐐기질의 최종 원인은 제대로 된 구조체를 가려내 그것을변화에 적응시키는 것임이 분명하다.

그리고 1838년 10월에는 이렇게 썼다.

> 세 가지 원칙이 모든 것을 설명할 것이다.
> 1. 조부모와 닮은 손자녀
> 2. 작은 변화, 특히 신체적 변화가 일어나는 경향
> 3. 부모의 부양 능력에 비례하는 번식력

1840년대에 다윈과 월리스의 삶이 모두 바뀌었다. 1839년에 사촌

에마와 결혼한 다윈은 켄트주의 다운이라는 마을에 가족과 함께 정착했다.* 이제 그에게 탐험과 모험의 시대는 끝났다. 월리스는 막 시작하는 참이었다. 앨프리드의 아버지가 1843년에 죽고, 홀로 남은 어머니는 가정부로 일해야 했다. 측량 일거리는 매우 드물었고, 그해 말에 이르러 윌리엄은 동생을 내보내야 했다. 1844년 1월 21번째 생일에 앨프리드는 묶여 있던 유산 문제가 해결되어 100파운드의 돈을 상속받고 런던에 있는 형 존을 찾아가 함께 지내면서 일거리를 찾았다. 결국 그는 레스터에 있는 어느 학교에서 교사 일자리를 얻었다. 그로서는 자격도 아슬아슬했고 체질에도 그다지 맞지 않았지만, 급료가 매년 40파운드였으므로 생활은 꾸려 나갈 수 있었다. 그러나 이곳에는 그가 말한 "매우 훌륭한 시립도서관"이 있었으므로 거기서 알렉산더 폰 훔볼트 Alexander von Humboldt의 남아메리카 여행기 『나의 여행 이야기 Personal Narrative of Travels』와 맬서스의 논문을 비롯하여 수많은 책을 읽을 수 있었다. 그는 또 헨리 베이츠 Henry Bates를 만나 친구가 됐다. 베이츠는 윌리스보다 두 살 아래였으며, 가족이 운영하는 양말 제조 업체에서는 건성으로 일하고 여가 시간에 딱정벌레와 나비를 채집하는 일에는 열심인 청년이었다. 윌리스는 베이츠와 친해지고 맬서스를 읽었기 때문에 레스터에서 지낸 시기가 자신의 '전환점'이었다고 말한다.

교사 일은 오래 가지 못했다. 겨울에 앨프리드의 형 윌리엄이 사

* 이 마을(Down)은 나중에 이름에 'e'를 붙였다. 그래서 다윈이 살던 집은 이제 다운(Downe)에 있는 다운하우스(Down House)이다.

진화의 오리진

방이 뚫린 3등 야간열차를 탔다가 감기에 걸렸고, 이것이 폐렴이 되어 1845년 3월에 죽었다. 웨일스의 니스에서 윌리엄의 장례식을 마친 뒤 앨프리드는 거기 머무르면서 형의 사업을 정리하다가 사업이 생각보다 잘되고 있다는 것을 알았다. 교실에서 벗어나고픈 마음에 그는 사업을 자기가 맡아 철도 붐에 편승하여 일을 벌였고, 사업이 성공적으로 풀려 1846년에는 둘째 형 존이 합류했다. 둘은 오두막을 빌릴 수 있었으므로 어머니와 허버트도 와서 함께 살았다. 패니는 이때 미국 조지아주 메이컨에서 교사가 되어 있었다.

형제는 예정된 철도 노선을 측량하는 한편 여러 동의 건물을 설계, 시공했는데, 지금도 볼 수 있는 니스의 기계공 교육원을 위한 새 건물도 그중 하나다. 또 채집을 위한 시간도, 꾸준히 해 오던 앨프리드의 독학을 위한 시간도 넉넉했다. 그는 과학에 관한 공개 강연을 했고, 1847년 4월에는 딱정벌레를 잡은 일을『동물학자Zoologist』라는 학회지에 보고함으로써 처음으로 과학 잡지에 기고했다. 기고 내용은 짤막한 한 문장으로서 다음과 같았다. "니스 부근에서 딱정벌레 Trichius fasciatus를 포획 — 니스 계곡 꼭대기 폭포 부근의 엉겅퀴Carduus heterophyllus 꽃에서 이 아름다운 곤충 표본 한 마리를 잡았다. — 앨프리드 R. 월리스, 니스." 그러나 그의 장래와 관련하여 가장 중요한 사건은 윌리엄의 장례식 이후, 그리고 존이 니스에 와서 그와 합류하기 전인 1845년 체임버스의『창조 자연사의 흔적』을 처음으로 읽은 것이었다. 그는 베이츠에게 다음과 같이 썼다.

나는 이게 성급한 일반화라고 생각하지 않아. 그보다는 몇 가지 뚜렷한 사실과 유추를 바탕으로 한 천재적 추측이라고 봐. 앞으로 더 많은 사실을 통해, 또 미래의 연구자들이 이 주제에 대해 내놓는 설명을 통해 증명돼야 하겠지. 어떻든 이건 자연을 관찰하는 모든 사람이 관심을 가질 주제인 것은 분명해. 자연학자가 관찰하는 모든 사실은 이것을 뒷받침하거나 반대하는 증거가 될 수밖에 없고, 따라서 사실의 수집뿐 아니라 사실이 수집됐을 때 그것을 어디에 적용해야 할지까지 가리켜 주고 있어.

그는 또 로런스의 『인간의 생리학과 동물학과 자연사에 관한 강연집』을 읽고 1845년 12월 베이츠에게 보낸 편지에서 "인간 종족의 변종은 모종의 외적 요인이 아니라 일부 개체에 생겨난 어떤 독특한 특징이 종 전체로 퍼지면서 생겨났다"는 주장에 관심을 집중한다.

1845년에는 다윈의 『비글호의 항해』 개정판이 나왔는데 여기에는 새로운 자료가 수록되어 있었다. 그중에서도 갈라파고스 제도에서 발견된 다양한 종류의 핀치새와 그 수수께끼 같은 기원이 눈길을 끌었다. 월리스는 이 개정판을 읽고 다윈의 다음과 같은 말에 주목한 것이 분명하다.

서로 밀접하게 연관된 작은 새 집단 하나에서 이처럼 조금씩 다른 다양한 구조를 보면, 이 제도에 원래는 새가 없었으나 한 가지 종이 들어와 여러 가지로 갈라졌을 거라는 생각이 정말로 들 것이다.

진화의 오리진

베이츠는 이제 버턴어폰트렌트의 양조 회사 직원으로 일하고 있었으나 웨일스에 있는 월리스를 만나러 왔고, 둘은 한 주 동안 함께 지내면서 월리스의 표현을 빌리자면 함께 탐사를 떠나자는 "비교적 엉뚱한 계획"을 세웠다. 월리스는 다윈의 『연구 일지』와 훔볼트의 『나의 여행 이야기』를 읽고 "채집가가 되어 열대를 방문하겠다는 결심"에 불이 붙었다고 말한다. 엉뚱하든 아니든, 1847년 가을 미국에서 돌아온 누나를 만나기 위해 런던에 갔을 때 월리스는 분명하게 이 계획을 염두에 두고 있었다. 그는 대영박물관에서 장시간씩 표본을 연구했고, 패니와 함께 파리에 갔을 때는 파리 식물원에서 더욱 긴 시간을 보냈다. 돌아왔을 때는 탐사 계획이 덜 엉뚱해 보였다. 패니가 집으로 돌아왔고 또 사진작가 토머스 심스Thomas Sims 와 가까워지고 있었으므로 어머니를 보살필 사람 걱정은 하지 않아도 됐다. 측량 사업은 별로 수지가 맞지 않았으므로 존은 낙농업자가 되어 있었다. 월리스는 행동의 자유와 100파운드의 저축이 있어, 남은 문제는 어디로 갈지를 정하는 일뿐이었다. 베이츠는 그리 자유롭지 않았다. 그의 아버지는 마지못해 아들의 모험을 지원하기로 했다. 그럼에도 불구하고 이들의 유일한 희망은 탐험 중에 채집하는 동식물 표본을 런던의 대리인을 통해 처분하여 여비를 대는 것뿐이었다. 두 사람은 윌리엄 에드워즈William Edwards가 1847년 펴낸 책 『아마존강 상류를 향한 항해A Voyage up the River Amazon』의 영향을 받아 아마존을 목적지로 결정하고 새뮤얼 스티븐스Samuel Stevens를 대리인으로 위촉했다. 또 큐 왕립식물원의 원장 윌리엄 후커William Hooker를 찾아가 조언을 구하는 한편 두 사람이 진정한 과학 채집가임을 알리는 그의 편지를 확보했다. 둘은 1848년 4월 26일 리버풀에서 항해에 올랐다. 월리스는 25세, 베이츠는 23세였다. 월리스는 『나의 인생My Life』에서 탐험에 오르기도 전에 "종의 기원이라는 커다란 문제는 이미 내 마음속에서 뚜렷하게 모양이 잡혀 있었다 … 나는 자연의 사실을 면밀히 완전하게 연구하면 궁극적으로 이 수수께끼의 해답으로 다가갈 수 있을 것이라고 확고히 믿었다"라고 썼다.

두 사람이 이 수수께끼의 해답 즉 자연선택의 법칙을 찾아내게 될 모험의 첫 단계에 들어섰을 때 다윈은 본질적으로 자신의 이론을 완성해 놓은 상태였지만 아직은 자신의 생각을 출판할 준비가 되어 있지 않았다. 잉글랜드로 돌아온 뒤로 그동안 항해 이야기를 비롯하여 산호초에 관한 책 등 지질학 책을 쓰고 또 결혼하여 정착하느라 바빴다. 그러나 그는 꼼꼼하게 적어 두는 습관이 있었고 노트를 모두 보관하고 있었으므로 그의 생각이 전개된 과정이 오늘날 분명하게 기록으로 남아 있다. 1842년에 그는 연필로 진화에 관한 자신의 생각을 짤막하게 '스케치'로 적었다. 1844년에는 이 주제에 관해 계획한 책의 집필을 시작하기까지 몇 년이 걸리겠다는 것을 깨닫고, 혹시라도 완성하기 전에 죽을 경우를 대비해서 뭔가 더 공식적인 것을 준비하기로 마음먹었다. (그가 계획한 책은 라이엘이 쓴 『지질학의 원리』 같은 세 권짜리 대작이었다.) 엘리자베스와 윌리엄 월리스를 비롯하여 앨프리드의 형제와 누이의 예에서 보듯 19세기 중반 잉글랜드에서 이것은 합리적인 대비책이었다. '더 공식적인 것'은 잉크로 적은 230쪽짜리 에세이였으며, 다윈이 사는 마을 학교 교사가 그를 위해 손 글씨로 정성껏 쓴 사본을 만들어 주었다. 때는 1844년 7월,

『창조 자연사의 흔적』이 출간되기 직전이었다. 그러나 이 책에 대한 반응을 본 다윈은 반박할 수 없는 무게의 증거와 함께 자세한 설명을 내놓을 시간을 낼 수 있을 때까지 자신의 이론을 공식적으로 출판하지 않기로 굳게 마음 먹었다. 일부 선정적 설명과는 달리 이 모든 것에는 비밀스러운 게 전혀 없었다. 마을의 교사도 다윈이 무슨 생각을 하고 있는지 알고 있었고, 또 다윈은 진화와 자연선택을 가까운 친구나 동료들과 논하기도 했다. 그리고 그는 자신의 생각이 잊히기를 원하지 않았고, 그래서 오늘날 유명해진 편지를 아내에게 남겨 최악의 일이 벌어지면 취할 행동을 다음처럼 일러두었다.

> 나의 종 이론 스케치를 방금 끝냈소. 만일 장차 유능한 평가자에게 받아들여진다면 내 이론은 과학에서 상당히 큰 한 걸음이 될 거라고 믿소. 그래서 내가 갑자기 죽을 경우를 대비하여 가장 엄숙한 마지막 바람으로서 이 편지를 쓰고 있소 … 400파운드를 들여 이것을 출판하시오. … 나의 이 스케치를 이 액수의 돈과 함께 어떤 유능한 사람에게 주어 손질하고 확장하게 해 주기를 바라오.

역사학자 존 밴 와이John van Wyhe가 지적한 것처럼 다윈은 이 "스케치"를 쓸 때 "손질하고 확장할" 수 있도록 일부러 널찍한 여백과 빈쪽까지 넣어 두었으며, 이것을 아직 출판 준비가 안 된 초고로 생각한 것이 확실하다.

그런 다음 다윈은 진화에 관한 책을 한쪽으로 밀쳐놓고 다른 일에 몰두했다. 먼저 비글호 항해의 결과물인 지질학 책을 끝낸 다음 다시 향후 10년 동안 바쁘게 매달리게 될 작업을 시작했다. 이것은 따개비에 관한 연구로, 작업을 시작할 때는 그렇게 오래 걸릴 거라고 전혀 생각지 못했으나 자연사에 남을 커다란 업적이 됐다. 그가 이 어마어마한 작업을 진행하다가 혹시라도 열의가 시들해졌다 해도 1845년 9월 조지프 후커Joseph Hooker(1817~1911)*가 어느 프랑스인 식물학자의 연구를 혹평하며 다음과 같이 말했기 때문에 작업을 계속하지 않을 수 없었을 것이다.

> 나는 이 주제를 이런 식으로 다루는 사람이나 명확한 자연학자가 된다는 게 무슨 뜻인지를 모르는 사람이 하는 말을 그다지 당연하게 받아들일 마음이 없다.[27]

이 논평은 문제의 프랑스인 식물학자뿐 아니라 『창조 자연사의 흔적』을 쓴 저자에게도 충분히 적용될 수 있었을 것이다. 1845년 다윈은 자신이 명확한 자연학자, 즉 종을 세밀하게 연구하는 사람이 아니라 지질학자로 알려져 있다는 것을 스스로 잘 의식하고 있었다.** 그는 후커에게 다음과 같이 썼다.

---

* 조지프 후커(1817~1911)는 윌리엄 후커의 아들이며, 당대에 가장 큰 영향을 미친 자연학자 중 한 사람이 됐다.
** 실제로 1853년 11월 30일, 그는 지질학과 따개비 연구로 왕립학회로부터 메달을 받는다.

진화의 오리진

종을 상세하게 많이 묘사해 보지 않은 사람은 종 문제를 다룰 권리가 없다는 당신의 논평이 담고 있는 진실을 (나로서는) 통감합니다.

다윈이 따개비 종을 상세하게 많이 묘사한 작업의 결과물은 1854년 세 권짜리 대작 논문으로 출판됐고, 이로써 그는 명확한 자연학자가 되는 동시에 누가 뭐래도 종 문제를 다룰 권리를 얻었다. 그러는 동안 종 문제는 한쪽 옆으로 밀쳐나 있었다. 월리스가 아마존을 향해 출항한 일차적 목적은 영국에서 신사 계급 자연학자로서 정착할 수 있을 만큼 충분히 돈을 벌겠다는 것이었다. 그리고 두 번째 목적은 종의 기원이라는 수수께끼를 풀겠다는 것이었으나, 그는 다윈이 이미 수수께끼를 풀었다는 사실을 알지 못했다.

월리스와 베이츠는 1848년 말에 브라질에 도착했고, 한동안 함께 행동하며 베이츠는 곤충 채집에 집중하고 월리스는 큰키나무를 비롯하여 식물 표본 채집에 집중했다. 이들은 당시 여느 사람들과 마찬가지로 채집을 위해 야생동물에게 아무렇게나 총을 쏘았다. 채집을 위해서만이 아니었다. 월리스는 어린 원숭이를 연구하기 위해 죽인 다음, 그냥 내버리기보다 "집으로 가져가 토막 낸 다음 튀겨 아침 식사로 삼았다."[28] 채집 활동은 순조로웠다. 이들은 1차로 3,635점의 곤충(1,300종)과 12상자의 식물을 영국으로 보내 스티븐스에게 처분을 맡겼고, 따로 한 상자에는 큐 식물원이 구매해 주었으면 싶은 식물 표본을 넣어 윌리엄 후커에게 보냈다. 토칸칭스강을 따라 배를 타고 거슬러 올라가면서 채집물을 모아 다시 영국으로 보낼 수 있었고, 이에 스티븐스는 『자연사 연감 매거진*Annals and Magazine of Natural History*』에 다음과 같은 광고를 실었다. "브라질 파라주에서 채집한 희귀종과 일부 새로운 종 다수로 구성되어 있는 … 두 가지 멋진 위탁품을 … 계약 판매합니다."

이처럼 성공을 거두고 있는데도 불구하고 아홉 달쯤 뒤 월리스와 베이츠는 헤어져 각자 채집을 계속했다. 두 사람 모두 그 이유를 밝히지 않았고 계속 친구로 남아 있었지만, 항상 둘이 바짝 붙어 지낸 것이 꼭 좋기만 하지는 않았던 것으로 보인다. 이 무렵 월리스는 새도 열심히 채집하고 있었고 강 상류 쪽으로 훨씬 긴 탐험을 준비하고 있었다. 그는 또 집으로 편지를 보내 동생 허버트도 브라질에 와서 합류하면 좋겠다고 했다. 허버트로서는 매우 반가운 소식이었다. 니스에서는 전망이 어두웠다. 형 존은 캘리포니아 금광으로 행운을 찾아 떠나려 하고 있었고, 패니는 토머스 심스와 결혼하여 웨스턴슈퍼메어로 이사를 갔다. 허버트가 패니에게 편지로 "우린 흩어질 운명인 가족"이라고 한 말은 빈말이 아니었다.

그는 1849년 6월 7일 브라질의 파라주를 향해 뱃길에 올랐다. 우연히도 그 배에는 또 다른 자연학자 리처드 스프루스*Richard Spruce*(1817~1893)가 타고 있었는데 앨프리드의 평생 친구가 된다. 월리스, 베이츠, 스프루스는 모두 한동안 세계의 같은 지역에서 채집 활동을 하게 된다. 그곳은 자연학자 대군이 몰려와도 감당할 수 있을 만큼 채집할 거리가 많았다. 이 지역에서 월리스가 한 모험은 그의 가장 중요한 연구로 이어지게 되는데, 지면 관계상 그것을 아주 자세히 다룰 수는 없다. 스프루스의 이야기는 우리가 펴낸 『꽃 사냥꾼*Flower Hunters*』에서 다루었다. 그의 이야기는 월리스가 한 경험과 매우 비슷했다.

허버트가 합류한 뒤 두 형제는 몇 달 동안 함께 작업했다. 1850년 여름에는 네그루강과 아마존강이 만나는 바라(오늘날의 마나우스)에 다다라 있었다. 베이츠와 월리스는 신사적으로 협정을 맺고, 월리스는 네그루강을 따라 콜롬비아의 산간 지방을 향해 올라가기로 하고, 베이츠는 아마존 상류를 따라 가기로 했다. 그러나 허버트는 채집 생활이 자신과는 맞지 않는다고 판단하여 강을 따라 파라로 내려가 배를 타고 귀국하기로 했다. 이것은 애석한 결정이었다. 배를 기다리는 동안 황열병에 걸려 죽은 것이다. 멀리 네그루강 상류에 있었던 앨프리드는 몇 달 동안이나 동생의 운명을 알지 못했다.

1850년 9월 강 상류로 출발한 무렵 월리스는 남아메리카에 있은 지 2년이 됐으므로 요령을 잘 알고 있었다. 처음에는 무역선에 승객으로 올라 강을 따라가다가 카누로 갈아탔고, 나중에는 현지에서 고용한 짐꾼들과 함께 도보로 여행했다. 마침내는 콜롬비아, 베네수엘라, 브라질의 국경이 만나는 산간 지방에 다다랐다. 그곳은 유럽인에게 알려지지 않은 미지의 영역은 아니지만 반세기 전 폰 훔볼트가 탐사한 끝자락이었다. 이곳은 아래로 흘러 내려가 아마존강과 합류하는 네그루강과, 북으로 흘렀다가 다시 동으로 베네수엘라를 따라 흘러가는 오리노코강 유역을 나누는 분수령이다. 이 외진 곳에 다다르기 전에 월리스는 기회만 있으면 채집물을 강을 따라 하류로 보내 스티븐스에게 전했다. 이렇게 보낸 것들과 바라로 돌아오는 길에 채집한 것들을 합하면 계획한 대로 잉글랜드에서 정착할 만큼 충분한 돈이 들어왔을 것이다.

월리스는 상류를 향해 떠난 지 거의 정확히 1년 뒤인 1851년 9월 15일 바라로 돌아왔다. 그때서야 허버트가 황열병에 걸렸다는 소식을 들었다. 사실 허버트는 6월 8일 22세의 나이로 죽었지만 이 소식은 월리스가 바라에 도착했을 때 아직 그곳에 전해지지 않은 상태였다. 이 무렵 월리스 자신도 병을 앓았는데 아마도 말라리아였을 것이다. 다행히도 1851년 말과 1852년 초에 스프루스가 바라에 머무르고 있었으므로 월리스가 병에서 회복하는 동안 두 사람은 긴 시간을 진화를 비롯한 여러 화제에 대해 토론하며 보냈다.* 회복한 뒤 월리스는 마지막으로 한 번 더 상류를 탐사한 다음 채집물을 가지고 해안을 향해 내려가기 시작했다. 그의 물품 중에는 작년에 보냈지만 서류가 갖춰지지 않아 발이 묶여 있던 커다란 상자 네 개도 있었다.

파라에서 월리스는 화물과 함께 범선 헬렌호에 올랐고, 배는 1852년 7월 12일에 닻을 올렸다. 그는 거의 출항하자마자 다시 한번 열병에 걸렸고, 대부분의 시간을 선실에서 지내면서 천천히 회복했다. 항해를 시작한 지 3주째에 화물에 불이 났다. 주로 고무를 실었던 까닭에 승무원과 승객은 배를 버리고 보트에 올라 화마가 범선을 삼키는 광경을 지켜보았다. 월리스의 모든 채집물, 다시 말해 그 시점까지 그의 평생을 바친 결과물이자 안락한 미래를 위한 희망이 연기 속에 사라졌다. 열흘 낮 열흘 밤이 지나 햇볕에 타고 바닷물에 젖은 채 배급품도 모자란 절망적 상태에 빠져 있을 때 생존자들은 범

---

* 허버트가 죽었다는 소식을 월리스에게 전한 사람은 스프루스였다.

진화의 오리진

선 조디슨호에 구조됐는데, 배에 오르고 보니 느리고 물이 새는 낡은 배인 데다 헬렌호의 생존자는 물론이고 원래의 승무원을 위한 음식도 넉넉하지 않은 상태였다.

난관은 아직도 남아 있었다. 자서전에서 월리스는 항해가 끝나 갈 무렵인 9월 29일 영국해협으로 다가가다가 배가 격렬한 폭풍우에 거의 침몰할 뻔한 사연을 생생하게 묘사한다. 그러나 1852년 10월 1일, 파라에서 출항한 지 80일이 지난 뒤 영국 켄트주 딜에서 뭍에 올랐다. 그는 입고 있는 옷 말고는 세상에 아무것도 남지 않았다는 생각이 들었다. 그렇지만 그가 두려워한 것만큼 사정이 암담하지만은 않았다. 스티븐스가 그의 화물에 200파운드짜리 보험을 들어 두었던 것이다. 평생을 설계하기에 충분한 돈은 아니었지만, 새로운 탐사를 계획하는 동안 고비를 넘기기에는 충분했다. 그리고 그의 새로운 계획은 그가 이제 런던의 과학계와 개인 수집가들 사이에서 어느 정도 알려져 있다는 사실 덕을 보게 된다.

과학자들이 월리스를 알고 있었던 것은 당시 관행에 따라 스티븐스가 그의 편지를 (베이츠의 편지도) 발췌하여 『자연사 연감 매거진』이나 『동물학자』 같은 학술지에 실었기 때문이다. 이 일반적 관행은 나중에 월리스와 다윈의 이야기에서 매우 중요해진다. 월리스는 곤충학회의 준회원이 됐고, 1853년 모임에서 논문 두 편을 발표했다. 다시 탐사를 떠날 자금을 마련할 가능성을 조금이라도 붙들고 있으려면 런던에서 지내야 했다. 이 무렵 형 존이 결혼을 위해 잉글랜드로 잠시 돌아왔다가 다시 캘리포니아로 떠났고, 매형인 토머스 심스의 사진 사업은 풀리고 있지 않았다. 앨프리드는 런던 리젠츠파크 부근의 주택에서 지내며 미래를 계획하는 한편 어머니와 패니와 토머스를 불러 함께 지내게 했다. 미래를 위한 계획의 첫 단계는 『아마존강과 네그루강의 야자수*Palms of the Amazon and Rio Negro*』라는 얇은 책을 써서 자신의 돈으로 출간하여 이름값을 높이는 것이었고, 그런 다음 『아마존강과 네그루강 여행기*A Narrative of Travels on the Amazon and Rio Negro*』를 써서 수익을 올리려 했으나 결국 9년 동안이나 수익이 나지 않았다. 그는 지식을 갈고 닦기 위해 대영박물관의 소장품을 살펴보고 도서관을 찾았다. 한번은 그곳을 찾은 또 다른 방문객인 찰스 다윈을 소개받기도 했다. 또 당시 일류 학회에 속하던 린네 학회에도 가고 큐 식물원에도 들렀다. 1852년 12월에는 토머스 헨리 헉슬리*Thomas Henry Huxley*가 동물학회에서 강의하는 것을 보았다. 재정 지원을 받으려면 어디를 가야 하는가 하는 질문은 이제 월리스에게는 초미의 관심사가 되어 있었다.

월리스가 말레이 제도로 떠나기로 결정한 데는 두 가지 요인이 작용한 것으로 보인다. 밴 와이는 빈 출신의 어느 비범한 여성이 말레이 제도에서 보내온 귀중한 표본을 스티븐스가 취급한 적이 있다는 점을 지적했다. 그 여성은 이다 라우라 파이퍼*Ida Laura Pfeiffer*로, 1797년 태어나 1842년 남편이 죽은 뒤 여행을 시작했다. 성지를 순례하고 유럽을 일주한 다음 1846년부터 1848년 사이에 세계를 일주하고 그 경험을 책으로 펴냈다. 1851년에 두 번째 세계 일주를 시작하여 동아시아에서 곤충을 보냈고, 그중 일부를 스티븐스가 대행하여 판매했다. 파이퍼는 1854년에 돌아와 1855년에 또 책을 한 권 출간하고 3년 뒤 빈에서 죽었다. 스티븐스는 파이퍼가 발견한 것들을 월리스에게 언급했을 것이 분명하다. 그는 또 월리스를 부유한 수집가 윌리엄 윌슨 손더스William Wilson Saunders와 연결해 주었고, 손더스는 월리스가 다음 탐사에서 채집하는 곤충을 대부분 사들이겠다고 약속했다. 1853년 초, 월리스가 동쪽을 향해 떠나겠다고 마음먹게 된 두 번째 요인은 또 한 명의 비범한 사람과 알고 지내게 됐다는 것이다. 정확히 어떻게 알게 됐는지는 오늘날 알려지지 않지만, 그 인물은 '사라왁의 백인 라자' 제임스 브룩 경James Brooke(1803~1868)이었다.

브룩은 영국령 인도에서 부유한 영국인 부모 밑에서 태어났다. 돈을 물려받아 범선을 구입했는데 우연한 기회에 브루나이의 술탄을 도와 반란을 진압했다. 그에 대한 보답으로 보르네오섬의 한쪽 귀퉁이에 있는 땅 사라왁의 '라자(왕)'라는 호칭을 하사받고 그 지역의 지배자가 됐다. 사라왁은 작은 싱가포르 형식의 자유무역항이 됐고, 브루나이 술탄에게는 명목상 충성을 지켰다. 그는 또 보르네오 주재 영국총영사로도 일했고 1847년에는 기사 작위를 받았다. 그의 왕조는 제2차 세계대전 중 일본이 침략해 들어올 때까지 지속됐다. 브룩은 조지프 콘래드의 소설『로드 짐Lord Jim』에 영감을 주었다고 보는 시각이 많다. 러디어드 키플링의 단편소설『왕이 되려 한 남자The Man Who Would Be king』에도 영감을 주었다고 보는 시각이 있지만 이 경우에는 개연성이 떨어진다. 브룩은 1853년 봄 잉글랜드에 있었으나, 그해 4월 떠나기 직전 월리스에게 편지를 보내 사라왁에서 만나면 매우 기쁘겠다는 말을 전하면서, 그곳의 자기 사람들에게 월리스가 정말로 그곳에 나타나면 잘 대하도록 지시해 두었다. 월리스는 이제 동쪽으로 갈 방법을 찾아내는 일만 남았다.

1854년 2월 27일 왕립지리학회가 그를 석학회원으로 선출했고, 월리스는 학회의 주선으로 해군함 프롤릭호에 무료로 승선하게 해 주겠다는 약속을 받아 냈다. 그리고 1854년 프롤릭호에게 내려온 명령이 바뀌어 최근 크림 전쟁이 벌어진 흑해를 향해 출항하게 됐을 때 그는 실제로 그 배 안에 있었다. 부랴부랴 하선한 월리스는 다른 방도가 나타날 때까지 다리품을 팔아야 했다. 그러나 이 '다른 방도'는 기다릴 만한 가치가 있었다. 지리학회장 로더릭 머치슨 경Roderick Murchison이 P&O 해운사의 1등 승객 여행을 주선한 것이다. 이 호사 덕분에 월리스는 14살 난 찰스 앨런Charles Allen을 조수로 데리고 배에 오를 수 있었다. 조수는 2등 승객이었으며, 처음에 오를 배는 P&O의 외륜선 익사인호였다. 두 사람은 1854년 3월 4일 출항했다. 월리스가 잉글랜드로 돌아온 지 18개월이 지나지 않은 때였다.

월리스의 말레이시아 여행은 현대인의 눈에는 느리고 성가셔 보이겠지만 1850년대로서는 빠르고도 (대체로) 고상한 여행의 전형이었다. 그보다 겨우 20년 전만 해도 다윈은 작디작은 범선을 타고 세계를 일주했는데 배 안의 환경은 넬슨 제독의 해군이나 한 세기 전 해군 장교들이나 익숙해져 있을 정도의 수준이었다. 이제 익사인호를 타고 편안하게 여행하는 월리스는 1854년 3월 20일 이집트의 알렉산드리아에 도착했다. 그곳에서 좋은 호텔에 묵으면서 알렉산드리아를 관광할 시간이 있었고, 운하를 따라 카이로에 도착한 다음 거기서부터는 육로로 수에즈까지 갔다. 육로를 갈 때 승객은 말 네 필이 끄는 대형 이륜마차에 나누어 탔고, 가는 길에 휴식 겸 말도 바꿀 겸 자주 멈췄다. (그로부터 몇 주 뒤 카이로와 수에즈를 잇는 철길이

진화의 오리진

개통됐다. 수에즈 운하는 1869년 개통됐다.) 수에즈에서 이들을 기다리고 있는 것은 벵골호로, 스크루 한 개로 구동하는 이 대형 정기선은 승객 135명을 1등실에 안락하게 태우고 다닐 수 있었다. 월리스와 앨런은 이 배를 타고 실론(오늘날의 스리랑카)의 갈까지 갔다. 갈에서는 다시 외륜선 포틴저호로 갈아탔고, 잉글랜드를 출발한 뒤 6주 정도가 지난 1854년 4월 18일 싱가포르에 도착했다. 월리스가 남아메리카로부터 돌아올 때와는 완전히 딴판인 여행이었다. 그의 무거운 짐과 장비는 비용은 싸지만 희망봉을 도는 더 느린 경로로 이동하고 있었으므로 7월에야 이들에게 전달된다.

싱가포르섬에 있는 동안 월리스는 중심 도시에서 벗어나 정글에 가까운 부킷티마에서 한동안 지내면서 곤충을 채집했다. 그가 그곳에 있을 때 후일 중국인 폭동이라 불리게 된 사건이 일어났다. 싱가포르섬에서 사는 두 중국인 공동체가 서로 충돌하면서 수백 명이 죽은 사건이다. 그러나 그는 이 혼란에 휩쓸리지 않은 것으로 보인다. 그는 그 다음 말라카에 들렀다가 그곳에서 다시 한 차례 열병에 걸려 대량의 퀴닌으로 치료를 받았다. 그리고 9월에는 싱가포르로 돌아와 있었다. 1854년 9월에는 라자 브룩도 해적 소탕 활동이 지나치다는 혐의로 조사위원회에 소환되어 싱가포르에 와 있었다. (그는 혐의를 벗는다.) 그 일로 신경 쓸 겨를이 없었을 텐데도 브룩은 월리스를 다시 만나 반가워했고, 그가 자리를 비운 동안 사라왁을 책임지고 있는 조카 존 브룩에게 라자가 돌아올 때까지 월리스를 잘 챙겨 주라는 내용의 편지를 써서 월리스에게 주었다. 그래서 월리스는 집으로 보낸 편지에 따르면 매우 유능하지만 매우 게으르기도 한 어린 조수와 함께 1854년 10월 17일 범선 워라프호에 올라 보르네오를 향해 출발했다.

한편 다윈은 따개비 연구를 끝내고 다시 진화로 관심을 돌리고 있었다. 늘 그렇듯 우리는 다윈이 언제 무엇을 하고 있었는지를 정확하게 알고 있다. 9월 9일, 그는 일지에 이렇게 적었다. "종 이론을 위해 노트 정리 시작." 그리고 자서전에서는 이렇게 들려준다. "1854년 9월부터는 종의 변성과 관련하여 내가 적어 둔 어마어마한 양의 노트를 정리하고 관찰하고 실험하는 데 내 모든 시간을 바쳤다." 이 연구에는 인위선택의 한 예로서 비둘기를 사육하는 일과 생각을 정리하는 데 도움이 되도록 전 세계의 인맥으로부터 생물 종을 조달하는 일도 포함되었다. 그 인맥 중 한 사람은 앨프리드 월리스였을 것이다.

월리스가 정확히 어디서 무엇을 하고 있었는지에 대해 우리는 다윈에 대해서만큼 잘 알지는 못한다. 그 이유는 그가 사라와크에서 지낸 첫 몇 달간의 활동을 적은 것을 포함하여 노트가 일부 소실됐기 때문도 있고, 또 이제 살펴보겠지만 그나마 남아 있는 노트에서도 기록에 첨부한 날짜가 부정확하기로 악명이 나 있기 때문이다. 그렇지만 솔직히 말하자면 한 번에 몇 주나 몇 달씩 문명 세계를 떠나 지내다 보면 오늘이 며칠인지 기억하기가 쉽지 않았을 것이 분명하다. 그러나 월리스와 앨런이 길도 없는 정글에서 단둘이 지냈다고 생각해서는 안 된다. 월리스는 많은 수의 현지인을 채집 일꾼으로 고용했을 뿐 아니라 어느 정도 편안한 야영 생활을 할 수 있도록 하인도 여럿 고용했고, 채집 활동을 효율적으로 벌이면서 기회가 될 때마다 런던으로 화물을 보내며 지냈다.

진화의 오리진

월리스가 여행 이야기를 책으로 쓰면서 독자의 흥을 돋우기 위해 모험 요소를 과장했으리라 짐작이 가고도 남지만, 그럼에도 그의 여행기는 재미있고 읽을 만하다. 피터 레이비Peter Raby가 쓴 전기는 월리스의 일생을 훌륭하게 살펴보고 있다. 그러나 말레이 제도에서 월리스가 한 활동의 알맹이를 알고 싶으면 밴 와이의 설명을 따를 것이 없다. 꼼꼼한 연구를 통해 중요 사건과 관련된 실제 날짜와 장소를 가장 잘 재구성하고 있기 때문이다.

중요 사건 중 최초의 것은 1855년 2월에 사라왁에서 일어났다. 우기라 채집이 불가능했으므로 월리스는 그동안 읽지 못했던 것들을 읽고 장차 쓸 책을 위해 노트를 쓰기 시작했다. 책에는 『생물체 변화 법칙에 관하여On the Organic Law of Change』라는 가제를 붙여 두었다. 이때 읽은 것 중에는 에드워드 포브스Edward Forbes가 쓴 글이 있었다. 원래는 1854년 2월 17일 지질학회장으로서 한 연설이었으나 근 1년 뒤 출판물 형태로 월리스에게 전해진 것이었다. 여기서 자세히 설명할 필요는 없지만 포브스는 신의 창조를 주제로 하는 한 가지 이론을 제안했는데, 월리스로서는 너무나 터무니없어 그에 대한 반론을 쓰게 됐다. 월리스는 이 반론 원고를 사라왁에서 2월 10일 워라프호 편으로 싱가포르를 경유하여 보냈거나, 그보다는 3월 6일 범선 다이도호 편으로 스티븐스에게 보내는 탁송품과 함께 보냈을 가능성이 더 높다. 반론은 「새로운 종의 등장을 조절해 온 법칙에 관하여」라는 제목으로 1855년 8월 『자연사 연감 매거진』에 실렸다.

애초에 포브스는 진화를 뒷받침하는 증거로 볼 수 있는 점진적 발달이 화석 기록에 나타난다는 생각을 인정하지 않았다. 월리스는 현재 지구상에서 볼 수 있는 생물 형태는 실제로 "오랫동안 끊임 없이 이어진 변화"의 결과물이라고 주장하며, "연체동물과 방사대 칭동물이 척추동물보다 먼저 존재했고, 어류로부터 파충류와 포유 류로 발달할 뿐 아니라 하등동물로부터 고등동물로 발달한 흔적을 화석에서 볼 수 있다는 것에는 반박의 여지가 없다"고 말했다. 그는 또 밀접한 관계에 있는 종은 공간적으로도 시간적으로도 서로 가까 운 곳에서 존재한다는 점을 강조하면서, "어떤 종이나 속이 서로 매 우 멀리 떨어진 두 장소에서 발견될 경우 반드시 그 중간 장소에서 도 발견되는" 한편 지질학적 기록에서 나중에 나타나는 종은 지구상 의 같은 지역에서 더 일찍 살았던 멸종한 종과 매우 비슷하다는 점 을 지적했다. 그러나 이런 발달이 항상 한 갈래로만 진행되는 것은 아니며, "둘 이상의 종이 공통의 원형[조상]을 바탕으로 따로 형성된 것도 있다"고 했다. 그러므로 진화를 생각하기 위한 가장 좋은 길은 "갈래나 가지가 많은 선으로" 생각하는 것이다. 이처럼 가지가 나 있 는 생명의 나무 이미지는 다윈도 독자적으로 떠올린 이미지다.

그러나 월리스는 신중하게도 이 논문에서 '진화'라는 단어는 언급 하지 않았다. 그는 가지를 치는 나무 비유는 종의 "창조가 계승됨"을 가리키며, 여기서 창조는 꼭 신의 개입이 아니라 자연적 과정을 동 반하는 것으로 이해할 수 있다고 말했다. 그는 한 종이 다른 종을 계승 하는 메커니즘은 구체적으로 설명하지 않았지만 다음과 같이 썼다.

지구를 생물로 가득 채우는 과정을 지배해 온 위대한 법칙은 … 모든 변화가 점진적일 것, 그 전에 존재한 어떤 것과도 크게 다른

진화의 오리진

생물이 새로 형성되지 않을 것, 그리고 그 과정에서 자연의 다른 모든 것과 마찬가지로 변화의 단계와 조화가 있을 것 등이다.

이것은 도약 이론뿐 아니라 작은 도약 이론에 비해서도 극적으로 개선된 것이었다. 그는 다음과 같이 결론을 내렸다.

모든 종은 전부터 존재해 온 가까운 종과 시간적, 공간적으로 겹치며 존재하기 시작했다.

이것은 '사라와 법칙'으로 알려지게 됐으며, 월리스는 새로운 종은 더 이전 종의 자손이라는 생각을 이 논문에서 언급하지는 않았지만, 그가 쓴 노트나 베이츠와 주고받은 편지에서 이것을 종의 계승 법칙 또는 종의 계승이라는 말로 언급했다. 구체적으로 적지는 않았지만 볼 눈이 있는 사람들은 그것을 알아볼 수 있었다. 그중 한 사람이 찰스 라이엘이었다. 그는 너무나 감명을 받은 나머지 1855년 11월 스스로 종에 관한 노트를 쓰기 시작하면서 공책 첫 쪽 첫머리에 '월리스'라는 이름을 적어 놓았다. 그는 또 이 논문을 추천하는 편지를 다윈에게 보냈다.

다윈은 처음에 '창조'라는 용어를 신의 개입을 나타내는 말로 받아들이고 그다지 깊은 인상을 받지 않았다. 그는 자신이 가지고 있는 『자연사 연감 매거진』 여백에 "창조를 발생이라고 쓴다면 전적으로 동의"라고 적었다. 여기서 '발생'은 부모로부터 자식으로 이어지는 것을 줄여 쓴 말이다. 그러나 『종의 기원』에서는 "이제는 편지를 주고받으면서 월리스가 말하는 이것이 변형이 수반되는 발생을 가리킨다는 것을 알고 있다"고 적게 된다.

다윈이 이 논문을 처음 읽었을 때 이것을 알아차리지 못했다는 것이 특히 뜻밖인데, 월리스가 다음처럼 갈라파고스에서 다윈 자신이 관찰한 내용을 예로 들었기 때문이다.

> 우리는 서로 떨어진 여러 섬에 각기 특유의 종이 있는 이유를 원래 이주해 온 종이 모든 섬에 그대로 퍼진 다음 섬마다 각기 다르게 변형된 원형이 만들어졌거나, 아니면 섬에서 섬으로 단계적으로 퍼져 나갔지만 각 섬마다 그 전 섬에서 만들어진 종의 설계에 따라 새로운 종이 만들어졌고 그 새로운 종이 그 다음 섬으로 퍼져 나갔을 것이라고 설명할 수 있다.

'설계'가 한 세대로부터 다음 세대로, 부모로부터 자식으로 전달되고 그러는 과정에서 변형이 일어난다고 상상하기는 그리 어렵지 않다. 밴 와이에 따르면 월리스는 스스로 진화론자라고 확실히 밝히지 않으면서 "진화론적 설명과 완전히 일치하는 방식으로" 증거를 내놓았다. 그는 이렇게 함으로써 어떤 반응이 일어나는지를 시험해 보고 있었다. 그리고 스스로 그저 채집가가 아니라 과학 사상가로 자리매김하고 있었다. 이 모든 것이 그가 계획한 책을 위한 준비였다.

이 논문은 당시 그다지 반향을 일으키지 않았고* 그래서 월리스로서는 좀 의아했다. 어쩌면 자신의 생각을 발표하면서 너무 신중했

진화의 오리진

는지도 모른다는 생각이 들었다. 그러나 늦게나마 다윈으로부터 반응이 왔다. 다윈이 1857년 5월에 쓴 편지는 둘 사이에 오고간 편지 중 오늘날 전해지는 최초의 것으로, 지금은 소실되고 없는 편지에 대한 답장이었다. 편지에서 그는 다음과 같이 적었다.

> 당신의 편지를 읽고 또 1년인가 더 전에 연감에 실린 당신의 논문을 보니 우리가 많이 비슷하게 생각하고 또 어느 정도 비슷한 결론에 다다랐다는 걸 더욱 잘 알 수 있었습니다. 연감에 실린 논문과 관련하여 당신 논문의 거의 모든 낱말이 진실이라는 데 동의합니다. 그리고 감히 말하건대 어떤 이론을 다룬 논문이든 그 내용에 상당히 가깝게 동의하게 되는 일이 매우 드물다는 점에는 당신도 동의할 것입니다. 동일한 사실을 가지고 사람마다 다른 결론을 내리는 것을 보면 참으로 통탄스럽습니다. …
>
> 이번 여름이면 제가 종과 변종이 서로 어떤 방식으로 어떻게 다른가 하는 문제에 관해 처음으로 노트를 쓰기 시작한 지 20주년(!)이 됩니다. 지금 저의 연구를 출판할 준비를 하고 있지만, 이 주제가 너무나 커서 지금까지 여러 장을 써 놓기는 했어도 출판하기까지 앞으로 2년은 걸릴 것으로 보입니다.

---

* 적어도 베이츠는 그 의미를 알아차렸다. 그는 월리스에게 이렇게 썼다. "그 생각은 진리 자체 같아. 너무나 단순하고 빨라서 그걸 읽고 이해하는 사람들은 그것이 참 쉽다는 점에 감명을 받을 거야. 게다가 완벽하게 독창적이야." 희한하게도 이것은 헉슬리가 다윈의 이론을 처음 알게 됐을 때 보인 반응과 비슷하다. (214쪽 참조)

이 부분은 이따금 진화를 설명하는 일은 다윈이 개인적 사명으로 생각하고 있으니 젊고 경험도 적은 사람은 물러나 있으라고 월리스에게 경고하는 것으로 해석되기도 했다. 그러나 그런 해석은 가능성이 낮아 보이며 다윈의 성격과도 어울리지 않는다.* 월리스는 1858년 1월 4일 베이츠에게 쓴 편지에서 이 편지를 언급했다.

> 이 주제에 대해 많이 생각해 보지 않은 사람은 '종의 계승'에 관한 내 논문을 아무래도 너처럼 명확하게 이해할 것 같지 않아. 그 논문은 물론 그 이론을 그냥 발표하는 것일 뿐 이론을 전개한 게 아니야. 나는 그 주제 전체를 다루는 책을 계획하고 부분적으로 써 놓기도 했어. … 다윈에게서 온 편지에서 그분이 내 논문의 '거의 모든 낱말'에 동의한다고 말하는 걸 보고 참 고마웠어. 그분은 지금 '종과 변종'에 관한 역작을 준비하고 있고, 그걸 위해 자료를 20년째 모으고 있어. 그분이 자연에는 종과 변종의 기원에 차이가 없다는 것을 증명한다면 그 덕분에 나는 내 가설의 두 번째 부분을 쓰는 수고를 안 해도 될지도 몰라. 다른 결론을 내린다면 수고를 해야 되겠지. 그러나 어떻든 간에 그분이 내놓는 사실이 나로서는 책을 쓰기 위한 바탕이 되겠지.

월리스가 말하는 "내 가설의 두 번째 부분"은 다윈이 말한 '발생'

---

* 이전에 우리가 펴낸 책에서는 이것을 월리스에게 물러나 있으라고 경고하는 내용이라고 잘못 해석했다. 그러나 지금은 전혀 그런 내용이 아니라고 보고 있다.

진화의 오리진

에 관한 생각을 가리키는 것이 분명하다. 월리스는 1858년 초에도 아직 자연선택이라는 생각을 떠올리지 못했다. 다윈의 편지를 있는 그대로가 아닌 다른 것으로 받아들일 이유가 없다. 그 편지로 월리스가 진화에 관한 생각을 발전시키는 일을 단념하지 않은 것은 확실하다. 다만 1855년 비가 그치고 채집이 다시 가장 중요한 일거리가 됐을 때 월리스는 그런 생각을 한옆으로 밀쳐놓을 수밖에 없었다. 그러나 일을 다시 시작하기 전에 그는 노트에다 라이엘이 '종의 균형'을 언급한 데 대한 자신의 논평을 적었다. 그는 "균형이 아니라 종종 한쪽이 반대쪽을 절멸시키는 투쟁"이 있는 것으로 보았다.

월리스는 3월부터 9월까지 1855년의 대부분을 보르네오에서 채집하며 보냈다. 그곳에서 아프리카 밖에서 (사람 말고는) 유일하게 사람과에 속하는 동물인 오랑우탄과 마주쳤다. 채집 일꾼 중 한 명이 날개구리도 한 마리 가져왔다. 이것은 발에 커다란 물칼퀴가 있어서 나무에서 떨어질 때 활공하거나 적어도 부드럽게 떨어질 수 있는 개구리다. 그때까지 서양 과학계에 알려져 있지 않은 동물이었으므로 이것은 월리스의 '발견' 중 하나가 됐고 지금도 '월리스날개구리'라 불린다.

그러나 이런 활동을 하던 중 월리스는 발을 다쳤고, 채집 일꾼들이 채집 활동을 계속하는 사이에 7월의 대부분과 8월의 얼마 동안을 집에서 지내게 됐다. 덕분에 종에 대해 더 생각하고 또 라이엘의 『지질학의 원리』를 다시 읽을 기회가 생겼다. 그는 다음과 같이 적었다.

우리는 지구와 거기 사는 생물의 현재 상태는 과거에 항상 작용

하고 있었고 지금도 계속 작용하고 있는 원인에 의해 그 직전 상
태가 수정된 자연적 결과라고 믿지 않을 수 없다.

그는 또 새로운 종은 이전 종이 멸종하지 않고서도 등장할 수 있
다는 것을 깨달았다.

발달 이론이 성립하려면 조직 수준이 하등한 생물체 집단의 몇
몇 표본이 더 고등한 어떤 생물체 집단보다도 더 먼저 나타나기
만 하면 된다.

오늘날조차도 "사람이 원숭이로부터 진화했다면 왜 아직 원숭이
가 있는가?" 하고 묻는 사람들이 있다. 한쪽이 다른 쪽으로 진화한
게 아니라 두 종이 모두 공통의 조상에서 진화했다는 사실은 차치하
고라도, 월리스의 견해는 저 질문을 그 자체의 논리로 논박한다! 그
리고 그는 이렇게 묻는다. "나귀와 기린과 얼룩말 사이에는 개의 두
가지 변종[그레이하운드와 불도그] 사이보다 더 본질적 차이가 있
는가?" 그리고 길들인 종류의 개, 닭 등은 공통의 혈통에서 나왔다
는 것을 우리가 알고 있기 때문에 별개의 종으로 간주하지 않는 반
면, 야생동물의 경우에는 그렇게 믿지 않는다고 결론을 내린다. 그
는 그 믿음이 잘못된 것이 분명하다고 생각한다.

사라와에 돌아온 월리스는 크리스마스를 브룩 및 그의 수행원
들과 함께 보내고 (체스에 대한 열정에서도 두 사람은 의기가 투합했다)
1856년 1월 33번째 생일을 맞았다. 이 무렵 그는 다윈으로부터 처음

진화의 오리진

으로 연락을 받았는데, 비둘기를 비롯한 새들의 가죽을 보내 달라는 내용의 편지였다. 이것은 개인적 연락이 아니라 전 세계에 흩어져 있는 스무 명 이상의 채집가들에게 보낸 본질적으로 똑같은 요청 중 하나였다. 월리스가 받은 편지는 남아 있지 않지만, 오늘날 남아 있는 편지들에는 다음과 같은 내용이 있는데, 월리스가 받은 편지에도 씌어 있었을 것이고 그의 관심도 사로잡았을 것이 분명하다.

> 저는 오랫동안 변종과 종의 기원이라는 수수께끼 같은 주제를 가지고 연구해 왔습니다. 그리고 이를 위해 동물을 길들일 때의 효과를 연구하고자 하며, 비교적 크기가 작은 길들인 새들과 네 발짐승의 가죽을 전 세계로부터 수집하고 있습니다.

이것은 월리스의 사라왁 논문과 관련하여 앞서 언급한 다윈의 1857년 5월 편지를 전체적 맥락에 놓고 볼 수 있게 해 주는 내용이다. 다윈이 종 문제를 연구하고 있다는 것은 비밀이 아니었고 그것도 이미 오래전부터 연구하고 있었다. 이것을 1857년 편지에서 '누설'한 것은 누설 같은 것이 전혀 아니며 월리스도 놀라지 않았을 것이다.

월리스 역시 딱정벌레목의 곤충인 길앞잡이가 해변에서 달음질치는 것을 보고 "사라왁의 흰 모래 색과 희한하게 어울린다"라고 노트에 적었다. (길앞잡이는 영어로 '호랑딱정벌레tiger beetle'라 불리는데, 몸의 무늬 때문이 아니라 먹이를 사냥하기 때문에 붙은 이름이다.)* 이것이 그의 머릿속에 남았고, 이내 진화에 관한 생각에서 중요한 자극 요소가 된다.

1857년 2월 10일 사라왁을 떠날 때 월리스는 앨런을 그곳에 남겨 두고 알리라는 사람을 하인으로 데리고 떠났는데 나중에 그는 월리스가 필요로 하는 유능한 조수가 된다. 앨런은 그곳의 선교사가 맡아 가르쳤고 나중에 교사가 된다. 월리스가 먼저 향한 곳은 싱가포르였다. 그곳에서 자신의 일을 정리하고, 무엇보다도 연구를 계속하려면 스티븐스가 보낸 돈을 찾아야 했다. 이 일은 그가 바란 것보다 훨씬 오래 걸렸다. 그러나 한편으로는 종에 관한 내용은 아니더라도 글 두 편을 쓸 기회가 됐고, 내륙에서 약간의 채집도 했으며, 잉글랜드의 비치 수목원을 위해 일하는 식물 채집가 토머스 로브 Thomas Lobb(1817~1894)도 만났다.** 월리스가 싱가포르에서 최대한 시간을 때우고 있는 동안 잉글랜드에서는 일이 진행되고 있었다. 라이엘이 어느 주말 다윈을 찾아 다운하우스에 들른 것은 1856년 봄이었고, 이때 다윈은 라이엘에게 자연선택에 관한 자신의 생각을 드러냈다. 월리스가 사라왁에서 쓴 논문의 의미를 제대로 이해한 소수의 인물 중 하나였던 라이엘은 다윈에게 책을 완성할 때까지 기다리지 말고 적어도 이론의 윤곽만이라도 출판하여 선수를 확정 지으라고 종용했다. 다윈은 라이엘의 충고를 부분적으로 받아들였다. 그는 단순한 논문을 출판할 생각은 없었다. 그래서 쓰고 있던 대작을

---

* 한편 '길앞잡이'라는 한국어 이름은 다가오는 동물에 놀라 풀쩍 날아 저만치 앞에 가서 앉고 다시 저만치 날아가 앉는 것이 마치 길을 안내하는 것 같다 하여 붙은 이름이다. (옮긴이)

** 우리가 낸 책 『꽃 사냥꾼』에서도 로브를 자세히 다룬다.

진화의 오리진

잠시 미뤄 두고 짤막한 책을 준비했는데 그는 이 책을 언제나 자기 이론의 '스케치'라 불렀다. 1856년 5월 14일 그는 노트에 "라이엘 교수님의 충고에 따라 종 스케치를 쓰기 시작함"이라 적었다. 작업이 진행되면서 책의 장이 하나씩 완성될 때마다 일지에다 기록했다.

다윈이 책을 쓰기 시작했을 때 월리스는 다시 여행길에 올라 발리를 거쳐 롬복섬을 향해 나아갔다. 롬복은 셀리비즈섬(오늘날 술라웨시섬)의 마카사르로 가는 배를 기다리는 경유지였다. 그는 6월 17일 롬복에 도착했다. 그가 그 하나만으로도 역사에 이름이 남을 만한 관찰을 한 장소가 바로 이곳이었다. 오스트레일리아와 아시아의 동식물 사이에 뚜렷한 차이가 있다는 사실은 오래전부터 알려져 있었다. 그 한 가지 눈에 띄는 예는 환경 조건이 똑같은데도 한 곳에는 유대 포유류가 있고 다른 곳에는 태반 포유류가 있다는 것이다. 그러나 월리스가 오기 전에는 그 둘 사이를 가르는 선이 얼마나 선명한지를 누구도 제대로 이해하지 못했다. 1856년 8월 21일 롬복에서 스티븐스에게 보낸 편지에서 월리스는 이 지역 동물의 지리적 분포를 다음과 같이 논했다.

> 예를 들면 발리와 롬복섬은 크기가 거의 같고, 토양도 같고, 섬의 방향, 고도, 기후도 같고 서로 바라볼 수 있는 거리에 있지만, 그러면서도 거기 사는 동물은 상당히 다릅니다. 그리고 실제로 서로 매우 다른 두 생태 지역에 속하며 그 두 지역의 끝점에 해당합니다.

먼 곳에서 온 흥미로운 소식을 전하는 관행에 따라 스티븐스가 월리스의 편지*를 발췌한 것이 1857년 1월 『동물학자』에 실렸다. 월리스는 여행을 계속하면서 그 두 '생태 지역' 사이의 경계를 측량사의 눈으로 계속 관찰했고, 1858년 1월 베이츠에게 보낸 편지에서 그 사이에 '경계선'이 있다고 했다. 그렇지만 그가 논문을 낸 것은 잉글랜드로 돌아오고 난 뒤인 1863년의 일이다. 논문에는 이 지역 지도가 포함되어 있는데 그 경계선이 붉은색으로 표시됐다. 이것은 월리스 선이라는 이름으로 알려졌다. 다만 선의 정확한 위치는 그 뒤의 연구에 따라 조정됐다.

월리스는 두 지역이 존재하는 것은 예전의 두 대륙이 바다 밑으로 가라앉으면서 분리된 결과라고 생각했다. 오늘날 우리는 오스트레일리아의 독특한 종들은 오스트레일리아와 아시아가 훨씬 더 멀리 떨어져 있을 때 진화했고, 두 대륙은 판 구조론의 느린 과정에 따라 수백만 년에 걸쳐 수직이 아니라 수평 방향으로 움직인 끝에 현재 위치에 이르렀다는 것을 알고 있다. 월리스 선은 생물의 진화 이해와 우리 행성의 지질학적 진화 이해 모두에서 중요하다.

1856년 9월에 월리스는 마카사르에 있는 네덜란드인 정착지로 옮겨 갔다. 이곳은 철저히 문명화된 소도시였지만 열병을 벗어나지는 못했고, 그곳에서 지내는 동안 월리스와 알리 모두 열병을 앓았

---

* 탁송한 표본과 함께 보낸 편지에는 다윈이 편지로 월리스에게 새들을 구해 달라고 요청한 일을 그가 처음으로 언급한 다음과 같은 내용도 포함되어 있었다. "집오리는 … 다윈 씨에게 보내는 것입니다."

다. (말라리아가 거의 확실하다.) 10월에 월리스는 다윈에게 편지를 썼는데 이 편지는 오늘날 남아 있지 않다. 1857년 5월 1일 자로 표시된 다윈의 답장은 앞서 언급했다. 이 답장으로 볼 때 월리스가 보낸 편지에는 우리의 관점에서 중요한 것은 없었으나 두 사람이 이제 직접 편지를 쓰는 사이가 됐음을 알 수 있다.

12월 18일 월리스는 마카사르를 떠나 동쪽으로 1,600여 킬로미터 떨어진 아루 제도에 도착하여 1857년 7월까지 머무른다. 그의 주요 목표는 극락조를 찾아 채집하는 것이었는데, 관심도 있었거니와 극락조 가죽은 잉글랜드에서 비싼 값을 받을 수 있기 때문이기도 했다. 이 목표는 충분히 달성했다. 그는 스티븐스에게 보내는 편지에 이렇게 썼다. "저는 이제까지 극락조를 쏘고 가죽을 벗긴 (그리고 먹은) 유일한 잉글랜드인일 겁니다." 그러나 극락조의 아름다움은 수수께끼였다. 그는 저서 『말레이 제도 The Malay Archipelago』에서 이 문제를 다음처럼 논했다.

한편으로는 이처럼 훌륭한 짐승이 일생 동안 이처럼 사람이 살 수 없는 지역에만 살면서 그 매력을 뽐내야 한다는 생각에 슬픈 마음이 든다. … 이것을 생각하면 살아 있는 모든 생물이 인간을 위해 만들어진 게 아니라는 것을 확실히 알 수 있다.

월리스는 7월에 마카사르로 돌아와, 아루 제도에서 채집한 것들을 스티븐스에게 보냈다. 이것은 그에게 거의 1천 파운드라는 액수를 안겨 준다. 그런 다음 그는 정착하여 계획된 책을 위해 노트를 쓰기 시작했다. 중요한 한 구절은 이렇다. "우리가 알고 있는 모든 변종은 자식이 부모와 다르게 **태어날** 때 만들어진다. 이렇게 태어난 자식이 같은 종류를 퍼트린다." 그는 아루 제도에서 발견한 종을 관찰한 내용도 적었다. 그러나 진화에 관한 그의 생각이 어떻게 전개되고 있는지를 이해하는 데 가장 중요한 것은 이때 쓴「영구적, 지리적 변종 이론에 관한 노트」로, 이것은 1858년 1월『동물학자』에 수록된다. 그는 "**종**이란 무엇인가?" 하고 질문한 다음 이렇게 말한다.

> 종과 변종은 본질이 다른 게 아니라 정도만 다르다. … 둘을 구분하는 선은 너무나 희미하기 때문에 그 존재를 증명하기는 극도로 어려울 것이다.

다윈과 편지를 주고받은 것 역시 도움이 됐다. 1857년 9월과 11월 사이에 월리스는 조금 더 내륙인 마로스강 상류 쪽에서 지냈다. 9월 27일 다윈에게 편지를 보냈는데 오늘날 이 편지는 감질날 정도의 조각만 남아 있다. 다윈이 그 뒷면에 재규어에 관해 적어 둔 메모를 보관하기 위해 잘라 냈기 때문이다. 월리스는 그해 5월에 다윈이 보낸 편지에서 용기를 얻었다며 고마움을 표한 뒤, 사라왁 논문에 대한 반응이 없어 실망했다고 고백하면서 그 논문에 대해 다음처럼 말한다.

> 물론 [저의 이론을] 자세히 증명하려는 예비 작업에 지나지 않습니다. 제 이론에 대한 계획은 세워 두었고 일부 쓰기도 했습니다만, 그러자면 물론 잉글랜드의 도서관과 표본실에 가서 많이

연구해야 합니다.

다윈이 월리스가 (가능성이 낮지만) 자기보다 먼저 책을 낼지도 모른다고 정말로 염려하고 있었다 쳐도 이 편지를 받고 안심했을 것이다. 월리스 역시 다윈 자신과 마찬가지로 서두르고 있지 않는 데다, 잉글랜드로 돌아오기 전에는 책을 완성하지 않을 것이라는 내용이기 때문이다.

마카사르로 돌아온 월리스는 길앞잡이를 몇 마리 더 발견했다. 녀석들은 반짝이는 갈색 진흙 위에서 살고 있었는데 진흙과 색이 너무 비슷하여 오로지 그림자로만 알아볼 수 있었다. 사라왁에서는 흰색 길앞잡이가 흰 모래 위에서 살고 있었다. 한편 마카사르에서는 갈색 길앞잡이가 갈색 진흙 위에서 살고 있었다. 각기 자기가 살고 있는 배경과 완벽하게 어울렸다. 아직은 그 이유를 설명할 수 없었지만 그는 이 발견이 머릿속에 남았다.

11월 19일 월리스는 마카사르를 떠나 느릿느릿 단계적으로 트르나테라는 작은 섬을 향해 나아갔다. 적도에서 북쪽으로 77킬로미터 정도 떨어진 이 섬에서 종 수수께끼의 조각들이 마침내 아귀가 맞아떨어진다. 그는 이곳에 1858년 1월 8일 도착했다. 앞으로 3년간 그의 활동 근거지가 될 집을 빌려 정착한 다음 근처에 있는 질롤로섬(오늘날 할마헤라섬)으로 탐사를 떠날 준비를 했으나, 출발하기 전에 다시 한바탕 열병을 앓았다. 그 다음 있었던 일에 대한 날짜별 기록은 혼란스러운데, 월리스가 쓴 글에서 말하는 날짜가 당시 그가 쓴 일지와 항상 일치하지는 않는 데다 그중 일부는 일치하지 않는 정도가 아니라 예컨대 '2월 20일'을 '1월 20일'로 써 두는 식으로 아예 잘못된 것이 확실하기 때문이다. 그러나 밴 와이는 실제 사건의 흐름을 꼼꼼하게 재구성하여 월리스의 인생에서 가장 중요한 몇 주간 어떤 일이 있었는지를 알 수 있게 해 주었다.

『나의 인생』에서 월리스는 영감이 번뜩 떠오른 데에는 맬서스의 에세이가 중요하게 작용했음을 강조한다. 그는 1858년 2월 초 간헐적인 열병 발작 때문에 건강을 회복할 때까지 질롤로를 들를 계획을 미룰 수밖에 없었다.

> 어느 날 어떤 것 때문에 맬서스의 '인구론'이 기억에 떠올랐다. 12년 전쯤 읽은 논문이었다. 그는 질병, 사고, 전쟁, 기근 등 '증가를 억제하는 실제적 요인' 때문에 야만 인종의 인구가 상대적으로 문명화된 사람들보다 평균적으로 훨씬 낮은 수준으로 유지된다고 명확히 설명하고 있었다. 그것을 생각하다가 그런 원인 또는 그와 동등한 원인이 동물의 경우에도 끊임없이 작용하고 있고, 또 동물은 대개 인류보다 훨씬 빠르게 번식하기 때문에 그런 요인 때문에 사멸하는 숫자가 어마어마할 것이 분명하다는 생각이 들었다. … 일부는 살고 일부는 죽는 이유는 무엇인가를 질문해야 한다는 생각이 들었다. 그리고 그 대답은 전체적으로 가장 적합한 것이 살아남는다는 것이 분명했다. … 생각하면 생각할수록 오랫동안 찾아 헤매던 종의 기원 문제를 해결하는 자연법칙을 드디어 찾아냈다는 확신이 들었다.

진화의 오리진

'그 날 저녁' 노트를 적은 다음 월리스는 이틀 동안에 걸쳐 자신의 이론을 「변종들이 원래 유형으로부터 무한정 벗어나려는 경향에 관하여」라는 제목의 에세이 형태로 꼼꼼하게 적었다. 후일 그는 이것을 그 다음 우편선 편으로 다윈에게 보내기 위해서였다고 회고했다. 다윈이 그것을 읽을 이상적 인물이라고 생각해서가 아니라 라이엘에게 전달해 주기를 바라기 때문이었다. 월리스는 라이엘과 직접 연락하는 사이가 아니었으나 의견을 물어볼 가장 적당한 인물로 생각했다. 이와 같은 설명에는 약간의 의문점이 남고, 또 원래 그냥 그가 계획하고 있는 책을 쓸 때 활용할 수 있도록 생각이 아직 머릿속에 생생하게 남아 있을 때 적어 놓고 싶다는 이유 때문에 에세이를 썼을 수도 있다. 이 에세이에는 '트르나테, 1858년 2월'이라고 표시되어 있었으므로 완성된 정확한 날짜조차 우리는 모른다. 그렇지만 좀 더 흥미로운 질문은 이것이다. 월리스가 맬서스의 논문을 생각하게 만든 저 '어떤 것'은 무엇이었을까?

가장 가능성이 높은 것은 길앞잡이를 관찰한 일일 것이다. 에세이를 완성한 지 2주밖에 지나지 않은 3월 2일 그는 베이츠에게 보낸 편지에서 자신이 연구한 두 종류의 길앞잡이에 대해 다음과 같이 썼다.

> 녀석들은 해변 곤충이야. … 전자는 사라왁의 모래와 희한하게 어울리는 색인 반면 후자는 서식지의 어두운 화산모래와 어울리는 색이야. 다른 종류는 강둑에서 살고, … 또 다른 종류는 … 짠물이 흐르는 샛강의 부드럽고 반짝이는 진흙에서 발견했는데 색이 너무나 정확하게 일치해서 그림자가 아니면 눈에 전혀 안

띌 정도야. 이런 여러 사실이 오랫동안 수수께끼였는데, 최근 이런 것들을 자연스레 설명할 수 있는 이론을 하나 생각해 냈어.

마지막 문장은 자연선택을 깨달은 일과 길앞잡이의 외양을 명확하게 연결하고 있다. 그리고 에세이 자체에서도 다음과 같이 말한다.

많은 동물 특히 곤충은 주로 서식하는 흙이나 나뭇잎, 줄기와 매우 닮은 색을 띠는데 이것은 같은 원칙으로 설명된다. 오랜 세월 동안 수많은 다양한 색깔이 나타났겠지만, 적으로부터 숨기에 가장 적합한 색을 띤 종족들이 필연적으로 가장 오래 살아남을 것이다.

이것은 자연선택에 의한 진화를 간결하게 표현한 것이다. 한 세대에서 어떤 개체가 죽고 어떤 개체가 살아남는 것은 우연 때문이 아니다. 살아서 번식하는 개체는 주위의 조건에 가장 적합한 것들이 분명하다. 특정 색을 띠는 장소에서 여러 빛깔의 길앞잡이가 살고 있다면 포식자는 배경과 가장 달라 보이는 개체를 쉽게 찾아내 잡아먹을 것이다. 살아남은 개체는 번식하여 그 전 세대에 비해 배경색에 더 가까운 자식들을 낳을 것이고, 다시 그중에서 잘 위장하지 못한 개체들이 먼저 잡아먹힐 것이다. 여러 세대가 지나고 나면 색이 배경색과 "너무나 정확하게 일치해서 그림자가 아니면 눈에 전혀 안 띨" 정도가 될 것이다.

앞으로 살펴보겠지만 이 에세이에는 이 외에도 훨씬 많은 내용이 있었다. 그런데 이것을 원래 다윈과 라이엘에게 보내려 했다는 말을 우리가 의심하는 이유는 무엇일까? 그리고 언제 그들에게 보냈을까?

월리스는 3월 1일에 질롤로섬에서 돌아왔고, 그로부터 8일 뒤 잉글랜드로부터 편지가 도착했다. 그중에는 1857년 12월 22일 자로 다윈이 쓴 편지가 있었는데 월리스가 9월 27일 쓴 편지에 대한 답장이었다. 다윈의 답장에는 월리스가 쓴 사라왁 논문이 라이엘을 비롯한 '좋은 사람들' 눈에 띄었다고 안심시켜 주는 내용과 다음과 같은 논평이 들어 있었다. "그 논문에서 당신의 결론에 동의하기는 하지만, 제가 당신보다 훨씬 앞서 나아가고 있다고 생각합니다. 다만 [여기서는] 다루기가 너무 긴 주제군요." 월리스는 이때 라이엘이 자신의 연구에 흥미를 보였음을 처음으로 알았다. 이 편지에 힘입어 그는 다윈에게 보내는 답장에 자신의 에세이를 동봉하면서, 자서전 『나의 인생』에서 설명한 것처럼 다윈에게 "저의 에세이가 충분히 중요하다고 생각되면 제가 앞서 쓴 논문을 그렇게 높이 평가해 준 찰스 라이엘 경에게 보여 주십시오" 하고 부탁했다.

밴 와이의 재구성 덕분에 우리는 트르나테 에세이를 따라가면서 말레이 제도에 있는 월리스로부터 켄트주의 어느 마을에 있는 다윈으로 초점을 옮겨 갈 수 있다. 월리스는 3월 25일 다시 여행길에 올랐다. 이번 목적지는 뉴기니섬이었다. 그러나 4월 5일 트르나테에서 출항하는 다음 우편선 편으로 다윈에게 보낼 소포를 남겨 두었다. 이 소포는 여러 번 우편선을 갈아타면서 수라바야, 바타비아, 싱가포르를 거쳐 갈에 5월 10일 도착했다. 갈에서 해로를 따라 수에즈에 6월 3일 도착했고 이어 육로로 알렉산드리아로 이동했다. 증기선 콜롬보호가 6월 5일 알렉산드리아를 출발하여 6월 16일 영국 사우샘프턴에 다다랐고, 소포는 6월 17일 런던에 도착했다. 그리고 다윈은 월리스의 편지와 에세이가 들어 있는 소포를 1858년 6월 18일 다운하우스에서 받았다고 일지에 적었다. 트르나테를 출발한 지 75일쯤 지나서였다. 그로부터 보름이 지나지 않은 7월 1일, 쓰인 지 5개월 정도가 지난 뒤 이 에세이는 과학계 전체에 발표된다. 그때까지 다윈과 친구들은 바쁜 2주간을 보냈다.

진화의 오리진

6

다윈과 윌리스

월리스의 트르나테 에세이가 다운하우스에 도착했을 때 다윈은 자신의 종 이론, 즉 자연선택에 의한 진화 이론을 담은 '스케치'의 완성에 많이 가까워져 있었다. 얼마나 가까워져 있었는지, 그리고 월리스로부터 온 연락이 얼마나 충격적이었을지는 그때까지 그의 진행 상황을 요약해 보면 알 수 있다.

비글호의 항해에서 돌아왔을 무렵 다윈은 진화는 사실이라고 확신하고 있었다. 그를 비롯하여 진화론자들이 부딪친 문제는 진화가 작용하는 메커니즘을 찾아내는 것이었다. 그가 『종의 변형The Transformation of Species』을 다룬 노트의 첫 권을 쓰기 시작한 것은 1837년으로 맬서스의 에세이를 읽은 이듬해였다. 진화가 일어나는 원인은 생존투쟁이며 그것도 다른 종과의 경쟁이 아니라 **같은** 종 내 구성원 간의 경쟁이라는 것을 깨닫게 된 계기는 바로 맬서스의 에세이였다. 사자는 먹이가 되는 동물과 경쟁하는 게 아니라 먹이를 잡을 능력을 두고 다른 사자와 경쟁한다. 먹이가 되는 동물은 사자와 경쟁하는 게 아니라 사자로부터 달아나기 위해 자기 종 안의 다른 구성

원들과 경쟁한다. 사냥꾼 두 명이 회색곰에게 쫓기는 옛 우스개의 이면에 있는 진실은 바로 이것이다. 두 사람 중 누구도 곰보다 빨리 달릴 수 없지만, 다른 사냥꾼보다 빨리 달리는 사냥꾼은 살아남는다. 다윈은 이런 생각을 (역사학자들이 1839년에 썼다고 판정한) 문서에다 개략적으로 담았고, 이어 1842년에는 연필로 '스케치'했으며, 그것이 1844년에는 더 공식적인 문서로 발전했다.

그러나 그게 전부가 아니었다. 우리에게는 다윈이 이 무렵 자신의 거대한 이론에 대해 하고 있던 생각, 혹시라도 그에게 무슨 일이 생길 경우 그것이 사라지지 않게끔 확실히 해 두고 싶은 욕망, 그리고 자신이 먼저라는 사실을 확실히 인정받고 싶은 자연스러운 바람 등을 엿볼 수 있는 진기한 연구가 있다. 이것은 창의적 사고의 성격에 흥미를 가졌던 미국인 심리학자 하워드 그루버Howard Gruber가 특별히 다윈이 일하는 방식을 추리 연구한 덕분이다.[29] 오늘날 『비글호의 항해』라는 이름으로 알려졌으나 실제 제목은 『연구 일지』인 책의 1845년 제2판에서 다윈은 앞에서 언급한 대로 책 여기저기에 새로운 내용을 많이 추가했다. 이 개정판은 다윈이 연필 '스케치'를 완성한 지 3년 뒤, 그리고 마을 학교 교사가 정서正書한 더 공식적인 논문을 쓴 지 겨우 1년 뒤에 출간됐다. 또 다윈이 따개비에 관한 역작의 집필을 시작하기 직전에 완성됐다. 이 모든 것은 저 걸작을 쓰기 시작하기 전에 정리 차원에서 이루어진 것이 분명하며, 또 그루버 덕분에 우리는 『비글호의 항해』를 개정한 것조차도 따개비 문제로 씨름하는 동안 진화 문제를 마무리하려는 다윈의 작업 방식과 관계가 — 사실은 아주 많이 — 있다는 것을 알 수 있게 됐다.

진화의 오리진

『비글호의 항해』의 1845년 판에 들어간 새로운 내용은 일단 지적해서 보면 구별하기가 쉽다. 초판과 개정판을 비교해 보면 새로운 내용을 끄집어내 합칠 수 있는데, 그루버의 말을 빌리자면 이들 문장을 "숨어 있는 곳에서 꺼내 하나로 꿰면" 자연선택의 법칙이라는 말 자체를 실제로 언급하지만 않을 뿐 자연선택에 의한 진화에 관한 "다윈의 생각 거의 전부를 알 수 있는 에세이"가 된다. 예컨대 핵심 내용 하나는 "식량 공급과 인구 성장 간의 관계를 나타내는 맬서스의 원칙을 매우 명확하게 진술하는 부분"을 추가한 것으로, 다윈은 이를 이용하여 "일부 종이 갈수록 드물어져 결국 멸종하는" 이유를 설명한다. 또 어떤 부분에서는 갈라파고스 제도에서 발견되는 핀치새의 다양성을 언급한다. 적어도 한 사람, 『원예가 회보 The Gardeners' Chronicle』의 편집자 존 린들리 John Lindley가 바뀐 내용을 알아보고 그 일부를 『원예가 회보』에서 다루었다. 이에 다윈은 라이엘에게 편지로 이렇게 말했다. "린들리가 저의 멸종 문단을 뽑아 가감 없이 그대로 실어 주어 매우 기쁩니다." 이 모든 것을 설명할 수 있는 유일한 길은 다윈이 후세에 신경을 썼고 자신이 먼저라는 점을 인정받기를 원했다는 것이다. 다른 사람이 같은 생각을 해내면 그는 이 '유령'에세이를 가리키며 자신이 먼저 생각해 냈다는 사실을 밝힐 수 있을 것이다.

앞서 살펴본 바와 같이 다윈은 라이엘이 선수를 빼앗길 수도 있다고 걱정하자 1856년 5월 진화 사상이라는 주제를 다시 집어 들고 '종 스케치'를 쓰기 시작했다. 이것은 거대한 작업이었다. 1856년 11월 그는 라이엘에게 편지로 다음과 같이 말했다.

저의 중요한 책을 꾸준히 쓰고 있습니다. 그런데 그에 관한 서설이나 스케치는 출간하기가 완전히 불가능하다는 것을 알게 됐습니다. 그렇지만 완벽하게 쓸 생각은 하지 않고 현재 자료가 허락하는 한도 내에서 최대한 완전하게 쓰고 있습니다. 빨리 진행하게 된 데는 교수님의 신세를 많이 졌습니다.

1858년 6월에 이르러 그는 두 달에 걸쳐 1장 꼴도 못되는 10장 분량을 완성해 놓았는데 책 전체의 3분의 2에 해당됐다. 그리고 이것은 『창조 자연사의 흔적』과 같은 독자층에게 자신의 생각을 널리 알리겠다는 목적이 아니라 전문가를 위한 학술서로 집필하고 있었다. 앞으로 한두 해 뒤면 과학계에 자신의 이론을 공개할 수 있게끔 모든 것이 순조로워 보였을 것이 분명하다. 그러다가 월리스의 폭탄이 도착했다. 다윈의 즉각적 반응은 라이엘에게 무슨 일이 있었는지를 알리는 것이었다. 그는 월리스의 에세이를 동봉하며 다음과 같이 썼다.

제가 선수를 빼앗길 거라는 교수님 말씀이 그대로 사실이 됐습니다. 제가 교수님에게 '자연선택'은 생존을 위한 투쟁에 의존한다는 저의 관점을 매우 간략하게 설명했을 때 그렇게 말씀하셨죠. 저는 이보다 더한 우연의 일치는 보지 못했습니다. 제가 1842년 쓴 원고 스케치를 월리스가 갖고 있었다 해도 이보다 더 잘 요약할 수는 없었을 겁니다! 심지어 그의 용어도 지금 제가 쓴 장의 제목과 같습니다.

진화의 오리진

그가 제게 발표해 달라고 하지 않았으니 원고는 제게 돌려주세요. 그렇지만 저는 물론 당장 월리스에게 편지를 보내 어느 학술지로든 보내 주겠다고 하겠습니다. 그러면 제가 먼저라는 점은 어느 정도가 됐든 간에 완전히 망가지겠지요. 저의 책이 가치를 지니게 될지 알 수는 없지만 그렇다고 가치가 없어지지는 않을 겁니다. 그 이론을 적용하느라 들인 수고도 마찬가지고요. 월리스의 스케치가 교수님 마음에 들기를 바랍니다. 그래서 교수님의 말씀을 전할 수 있게끔 말입니다.

그렇지만 라이엘은 다윈이 선수를 그렇게 쉽게 포기해야 한다고 보지 않았다. 라이엘은 월리스의 에세이를 다윈의 친구 조지프 후커*에게도 보여 주었고, 두 사람은 어떻게 하면 좋을지 의논했다. 다윈은 아들 찰스 웨어링 다윈의 병 때문에 여념이 없었으므로 이런 논의에서 대체로 제외돼 있었다. 그러나 아들은 안타깝게도 6월 28일, 태어난 지 18개월 만에 성홍열로 죽고 말았다. 그는 또 자신이 먼저라고 주장할 권리가 있는지를 두고 고민하면서 라이엘에게 다음과 같이 썼다.

월리스는 출판에 대해 아무 말도 하지 않았습니다. 그런데 저는 어떤 스케치도 출판할 생각이 없었는데, 월리스가 자기 이론의 개

---

* 다윈보다 여덟 살 아래인 후커는 일류 자연학자였으며, 1865년 아버지의 뒤를 이어 큐 식물원의 원장이 됐다. 『꽃 사냥꾼』에서도 그를 자세히 다루었다.

요를 저에게 보냈다고 해서 제가 스케치를 출판한다면 과연 그것이 명예롭겠습니까? 월리스나 다른 사람이 제가 하잘것없는 생각으로 행동했다고 생각하게 하느니 차라리 저의 책을 전부 불태우겠습니다.

문제의 해결책을 생각해 낸 사람은 후커였던 것으로 보인다. 6월 17일에 열렸어야 하지만 최근 사망한 전임 학회장에게 조의를 표한다는 뜻에서 7월 1일로 연기된 린네학회 모임을 이용했다. 라이엘과 후커는 다윈에게는 자세한 내막도 알려 주지 않은 채 다윈이 준 자료를 마음대로 활용하면서, 두 사람이 판단하기에 쓰인 날짜순에 따라 다윈의 1844년 스케치의 요약, 1857년 다윈이 보스턴에 있는 에이사 그레이Asa Gray에게 쓴 편지 일부, 그리고 월리스의 에세이를 학회 모임에서 차례로 발표했다. 다윈의 기고문 분량은 약 2,800낱말이었고, 월리스의 것은 4,200낱말이었다. 『린네학회 저널Journal of the proceedings of the Linnean Society』에는 이것이 공동 논문으로 표시됐다. 제목은 「종이 변종을 형성하는 경향에 관하여, 그리고 변종과 종이 자연선택에 의해 보존되는 데 관하여」이며, 저자는 "찰스 다윈 선생, FRS, FLS, & FGS와 앨프리드 월리스 선생"이고, "찰스 라이엘 경, FRS, FLS와 J. D. 후커 선생, MD, VPRS, FLS 등"*이 발표한 것으로 되어 있다.**

'공동 논문'이라는 부분은 모임에서 발표한 때도 출판된 때도 아무 문젯거리가 되지 않았다. 린네학회장 토머스 벨Thomas Bell은 1859년 5월 학회에 내는 회장 보고서에서 1858년을 돌이켜 보며 이렇게 말했다. "지난해는 실로 과학 부서에 당장 혁신이랄까, 그런 것을 가져

진화의 오리진

오는 인상적인 발견이 없었습니다." 그리고 다윈은 자서전에서 이렇게 회고했다. "우리의 공동 논문은 거의 아무런 관심도 불러일으키지 못했고, 내가 기억하기로 유일하게 그것을 주목한 글은 더블린의 호턴 교수가 내놓은 것뿐인데, 그가 내린 판결은 그 안의 새로운 내용은 모두 틀렸고 맞는 내용은 옛것이라는 것이었다." 실제로 영향을 준 것은, 그리고 자연선택이 대중의 눈에 띄게 만든 것은 그 공동 논문이 아니라 다윈의 책이었다. 이것은 이따금 제기되는 음모론과 관계가 있는 부분이다. 그것은 월리스가 이런 음모에서 과연 공정하게 대우를 받았는가 하는 질문으로, 지구 반대편 머나먼 곳에 있었던 만큼 그는 이 논쟁에서 한마디도 발언하지 못했다는 이유에서다.

이 의문을 제기하는 음모이론가들은 공동 논문을 발표하는 자리에서 라이엘과 후커가 "두 저자 모두 지금 자기 논문을 우리 손에 유보 조건 없이 맡겼다"고 말했다는 사실을 강조한다. 월리스의 논문이 다운하우스에 도착한 날로부터 린네학회의 모임이 있기까지 보름 사이에 월리스가 무엇이든 무슨 수로 허락할 수 있었겠는가? 그러나 이것은 당시의 전통과 '유보 조건 없이'라는 말의 의미 모두를 오해하는 것이다. 다윈이 비글호에서 보낸 편지와 월리스가 남아메

---

* 이름 뒤의 각종 약자는 소속 학회와 지위, 학위를 나타낸다. FRS, FLS, FGS는 각각 왕립학회, 린네학회, 지질학회의 석학회원을, VPRS는 왕립학회 부회장, MD는 의학박사 학위를 말한다. (옮긴이)

** 『린네학회 저널, 동물학*Journal of the proceedings of the Linnean Society, Zoology*』 II, 1858, 45쪽. 애석하게도 이 학회지가 인쇄소로 들어갔을 때 인쇄업자는 당시 관행에 따라 월리스가 트르나테에서 쓴 것을 포함하여 학회지의 기고문 원고를 내다 버렸다. 월리스는 애초에 사본을 만들어 두지 않았다.

리카에서 보낸 편지의 경우에서 본 것처럼 과학적 관심사가 될 내용은 될 수 있는 대로 빨리 뽑아 발표하는 것이 일반적 관행이었다. 출판이나 널리 알릴 가능성을 배제하고 편지를 쓸 때는 '비공개'로 표시하거나 해당 부분에 누구에게도 보여 주어서는 안 된다는 지시 사항을 적었다. 다윈이 1857년 에이사 그레이에게 쓴 편지가 그 좋은 예다. 그때 그는 그레이에게 자기 이론의 자세한 내용은 누설하지 말아 달라고 구체적으로 요청했다. 월리스는 다윈에게 에세이를 보낼 때 동봉한 편지에 그런 유보 조건을 달지 않았다. 그는 그것이 다른 사람에게 보일 수 있다는 (실제로 그렇게 되기를 바랐다) 것을 잘 아는 상태에서 '유보 조건 없이' 맡긴 것이다. 출판은 기대 이상이었지만 고마워했다. 출판됐다는 소식을 들었을 때 월리스는 어머니에게 편지로 다음과 같이 기쁨을 표했다.

> 잉글랜드에서 가장 유명한 자연학자인 다윈 씨와 후커 박사로부터 편지를 받고 매우 기뻤습니다. 일전에 다윈 씨에게 그분이 지금 쓰고 있는 책의 주제에 관한 에세이를 보냈습니다. 그분은 그것을 후커 박사와 찰스 라이엘 경에게 보여 주었는데, 그분들은 저의 에세이를 너무나 높이 생각한 나머지 린네학회에서 낭독했답니다. 덕분에 저는 귀국하면 이 유명인들과 아는 사이가 되게 됐습니다.

월리스는 자기 이름이 라이엘, 다윈, 후커와 연관되면 자신의 지위가 높아진다는 것과 자신의 연구에 관심이 쏠린다는 것을 예리하게 의식하고 있었다. 그는 또 어머니에게 편지를 쓴 같은 날인 1858년 10월 6일 트르나테에서 후커에게도 편지를 썼다.

우선 박사님과 찰스 라이엘 경에게 이번에 애쓰신 데 대해 진심으로 감사드리고 싶습니다. 그리고 그렇게 처리해 주시고 또 저의 에세이에 좋은 의견을 내 주셔서 얼마나 고마운지 모르겠습니다. 저는 이번 일에서 편애를 받았다고 생각하지 않을 수가 없습니다. 이런 경우 새로운 사실이나 새로운 이론을 발견한 최초 인물에게 모든 공로가 돌아가고, 완전히 독자적으로 똑같은 결과를 늦게 얻어 낸 다른 사람에게는 그것이 몇 년이든 몇 시간이든 거의 또는 전혀 공로가 돌아가지 않는 게 지금까지의 거부할 수 없는 관행이었기 때문입니다.

그는 그 뒤 일생 동안 기회가 있을 때마다 어김없이 감사를 표했다. 1903년에 한 말이 그 전형적 예다.

나는 다윈과 그의 위대한 연구와 관계된 덕분에 같은 주제에 대해 내가 쓰는 글 역시 언론과 대중의 눈에 완전히 띈다. 자연선택 이론을 만들고 확립하는 과정에서 내가 한 역할이 대체로 과장됐는데도 말이다.[*]

---

[*] 「자연선택 이론과 관련하여 다윈과 나의 관계」, 『블랙앤화이트Black and White』, 1903년 1월 17일 자.

그러나 다윈이 『종의 기원』을 쓰지 않을 수 없게 만드는 것 말고는 다른 아무 업적이 없다 하더라도 월리스는 과학에 커다란 업적을 남겼다고 해야 할 것이다. 월리스는 이에 대해 『나의 인생』에서 다음과 같이 말한다.

> 다윈은 [나중에] 나와 두 친구분에게 많이 빚졌다고 하면서 다음과 같이 덧붙였다. "나는 라이엘 교수님 말이 맞았구나 하면서 더 큰 책을 완성하지 말자고 생각할 뻔했다." 따라서 나는 에세이를 써서 다윈에게 보냄으로써 그가 준비해 둔 위대한 책의 '요약'을 쓰는 일에 집중하게 만든 도구 역할을 나도 모르게 했다는 사실을 알고 그것으로 만족감을 누려도 된다고 생각한다. 다윈은 그것을 '요약'이라 말했지만 사실은 꼼꼼하게 쓴 큰 책이었다.

공동 논문에 대한 (무)반응과 그 이전 웰스와 매튜에 대한 무반응으로 볼 때, 라이엘과 후커의 무게가 떠받쳐 주고 있는데도 불구하고 자연선택 이론은 다윈의 책이 없었다면 정말 계속 시들시들한 상태로 있었을지도 모른다. 그렇지만 글을 쓸 때는 대개 느리고 꼼꼼한 다윈조차도 이제는 속도를 높이는 동시에 그의 기준으로 간결하게 책을 써 나갈 때라는 것을 깨달았다.

다윈의 아들 찰스 웨어링의 장례식을 마친 뒤 다윈 가족은 그 모든 마음의 상처로부터 벗어나기 위해 다운하우스를 떠났다. 그들은 7월 17일 와이트섬의 샌다운에 도착했다. 그때 다윈은 『린네학회 저널』에 낼 목적으로 자신의 이론 요약을 쓸 생각이었다. 그러나 7월

13일 후커에게 보낸 편지에서 "학회지 30쪽짜리 요약 같은 것을 도대체 어떻게 쓸지 모르겠다"라고 쓴 것처럼 그것이 불가능하다는 것을 금방 깨달았다. 그래서 원래 큰 책을 쓰기 위해 가지고 있던 자료를 좀 더 짧고 이해하기 쉬운 것으로 바꾸는 작업을 시작했다. 편지에서 다윈은 이것을 '작은 책'이라 부르면서 여전히 이것을 그의 완전한 이론을 줄인 '요약'이라고 생각했다. 그러나 이것이 『종의 기원』이 됐다. '큰 책'은 원래 생각한 형태로는 결국 출간되지 않았고, 『종의 기원』에 넣지 않은 자료 중 많은 부분이 다른 곳, 특히 1868년 두 권으로 출간된 『길들인 동식물의 변이*The Variation of Animals and Plants under Domestication*』에 수록됐다. 『종의 기원』 자체는 다윈의 50번째 생일 직후 1859년 3월 19일 완성됐다. 분량은 지금 여러분이 읽고 있는 이 책의 두 배인 155,000낱말 정도였다. 라이엘의 조언에 따라 이 원고를 존 머리 출판사로 보냈고, 11월 24일 『자연선택에 의한 종의 기원 또는 생존투쟁에서 유리한 종족의 보존에 관하여*On the Origin of Species by Means of Natural Selection, or the Preservation of Favoured Races in the Struggle for Life*』라는 인상적 제목을 달고 서점에 진열됐다. 대부분의 이야기에서는 초판 1,250권이 발행 당일 매진됐다고 말하지만, 이것은 서점들이 손님들에게 팔기 위해 책을 모두 사들였다는 뜻에서만 맞는 말이다. 그럼에도 불구하고 책은 이내 성공을 거두었고, 이 책이 출판되면서 자연선택에 의한 진화 사상이 주류 과학과 대중적 토론에서 거론되게 된 것은 사실이다. 다윈과 같은 시대를 산 사람들이 주로 보인 반응은 토머스 헨리 헉슬리의 유명한 논평을 보면 가장 잘 이해할 수 있을 것이다. 그는 그로부터 거의 30년 뒤 그때 있었던 일을 돌아보며 다음과 같이 적었다.

당시 그 문제를 진지하게 생각해 본 사람은 마음 상태가 대부분 나와 매우 비슷했을 거라고 생각한다. 즉 모세론자와 진화론자 모두에게 "염병에나 걸려 버려라!"라고 말하고, 끝도 없고 무익해 보이는 토론은 내버려 두고 사실 확인이 가능한 유익한 분야에 노력을 기울이고 싶었을 것이다. 그러므로 나는 1858년 다윈과 윌리스의 논문이 출판되고 나아가 1859년 『종의 기원』이 출판된 것은 사람들에게 한 줄기 환한 불빛 같은 효과를 주었을 것이라고 생각한다. 캄캄한 밤중에 길 잃은 사람 앞에 그 불빛에 갑자기 길이 나타난 것이다. 그게 곧장 종착지로 가는 길이든 아니든, 자신이 가고 있는 방향인 것만은 분명한 길 말이다. … 『종의 기원』은 우리가 찾고 있던 유효한 가설을 내놓았다. 게다가 그것은 '창조 가설을 거부하면, 그러면 너는 신중하게 추론하는 사람이 받아들일 수 있는 무엇을 내놓을 수 있나' 하는 골치 아픈 문제로부터 우리를 영영 해방시키는 어마어마한 은혜를 베풀었다. 1857년에 나는 내놓을 답이 없었다. 누구에게도 있었을 거라고 생각하지 않는다. 한 해 뒤 우리는 그런 문제에 혼란스러워 했다니 얼마나 둔한가 하며 우리 자신을 책망했다. 『종의 기원』의 요지를 완전히 이해했을 때 나의 첫 반응은 이랬다. "이제까지 그 생각을 못했다니 얼마나 멍청한가." … 다윈과 윌리스는 어둠을 몰아냈고, 『종의 기원』이라는 햇불은 암흑에 빠진 사람들을 인도해 주었다.[30]

1825년 태어나 1895년 사망한 헉슬리는 19세기 후반기 생물과학에서 우뚝 선 인물이었고, 『종의 기원』이 출판되고부터 일어난 논쟁에서 지도자격 인물이 됐다. 다윈의 병이 너무 깊거나 너무 신중하여 공개 토론에 참여하지 않을 때 진화 이론을 공개적으로 지지한 덕분에 '다윈의 불도그'라는 별명이 붙었다. 그러나 헉슬리는 다윈의 빈자리를 채워 주면서 사실상 한편으로는 고국에서 전해지는 소식을 몇 주나 지나 우편 증기선이 도착할 때라야 접할 수 있었던 월리스의 빈자리도 채워 주었다.

월리스가 1858년 10월 6일 어머니에게 편지를 쓰게 만든 다윈과 후커의 편지들은 오늘날 전해지지 않지만, 월리스는 다윈의 편지에서 흥미로운 부분을 뽑아 자신의 노트에 베껴 두었다. 이것은 다윈이 계획하고 있는 큰 책의 14개 장에서 다룰 주제 목록과, 트르나테 에세이가 도착했을 때 그 책이 제10장까지 모두 완성돼 있었다는 설명이었다. 이것은 그 책에 관한 다윈의 의도를 적은 것 중 오늘날 남아 있는 유일한 기록이다. 다윈은 또 『종의 기원』이 처음 나왔을 때 한 부를 월리스에게 보냈다. 그리고 인쇄 전 교정본도 보냈을 가능성이 있다. 이 모든 것을 접한 월리스는 자연선택에 관한 책을 쓰겠다는 계획을 조용히 접고 그때부터 동양에 있는 내내 채집에만 전념했다.

한편 잉글랜드에서는 다윈의 책 때문에 진화에 관한 논쟁이 일어났으나, '자연선택'이라는 생각을 설득시키기는 생각만큼 쉽지 않았다. 문제는 '상속'이었다. 특질이 한 세대로부터 다음 세대로 어떻게 전달될 수 있는지뿐 아니라 그 과정에 어떻게 미묘한 변화가 도입될 수 있는지를 아무도 몰랐다. 그래서 사람들은 여전히 다른 메커니즘을 찾고 있었고, 심지어 다윈조차도 『종의 기원』의 나중 판본을 낼 때 수정된 형태의 라마르크주의를 동원하여 비판에 답했다. 따라서 그의 생각을 가장 명확하게 설명하고 있는 것은 사실 이 책의 초판이다. 그 뒤 20년 동안 자연선택을 공개적으로 가장 열렬히 지지한 사람은 다윈이 아니라 월리스였다. 그리고 흥미롭게도 자연선택을 지지하는 최고의 증거는 월리스와 처음에 함께 여행했던 헨리 베이츠에게서 나왔다.

베이츠는 아마존 분지에서 채집한 나비를 연구하고 분류하면서, 어떤 경우에는 나비가 독이 있는 종과 똑같은 독특한 무늬를 지니고 있지만 실제로는 독이 없으며 다른 종에 속한다는 것을 알게 됐다. 독이 있는 나비를 먹으면 안 된다는 것을 포식자가 어떻게든 알아낸 것과 마찬가지로, 흉내 내는 나비들 역시 어떻게든 똑같은 무늬를 만들어 내 포식자로부터 자신을 보호했다. 물론 오늘날 우리는 이 '어떻게든'이 자연선택에 의한 진화라는 것을 알고 있다. 독나비를 좋아하는 포식자는 죽고 그럼으로써 자신의 기호를 다음 세대로 전달하지 않는다. 독나비를 피하는 포식자는 살아남으므로 독나비를 피하는 성향은 다음 세대로 전달된다. 따라서 어떤 나비든 독나비를 닮은 것은 살아남을 가능성이 높고, 이것이 여러 세대를 지나면서 이들이 모방하는 종과 닮는 정도가 점점 더 높아진다. 이것은 월리스의 흥미를 끌었던 길앞잡이가 진화하여 살고 있는 곳의 배경과 일치하는 종이 만들어진 것과 비슷한 방식이다. 이렇게 되는 과정에는 '베이츠 의태'라는 이름이 붙었다. 베이츠는 남아메리카로부터 잉글랜드로 돌아온 지 얼마 되지 않은 1861년 11월 21일 린네학회 모임에서 자신이 발견한 내용을 설명했다. 이 논문은 이듬해에 학회『린네학회보*Transactions of the Linnean Society*』에 출판됐고, 그는 또 이 주제를 1863년 존 머리 출판사에서 출간된 저서『아마존강의 자연학자*The Naturalist on the River Amazons*』에서 자세히 설명했다. 그러나 이 증거조차도 의견의 균형을 깰 수 없었다. 진화를 사실로 받아들이고 있는 사람들 사이에서도 의견은 자연선택 쪽으로 기울어지지 않았다.

다윈은 실제로 자연선택을『종의 기원』의 앞부분에서 다루었는데 진화 사상에 메커니즘이 빠져 있다는 것을 알고 있기 때문이었다. 나중에 와서야 그는 살아 있는 종의 지리적 분포, 화석 기록, 길들였을 때의 변이, 비교해부학적 증거 등 진화의 증거를 모아 책에서 자세히 설명했다. 가장 강력한 이미지 하나는 월리스도 떠올렸던 '가지를 치는 나무' 비유였다.

> 봉오리가 달린 초록색 어린가지는 기존 종을 나타낸다. 그 전해 동안 생겨난 잔가지는 멸종한 종이 오랫동안 계승되어 온 것을 나타낸다. 생장기가 될 때마다 생장 중인 어린가지는 모두 사방으로 가지를 치며, 그러면서 주위의 어린가지와 잔가지를 압도하여 죽이려 했다. 종과 종의 집단이 생명의 거대한 싸움에서 다른 종을 압도하려 해 온 것과 같은 방식이다.

그는 또 '원시' 종도 변화가 없는 환경에 잘 적응했을 때 매우 오랫동안 변화 없이 살아남을 수 있는 반면, 더 '고등한' 생물체라도 환경이 바뀌면 멸종할 수도 있다고 설명했다. 그리고 '생존투쟁'이 무슨 뜻인지 다음처럼 명확하게 설명했다.

> 나는 [이 용어를] 넓게 은유적 의미에서 쓴다. 여기에는 한 존재가 다른 존재에 의존하는 것이 포함되며, 또 (더욱 중요하게는) 개체의 생명뿐 아니라 자손을 남기는 데 성공하는 것도 포함된다.

앞서 이 책의 3장에서 언급한 것처럼 그 뒤로 수십 년 동안 불편한 토론 주제가 될 부분 또한 그는 "시간의 흐름이 너무 거대하여 인간의 지력으로는 도무지 가늠할 수 없다"는 말로써 강조했다.

그렇지만 다윈이 이 책 전체에 걸쳐 전하려는 가장 중요한 내용은 현대의 종은 어떤 단일 개체로부터 이어 내려온 공통의 후손이라는 생각이었다. "필시 이 지구상에서 살아온 모든 생물체는 어떤 하나의 원시 조상으로부터 이어 내려왔을 것이다." 그는 종교적 사고방식을 지닌 독자를 달래는 말로 "숨을 불어넣다"라는 표현밖에 사용하지 않으면서 다음과 같이 요약했다.

> 이로써 자연의 전쟁으로부터, 기근과 죽음으로부터 우리가 생각할 수 있는 가장 숭고한 목표 즉 더 고등한 동물을 만들어 낸다는 목표까지 직접 연결된다. 생명을 바라보는 이 관점에는 장엄한 면이 있다. 생명은 여러 가지 능력을 가지고 애초에 소수 또는 하나의 형태에 숨이 불어넣어졌다. 그리고 이 행성이 불변하는 중력 법칙에 따라 주기를 도는 동안 그처럼 단순한 시작으

진화의 오리진

로부터 아름답기 그지없고 놀랍기 그지없는 무수한 형태가 진화해 나왔고 진화해 나가고 있는 것이다.

『종의 기원』이 출간된 뒤 과학자 사이에서는 진화의 메커니즘을 두고 여전히 열띤 논쟁이 벌어졌다. 그러나 진화라는 사실은 받아들여졌다. 하룻밤 사이가 아니라 10년 남짓한 시간이 걸렸다. 이제 가장 격렬한 논쟁은 진화에서 인류가 차지하는 자리를 두고 벌어졌다. 이 주제는 다윈이나 월리스도 다룬 부분이다.

월리스는 동물학회를 설득하여 극락조 두 마리를 가져가는 조건의 하나로 1등 승객 비용을 대게 하고 39번째 생일 직후인 1862년 2월 8일 싱가포르를 떠나 3월 31일 잉글랜드로 돌아왔다. 탐사에서 얻은 수익은 대리인이 현명하게 투자해 둔 상태였고, 거기서 매년 300파운드의 수익이 들어오고 있었으므로 독신 남자가 아무 데도 얽매이지 않고 편안하게 살기에는 충분했다. 그러나 월리스는 독신남 지위를 유지하지 못했고 다른 의무도 지게 됐다. 이에 관해서는 잠시 뒤 다루기로 한다.

월리스는 잉글랜드로 돌아오기도 전인 3월 19일 동물학회의 석학회원으로 선출됐고 동료 자연학자들은 그가 돌아오기를 손꼽아 기다렸다. 그는 드디어 찰스 라이엘을 만날 수 있었으나, 즉시 방문해 달라는 다윈의 초대는 그동안 고단하게 지낸 여파로 여러 가지 잔병 치레를 하며 몸져눕는 바람에 나중으로 미룰 수밖에 없었다. 그래도 그동안 밀려 있던 읽을거리를 읽고 진화 논쟁이 어떻게 진행되고 있는지도 파악할 시간은 충분히 얻은 셈이었다. 그는 패니 누나 부부가 사는 집에서 요양했다. 누나는 런던의 패딩턴에서 살고 있었고, 그곳에서 매형인 토머스 심스는 동생 에드워드와 사진 일을 하고 있었으나 사업은 그다지 잘 풀리고 있지 않았다. 월리스의 짐은 희망봉을 도는 더 값싼 경로를 거쳤으므로 나중에 도착했다. 그는 여행에서 가져온 어마어마한 양의 물품을 정리해야 했고 마지막 채집물을 파는 일도 남아 있었다. 또 곧바로 가족 부양에도 나섰다. 어머니에게 돈을 보내고, 심스 가족의 임대료를 지불하며, 또 사진 사업이 유지되도록 몇 년 동안 700파운드를 댔다. 그러므로 탐사를 성공적으로 마쳤는데도 불구하고 결국 조만간 수입원을 찾아낼 필요가 있었다.

비교적 반가운 일은 현재 런던의 켄징턴에서 살고 있는 친구 조지 실크와, 아마존에서 돌아와 의태에 관한 연구로 높이 평가받고 있는 베이츠와 다시 가깝게 지내게 됐다는 사실이다. 또 월리스는 런던에서 사는 동안 다윈을 만날 기회도 있었다. 그때 찰스 다윈은 런던을 들러 형 이래즈머스 집에서 지내고 있었다. 월리스는 『나의 인생』에서 이렇게 설명한다. "그럴 때 나는 대개 그와 그의 형과 함께 점심을 먹었다. 이따금 방문객이 또 한 사람 있었다. 그리고 그가 특히 관심을 가진 문제에 대해 이야기를 나누었다."

이런 모든 일 때문에 월리스는 『말레이 제도』의 집필이 늦어졌고, 책은 결국 1869년에야 출간됐다. 그러나 말레이 제도에서 한 연구를 바탕으로 학술논문과 기고문을 1864년부터 꾸준히 내놓았다. 또 좀 더 개인적 일 때문에 사적으로도 바빴다. 그는 다윈 같은 사람들이 누리는 안락한 가정생활을 하며 정착하고 싶었고* 친구 루이스

레슬리Lewis Leslie의 딸 매리언 레슬리에게 끌리고 있었다. 당시 20대 후반이던 매리언은 망설임 끝에 월리스와 약혼했다가 1864년 마음이 바뀌어 파혼했다. 이 무렵 리처드 스프루스가 잉글랜드로 돌아와 런던과 서식스주의 허스트피어포인트 마을을 오가며 지내고 있었다. 월리스는 파혼 직후 가을 허스트피어포인트로 스프루스를 방문했다. 그곳에서 스프루스의 친구이자 약사 겸 아마추어 자연학자 윌리엄 미튼William Mitten과 그의 아내와 네 딸을 만났다. 1년 반 뒤인 1866년 4월 월리스는 당시 20세인 미튼의 맏딸 애니와 결혼했다. 애니는 곧 임신했고, 이 때문에 월리스는 안정된 수입원을 찾아낼 필요가 더 커졌다.

부분적으로는 경제적 필요 때문에, 그리고 주로 아내의 권유 때문에 월리스는 정착하여 책 쓰는 일에 집중했다. 애석하게도 그는 수입을 늘이기 위한 노력으로 주식 투자도 시작했는데 바라는 것과는 정반대의 결과를 얻었다. 1867년 6월 22일 아들 허버트 스펜서 월리스가 태어났고, 가족은 그가 집필하는 동안 애니의 친정과 가까이 지내기 위해 허스트피어포인트로 이사를 갔다. 스프루스도 그곳에 있었으며, 이때가 월리스의 일생에서 가장 행복한 시기 중 하나였던 것으로 보인다. 1868년 11월, 어머니가 사망한 그 달 그는 왕립학회에서 로열 메달을 받았다. 1869년 1월 27일 딸 바이얼릿이 태어났

---

* 그는 자서전에서 이렇게 썼다. "말레이의 채집물에서 나온 수익금 전부가 잘 투자되어 있었다면, 그래서 매년 400~500파운드의 안정적 수입이 확보됐다면, 책을 또 한 권 쓰는 게 아니라 더 시골로 들어가 정원과 온실을 돌보는 생활을 즐겼을 가능성이 높다고 생각한다."

고, 3월 9일에는『말레이 제도』가 출간되면서 맥밀런 출판사로부터 선인세로 100파운드를 받고 1천 권을 초과하여 팔리는 권당 인세를 받기로 약속받았다. 이제 유급 일자리를 찾을 때였다.[*]

한편 다윈 역시 집필에 바빴다. 병 때문에 심하게 앓는 일이 반복됐지만 1862년에는『영국 및 해외종 난초가 곤충에 의해 수정하는 다양한 장치에 관하여 On the Various Contrivances by which British and Foreign Orchids are Fertilised by Insects』를, 1868년에는『종의 기원』을 쓰면서 남겨 두었던 자료를 많이 포함시킨『길들인 동식물의 변이』를, 그리고 1871년에는 우리의 이야기에서 가장 중요한 책『인간의 유래와 성선택』을 출간했다. 이것은 출간한 지 2개월이 되지 않아 4,500부가 인쇄되는 등『종의 기원』보다 훨씬 빠르게 베스트셀러가 됐다. 이 책의 의미는 그가『종의 기원』이 출간되기 20년 전인 1839년에 썼으나 출간되지 않았던 에세이의 첫머리로 요약할 수 있다.

> 자연학자로서 인간을 유방이 있는 여느 포유동물과 마찬가지로 바라본다. …[31]

이것이『인간의 유래와 성선택』의 핵심으로, 여기서 다윈은 정말로 "자연학자로서 인간을 유방이 있는 여느 포유동물과 마찬가지로 바라보고" 우리 인간은 다른 모든 종과 마찬가지로 똑같은 자연선

---

[*] 이때부터 죽을 때까지 월리스는 여러 차례 이사를 다녔지만, 여기서 그것을 모두 자세히 다룰 필요는 없다.

택이라는 진화 과정에 의해 형성됐다고 주장한다. 이에 또 하나의 공개 논쟁이 벌어졌고, 이번에는 독실한 천주교인으로서 생물학자이자 린네학회와 왕립학회 모두의 석학회원인 세인트 조지 잭슨 미버트St George Jackson Mivart(1827~1900)가 인류는 피조물 중에서도 특별한 자리를 차지한다는 쪽의 주장으로 나섰다. 그가 쓴『종의 발생에 관하여On the Genesis of Species』역시 1871년에 출간됐다. 그가 다윈-월리스의 이론에 반대하는 핵심은 진화는 작디작은 단계로 진행됐을 수가 없다는 것이었다. 그의 논리에 따르면 예컨대 목이 사슴보다 길고 기린보다 짧은 동물은 나무 꼭대기의 어린잎을 먹을 수 없기 때문에 진화에서 유리한 점이 없다. 그러므로 진화는 사실상 사슴이 새로운 생태 지위에 맞게끔 특별히 창조된 기린을 낳는 도약에 의해 진행됐을 것이 분명하다고 주장했다. 똑같은 논리가 오늘날에도 돌아다니는데 대개 "반쪽짜리 눈이 무슨 소용인가?" 하는 질문에서 시작된다. 이에 대한 대답으로는 리처드 도킨스Richard Dawkins의 책『눈먼 시계공 The Blind Watchmaker』을 추천한다.[32] 미버트는 또 인간의 '영혼'을 만들려면 초자연적 힘이 작용해야 한다고 주장했다. 그러나 그의 종교적 반론은 차치하고, 여기서 중요한 것은 시간 척도 문제다. 어떤 종이든 시간이 충분하다면 수많은 작디작은 단계를 거쳐 다른 어떤 종으로도 바뀔 수 있다. 그러나 시간이 충분한가 하는 문제는 20세기에 물리학 혁명이 일어나기 전까지는 명확해지지 않았다.

1871년 다윈은 62번째 생일을 지냈다. 그는 일생의 마지막 10년 동안 여러 가지 작업을 하면서 보냈다.『종의 기원』과『인간의 유래와 성선택』을 개정하고, 사진이 수록된 최초의 책 중 하나인『인간과 동물의 표정과 감정*The Expression of the Emotions in Man and Animals*』(1872),
『식충식물*Insectiverous Plants*』(1875),『식물계에서 자가 및 교차수정의
효과*The Effects of Cross and Self Fertilisation in the Vegetable Kingdom*』(1876),『난
초의 수정*Fertilisation of Orchids*』의 대폭 확장판(1877),『같은 종 식물 꽃
의 다양한 형태*The Different Forms of Flowers on Plants of the Same Species*』(1877),
그리고 그가 쓴 책 중 가장 재미난 것으로 꼽는『지렁이의 활동과
분변토의 형성*The Formation of Vegetable Mould, through the Action of Worms, with
Observations on their Habits*』(1881) 등을 출간했다. 그가 이 모든 것을 해
낼 수 있었던 것은 돈 걱정을 할 필요가 없었던 데다 린네학회나 왕
립학회의 일상적 운영에 관여하지 않았던 덕분이다. 그는 위원회형
인간이 아니었다. 하지만 1882년 그가 죽었을 때 그를 묘지까지 운
반한 운구 행렬은 더없이 화려했다. 조지프 후커 경과 존 러벅 경 등
기사 두 사람, 아가일 공작과 데번셔 공작, 더비 백작, 왕립학회장 토
머스 헨리 헉슬리, … 그리고 앨프리드 러셀 월리스 등이 포함됐다.

　다윈의 만년에 비해 같은 시기 월리스의 생활은 더 이상 대조적일
수가 없었다. 찰스 다윈에게 헌정하며『말레이 제도』를 출간한 뒤
월리스의 과학적 명성은 확고히 다져졌어야 마땅하다. 그러나 왕립
지리학회 부간사를 비롯하여 여러 직위에 지원했는데도 불구하고
한 번도 성공하지 못하고 기고와 답안지 채점 같은 일로 벌어들이는
일정치 않은 수입에 의지해야 했다. 거절당한 이유에는 1860년대
말에 이르러 월리스가 거리낌 없는 열렬한 심령주의자가 되어 있었
다는 점도 있었다.* 당시 유행이기는 했지만 그래도 본격 과학자로
서는 눈에 띄게 특이했다. 그러나 앞으로 살펴보겠지만 희한하게도

진화의 오리진

결국 월리스가 만년에 비교적 안락하게 살 수 있었던 것은 심령주의에 대한 관심에서 비롯된 연줄 덕분이었다. 이런 믿음 때문에 월리스는 인류는 다른 종의 진화를 지배한 똑같은 과정을 통해서만 진화한 것은 아니라는 생각을 하게 됐다. 『말레이 제도』의 끝부분에서 그는 다음과 같이 썼다.

> 우리 대부분은 가장 고등한 종족인 우리가 발전해 왔고 발전하고 있다고 믿는다. 그렇다면 우리가 절대 다다르지 못하겠지만 모든 진정한 발전을 통해 우리가 다가갈 것이 확실한 어떤 완벽한 상태, 궁극적 목표가 있는 것이 분명하다.

이것은 앞으로 보게 될 것의 맛보기에 지나지 않았다. 1869년 4월호 『쿼털리 리뷰』에는 다음과 같이 썼다.

> 도의적이고 고등한 인간의 지적 성격은 의식이 있는 생물이 세계에 처음 등장한 것만큼이나 독특한 현상이며, 그 어느 쪽도 진화의 어떤 법칙에서 비롯됐다고 생각하기가 참으로 어렵다. ⋯ 어떤 초월적 지성이 그 법칙의 작용을 감독하여, ⋯ 그 변이를

---

* 심령주의는 죽은 사람의 영혼이 존재하며 산 사람과 의사를 주고받을 능력이 있다고 믿는 종교운동으로, 특히 영어권 세계에서 19세기 중반부터 20세기 초까지 유행했다. 월리스가 심령주의자가 된 원인에 대해서는 다양한 의견이 있으나, 어떤 종교적 믿음 때문이 아니라 자연현상을 과학적으로 해석하기 위한 한 방법으로 받아들였을 것이라는 분석도 있다. (옮긴이)

유도하고 그 축적을 결정함으로써 우리의 정신적, 도덕적 성격이 마침내 무한한 발전을 이루도록 해 왔다.

다윈은 자신이 가지고 있는 『쿼털리 리뷰』에다 이 부분 옆에 "아니다"라고 쓰고 밑줄을 세 개 그었고, 월리스에게 보낸 편지에서 "나는 자네와 의견이 매우 다르네"라고 썼다.

1870년대 초 월리스는 『자연선택 이론에 관한 기고Contributions to the Theory of Natural Selection』라는 제목으로 자신의 기고문을 모아 출판하여 동료들로부터 어느 정도 찬사를 받았다. 그러나 또 그 비슷한 시기에 사실 그의 잘못이랄 수도 없는데 그의 평판에 나쁘게 작용한 논쟁에 휘말렸다. '지구평면설'을 믿는 존 햄프던John Hampden이라는 사람이 "누구든 철로, 강, 운하 또는 호수가 볼록하다는 것을 보여 주어 지능을 갖춘 심판관을 만족시킨다면" 500파운드를 주겠다며 과학계에 도전했다. 돈 때문이든 과학 수호를 위해서든 아니면 둘 다에서든 월리스는 이 도전에 응했다. 그는 그 전에 라이엘에게 그래도 될지 의견을 물었다. 월리스에 따르면 라이엘은 "똑똑히 보여 주면 이런 어리석은 사람들이 잠잠해질지도 모른다"면서 그렇게 하라고 했다.[33] 월리스는 매우 간단한 실험을 준비하여 베드퍼드 운하의 9.7킬로미터 구간에서 실행했다. 지구가 둥글다고 믿지 않는 어리석은 사람들이 아직 있기 때문에 이 실험을 조금 자세히 살펴보는 것도 좋겠다. 운하의 그 구간 양쪽에 월리스는 수면으로부터 같은 높이에 표식을 세웠다. 그 중간에 또 하나의 표식을 역시 같은 높이에 세웠다. 자신의 측량 기술을 사용하여 월리스는 한쪽 끝에서

진화의 오리진

반대쪽 끝으로 표식을 따라 겨냥할 수 있었다. 만일 지구가 평평하다면 중간에 있는 표식은 정확하게 그 시선상에 있을 것이다. 그러나 지구가 둥글기 때문에 중간 표식은 실제로 시선보다 더 위에 있었다. 이 증거는 양측이 모두 승인한 '지능을 갖춘 심판관'『필드*The Field*』지의 편집장에게 받아들여졌고, 실험 결과는 그의 학술지에 실렸다. 그러나 월리스가 약속된 액수를 요구하자 햄프던은 지불을 거절했다. 거기서 끝내는 것이 더 현명했겠으나, 월리스는 햄프던에게 약속을 지키게 하려 했고, 결국 법정 다툼으로 들어가 약 20년 동안 돈만 쓰게 됐다. 정신이 확실히 이상해진 햄프던은 모든 학술 단체에 월리스의 명예를 훼손하는 내용의 편지를 보내기에 이르렀다. 월리스의 아내에게까지 보냈다. 이 역시 월리스가 일자리를 얻지 못한 데 영향을 미쳤을지도 모른다. 그가 옳은 데도 불구하고 품위 있게 처신하지 못했다고 본 것이다.

다행한 일은 1870년대 초 월리스가 집필한 대작『동물의 지리적 분포*The Geographical Distribution of Animals*』가 1876년에 두 권으로 출간됐고 반응도 좋았다는 것이다. 그러나 자연 속에서 인간이 차지하는 위치에 관해서는 다윈과 계속 의견이 대립했다. 그는 다윈의『인간의 유래와 성선택』을 평하면서 다음과 같이 썼다.

> [인간의] 확실한 직립 자세, 완전한 나신, 완벽한 손의 조화, 거의 무한한 두뇌 능력은 서로 연관되어 일어난 진화에 해당된다. 이것은 한정된 지역에 고립된 유인원 집단에서 생존투쟁이 일어난 결과라고 설명하기에는 너무나 대단하다.

월리스의 막내 윌리엄은 1871년 12월 30일 태어났다. (맏이 허버트는 1874년 여섯 살의 나이로 죽는다.) 그리고 좀 늦은 느낌이 있지만 1872년 3월 린네학회의 석학회원으로 선출됐다. 그의 다음 작업은 또 한 권의 두꺼운 책『섬 생물*Island Life*』로서 1880년 출간됐다. 이 책이 나왔을 무렵 월리스의 경제적 상황은 그 어느 때보다도 나빠져 있었다. 그렇지만 그는 자신의 일부 활동과 관련된 우려에도 불구하고 심령주의 쪽 연줄 덕분에 곤경에서 벗어날 수 있었다.

월리스는 아라벨라 버클리Arabella Buckley와 가까운 친구가 되어 있었다. 그와 같은 심령주의자로서 찰스 라이엘의 비서로 일한 적이 있는 사람이었다. 라이엘은 1875년 죽었지만 버클리는 당대 과학계 거물들을 모두 알고 있었고 또 월리스의 형편이 어렵다는 것도 잘 알고 있었다. 1879년 말 버클리는 다윈에게 편지를 써서, 다윈의 영향력을 이용하여 월리스에게 자그마한 일자리라도 얻어 줄 수 있을지를 물었다. 다윈은 전적으로 동의하고 후커에게 편지를 써서 지원을 요청했다. 아마도 월리스에게 정부의 연금이 지급되게 힘을 써 달라는 내용이었을 것이다. 후커의 반응은 냉소적이었다. 그는 월리스가 "심령주의를 노골적으로 지지"하고 "지구가 둥글다는 것과 관련된 정신 나간 내기에 응함"으로써 "위신을 형편없이 잃었다"고 말했다. 그게 아니더라도 월리스는 "절대적으로 궁핍한" 정도도 아니니 연금을 받을 자격이 없다는 것이었다. 예상치 못한 반응에 당황한 다윈은 버클리에게 가망이 없다고 전했다. 다행히 월리스는 아무것도 모른 채『섬 생물』을 후커에게 헌정하면서 "식물의 지리적 분포 특히 섬의 식물에 관한 우리의 지식에 어떤 저술가보다도 더

진화의 오리진

큰 발전을 가져온 인물"이라고 표현했고, 1880년 11월 그에게 책을
한 부 보냈다.

　이 무렵 다윈은 다른 생각을 하고 있었다. 따지고 보면 그의 주변
에 영향력이 큰 과학자가 후커만 있는 것은 아니었다. 그는 이웃인
인류학자 존 러벅John Lubbock과 헉슬리에게 의사를 타진했고, 그들
은 후커를 끌어들여 보겠다고 했다. 이어 다윈은 버클리에게 정부
에 제출할 탄원서를 작성할 때 쓸 수 있도록 월리스에 관한 배경 자
료를 요청했다. 시기가 완전히 들어맞았다. 후커는 『섬 생물』에 감
명을 받아 (헌사 때문만이 아니라) 입장을 바꿨다. 후커가 참여하자 이
들은 이내 적잖은 수의 지지자를 모을 수 있었다. 왕립학회장, 린네
학회장, 지질조사국장, 러벅, 베이츠, 후커, 헉슬리, 다윈 등 명사들
이 서명한 탄원서, 또는 당시 용어로 '진정서'가 윌리엄 글래드스턴
William Gladstone 총리에게 전달됐다. 그 결과 월리스는 매년 200파운드
의 연금을 받게 됐고, 1880년 7월부터 소급 적용됐다. 이 소식은 그
의 58번째 생일에 그에게 전해졌다. 호사스러운 생활로는 부족하지
만 정말로 곤궁한 상황에 빠지지는 않게 됐다.

　다윈이 죽은 뒤로 월리스는 ─ 그 전에도 마찬가지였겠지만 ─ 자
연선택에 의한 진화론을 지지하고 대변하는 데 앞장섰다. 그는 언
제나 그 이론을 '다윈주의'라 불렀다. 일찍이 다윈조차도 두 가지 반
론 문제 즉 진화에 필요한 시간 척도 문제와 상속을 설명하는 만족
스러운 메커니즘이 없다는 문제 때문에 원래의 입장에서 후퇴하여
수정된 형태의 라마르크주의까지 포용하고자 한 적이 있었다. 그러
나 진화의 전체 그림에서 인류의 위치를 두고 다윈과 대립했다는 점

을 생각할 때 희한하게도 월리스는 순수한 자연선택주의를 고수했다. 다윈 자신보다 더 다윈주의자였다. 이와 관련하여 그는 1886년과 1887년 10개월 동안 미국과 캐나다를 여행하며 순회강연을 성공적으로 마쳤고, 강연에서 사용한 자료를 바탕으로 『다윈주의*Darwinism*』를 써서 1889년 출간했다. 이것은 이 이론이 앞서 언급한 이유로 공격받고 있던 때 시의적절하게 이 이론을 다룬 중요한 개론서였다. 그리고 지금도 충분히 읽을 가치가 있다.

60대 말에 이르러 월리스는 빅토리아 여왕 시대 과학의 거인 중 한 명이 되어 있었으며, 91세가 되기 얼마 전인 1913년 11월 7일까지 살았다. 그는 계속 글을 썼고, 수많은 표창을 받았으며, 1908년에는 영국에서 국민에게 주는 최고 훈장인 공로훈장을 받았다. 그러나 우리의 관점에서 그보다 중요한 것은 다윈을 그렇게나 괴롭혔던 두 가지 질문 즉 시간 척도 문제와 상속 문제에 대한 답이 나오기 시작하는 것을 적어도 죽기 전에 볼 수 있었다는 사실이다. 시간 척도 문제의 답은 이 책의 3장에서 다루었다. 그러나 다윈도 월리스도 알지 못했으나 상속 문제를 해결하기 위한 최초의 실마리는 1860년대에 이미 발견된 바 있었다. 다윈이 『길들인 동식물의 변이』를 집필하고 월리스가 동양 여행에서 수집한 자료를 가지고 『말레이 제도』를 쓰고 있던 때였다. 그러나 진화의 나머지 이야기를 하려면 빅토리아 여왕 시대의 비교적 느긋하고 대략적인 접근법에서 벗어나 이 야기의 속도도 초점도 모두 바꿀 필요가 있다.

제3부

현대

Modern Times

7
완두콩 주름에서 염색체까지

20세기에는 과학이 그 어느 때보다도 빠른 속도로 발전했고, 동식물 개체 전체보다는 개체의 세포 안에서 일어나는 일에 더 초점을 맞춰 진화의 작용 방식을 이해하기 시작했다. 상속 메커니즘을 이해하기 위한 열쇠는 거기에 있었다. 같은 기간에 진화 연구는 생물 세계의 행동 관측 위주였다가 실험 위주로 바뀌었다. 그렇지만 처음에는 실험의 중요성이 널리 이해되지 않았는데, 그다지 알려지지 않거나 당시 사고의 틀에 맞지 않기 때문이었다. 둘 다에 해당되는 경우도 있었는데, 그레고어 멘델Gregor Mendel의 완두 유전 연구가 그랬다.

진화를 이해하는 핵심은 다윈과 월리스가 깨달은 것처럼 '그 부모에 그 자식이지만 완전히 똑같지는 않다'는 것이다. 암수 고양이의 자식은 언제나 고양이이며 카나리아도 대구도 수양버들도 아니다. 여기에는 '괴물 기대주'가 없다. 그러나 두 고양이의 자식은 부모 어느 쪽의 정확한 사본도 아니다. 이렇게 불완전한 복제가 일어나기 위한 상속 메커니즘은 다윈이 1860년대와 1870년대에 여러 차례 그

수수께끼를 풀고자 했지만 실패로 끝났다.

다윈의 (부정확한) 상속 모델은 그가 1868년에 출간한 『길들인 동식물의 변이』 권말에 따로 첨부한 장에서 처음 발표됐고 그 밖에도 여러 차례 설명한 적이 있다. 『종의 기원』의 나중 판본도 그중 하나인데, 이 역시 이 책의 초판이 그 뒤의 판본보다 더 나은 한 가지 이유다. 그가 이 이론에다 '모두'라는 뜻의 '범'과 '발생'을 합친 '범생론(pangenesis)'이라는 이름을 붙인 것은 신체 내 모든 세포가 번식에 관여한다고 생각했기 때문이다. 『길들인 동식물의 변이』에서 "잠정적 가설 내지 추측"이라 묘사한 이 이론의 핵심은 체내의 모든 세포가 '작은 눈(gemmule)'이라는 작디작은 입자를 만들어 내고, 이 작은 눈이 생식세포(난자 또는 정자)로 가서 다음 세대로 전달된다는 것이다. 여기에는 라마르크주의적 요소가 포함되어 있는데, 작은 눈이 생성될 때 환경의 영향을 받을 수 있기 때문이다. 예컨대 기후가 추워지면 작은 눈은 그 영향으로 나중 세대에서 털이 자라도록 할 수도 있다. 그러나 그 시대 수많은 사람과 마찬가지로 다윈 역시 유전은 부모 양측의 특질이 혼합되는 결과를 낳는다고 생각했다. 간단한 예를 들어 보면 혼합이란 금발 머리 남자와 검은 머리 여자의 자식은 모두 갈색 머리가 될 거라는 뜻이다. 이런 상황이라면 자연선택의 작동에 중요한 개체 차이가 평준화될 것이기 때문에 진화에는 매우 좋지 않다. 이럴 경우 월리스의 길앞잡이는 배경과 완벽하게 어울리는 색을 절대로 내지 못할 것이다. 실제 세계에서는 금발 머리와 검은 머리 부모의 자식은 금발 머리거나 검은 머리가 된다. 또는 부모와는 다르게 붉은 머리가 될 수도 있다. 멘델의 실험이 설명한 것은 유전의 이런 측면이었다. 이 실험은 다윈이 아직 살아 있을 때 이루어졌고 심지어 출판까지 됐다. 그러나 이 발견은 20세기 초까지 대체로 알려지지 않은 채 묻혀 있었다.

멘델은 1822년 월리스보다 6개월 먼저 태어나 1884년까지 살았다. 오늘날 폴란드, 독일, 체코 공화국의 경계에 걸쳐 있던 지역인 모라바에 속한 작은 마을의 가난한 가족 출신이었다. 세례명은 요한이고, 학교 성적이 우수했지만 그와 같은 출신의 영리한 청년이 택할 수 있는 유일하게 괜찮은 직업은 사제였다. 1843년 브륀(오늘날 체코의 브르노)에 있는 아우구스티누스 수도회의 견습 수도사로 들어가면서 '그레고어'라는 이름을 받았다. 사제직 안에서 승진하면서 학교 교사가 되었고, 원장은 그를 1851년부터 1853년까지 빈 대학교에 보내 공부하게 했다. 그는 그냥 사제가 아니라 훈련 받은 과학자이기도 했다. 이것은 드문 일이 아니었다. 브륀의 수도원은 그냥 종교 시설이 아니라 일종의 작은 대학교였고 수도사 중 식물학자와 천문학자가 한 명씩 있었다. 이 공동체에서 멘델이 맡은 주요 역할은 그 지역 학교 교사이고 종교적 의무도 수행해야 했지만, 그와 아울러 유전이 작용하는 방식에 관한 실험을 수행할 시간도 허락됐다. 일찍이 그는 한 세대로부터 다음 세대로 특질이 전달되는 방식에 크게 흥미를 느꼈고, 처음에는 생쥐를 길렀으나 1856년에 식물학으로 전환하여 완두를 가지고 그의 기념비적 연구를 해냈다.

멘델이 여러 가지 식물을 조사한 끝에 완두를 고른 데는 좋은 이유가 있다. 그는 완두에는 번식에서 잘 드러나는 독특한 특질이 있어서 통계적으로 분석할 수 있다는 것을 알았다. 통계적 분석은 그의 연구에서 핵심이었고 시대를 훨씬 앞지르는 방식이었다. 그는 여러 특질을 골라 연구했다. 완두콩이 쭈글쭈글한지 매끈한지, 노란색인지 녹색인지 등의 특질이었다. 그의 기발한 업적은 생물학 연구를 물리학자처럼 접근했다는 사실이다. 그는 재현 가능한 실험을 하고, 자세한 기록을 남겼으며, 자료 분석을 위해 통계학적 실험 방법을 사용했다. 처음에 28,000포기의 완두 중에서 12,835포기를 골라 세밀하게 연구를 시작했다. 포기마다 마치 가계도처럼 자손을 기록해 나갔다. 그는 각 포기가 세대를 내려가는 동안 그 포기의 부모, 조부모, 나아가 그 이전의 조상까지 알고 있었다. 이것은 특정 포기의 꽃가루를 다른 특정 포기의 꽃에 뿌리는 식으로 저 수많은 포기에 달린 꽃 하나하나를 직접 손으로 수분했기 때문에 가능했다. 포기들이 성장하는 동안 작물을 보살피는 한편으로 각 포기의 해당 특질을 기록하고, 다음 세대로 넘어가서 똑같은 방식을 그대로 되풀이했다. 관찰하고 있는 특질이 한 세대로부터 다음 세대로 전달되는 방식을 연구할 수 있게 되기까지 7년에 걸쳐 자료를 수집했다.

하나만 예를 들자면, 그가 발견한 내용은 쭈글쭈글한 완두콩 또는 매끈한 완두콩의 유전에서 잘 알 수 있다. 멘델은 한 포기의 어떤 것이 한 세대로부터 다음 세대로 전달되어 자식의 특징을 결정한다는 것을 알아냈다. 오늘날 우리는 그 '어떤 것'을 유전자 또는 유전자 묶음이라 부른다. 멘델은 이 용어를 사용하지 않고 '상속 요소'라 불렀다. 또 '인자'라고도 알려져 있다. 여기서는 현대 용어를 사용하기로 한다. 그가 통계분석을 통해 연구한 성질은 유전자 쌍과 관련이 있는 것으로 나타났다. 위에서 든 예로 보면 한 유전자는 쭈글쭈글한 모양(쭈)과 연관되고 또 한 유전자는 매끈한 모양(매)과 연관된다. 콩이 쭈글쭈글한 완두와 매끈한 완두를 수정할 때 자식 완두는 부모 양측으로부터 각기 하나의 가능성을 물려받는다. 그 결과 자식은 쭈쭈, 쭈매, 매매라는 세 가지 조합 중 임의의 하나를(하나만) 갖게 된다. 자식 완두는 이 가능성 중 하나를 다음 세대로 전달한다. 쭈쭈나 매매는 각기 쭈나 매를 전달하지만, 쭈매는 자식 중 절반에게 는 쭈를 물려주고 나머지 절반에게는 매를 물려줄 것이다. 멘델은 쭈쭈 포기는 언제나 완두콩이 쭈글쭈글한 모양이라는 것을 알아냈 다. 매매 포기는 언제나 매끈한 모양이었다. 그러나 멘델의 꼼꼼한 통계분석에 따르면 쭈매 포기에서는 쭈가 무시되고, 완두콩은 모두 매끈했다.

그는 언제나 쭈글쭈글한 완두콩이 열리는 포기(쭈쭈)를 언제나 매 끈한 완두콩이 열리는 포기(매매)와 교차수정하여 이것을 알게 됐 다. 자식의 25퍼센트만 쭈글쭈글한 완두콩이 열렸고, 75퍼센트는 매끈한 완두콩이 열렸다. 멘델은 이것을 자식의 25퍼센트는 쭈글쭈 글한 완두콩이 열리는 쭈쭈고 25퍼센트는 매끈한 완두콩이 열리는 매매지만, 그 나머지는 쭈매 25퍼센트와 매쭈 25퍼센트여서 합하면 50퍼센트가 되고 둘 모두 매끈한 완두콩이 열리기 때문일 수밖에 없 다고 설명했다. 중요한 사실은 쭈매와 매쭈 포기에는 쭈글쭈글한 완두콩 50퍼센트와 매끈한 완두콩 50퍼센트가 열리는 게 아니며 약 간 쭈그러진 완두콩이 달리는 것도 아니라는 점이다. 오늘날 우리 는 '매' 인자가 우성이며 '쭈' 인자는 열성이라고 표현한다.

멘델의 결과는 1864년 브륀 자연과학 연구학회에서 발표됐고

1866년 학회 회보에 출간됐다. 그러나 이것은 당시에도 이름 없는 학회지였고 연구의 중요성은 제대로 이해되지 않았다. 식물학에 수학을 접목하는 방식은 오늘날에는 자연스러워 보이지만 당시에는 그나마 이 논문을 읽은 사람조차 이 때문에 당황한 것으로 보인다. 멘델은 1868년 수도원장이 됐고 과학 연구를 계속할 시간이 없었다. 19세기 말에 이르러 다른 연구자들이 독자적으로 똑같은 유전법칙을 발견했을 때에야 그의 논문이 재발견되어 그가 받아 마땅한 인정을 받았다. 그가 강조한 다섯 가지 요점은 다음과 같다.

- 생물체가 지니는 신체적 특성은 각기 하나의 유전인자와 상응한다.
- 인자는 쌍으로 움직인다.
- 부 또는 모가 지니는 각 쌍의 인자 중 오직 한쪽 인자만 자식에게 전달된다.
- 통계학적으로만 볼 때 쌍을 이루는 인자 중 한 짝이 이런 식으로 자식 개체에게 전달될 확률은 두 짝의 인자 모두 똑같다.
- 어떤 인자는 우성이고 그 나머지 인자는 열성이다.

멘델이 발견한 유전법칙은 자연선택에 의한 진화 이론을 이해하는 데 결정적으로 중요하다. 첫째, 이것은 자식이 부모의 특질을 혼합한 성질을 지니지 않는 이유를 설명해 준다. 둘째, 멘델은 특질은 각기 독자적으로 상속된다는 것을 보여 주었다. 예컨대 완두콩이 녹색이든 노란색이든 그것은 완두콩이 쭈글쭈글한지 매끈한지에 영향을 주지 않는다. 진화의 메커니즘을 이해하게 되는 다음 한 걸음은 20세기 초 토머스 헌트 모건Thomas Hunt Morgan(1866~1945)이 내딛는다. 그러나 이것을 전체적 맥락에서 이해하려면 시간을 약간 거슬러 올라가 생명의 기본 단위는 세포임을 밝힌 이야기를 살펴볼 필요가 있다.

생물학적 맥락에서 '세포(cell)'라는 이름을 처음 사용한 사람은 로버트 훅이었다. 얇게 썰어 낸 코르크를 현미경으로 연구할 때 그 구조를 설명하기 위해서였다. 코르크를 현미경으로 보았을 때 그는 수도사들이 차지하고 있는 작디작은 독방을 떠올렸다. 우리가 오늘날 세포라 부르는 구조는 훅이 연구한 것보다도 더 작지만, 19세기 생물학자들이 더 개량된 현미경을 가지고 생물의 구조를 살펴보면서 그 이름을 그대로 가지고 왔다. 1838년에 와서야 독일 식물학자 마티아스 슐라이덴Matthias Schleiden(1804~1881)이 모든 식물 조직은 세포로 이루어져 있다고 했고, 이듬해 역시 독일인인 테오도어 슈반 Theodor Schwann(1810~1882)이 식물뿐 아니라 동물을 포함하여 모든 생명체가 세포를 기반으로 하고 있다는 의견을 내놓았다. 1840년대에 이들은 세포는 생명의 기본 단위라는 이론을 전개했으며, 개개의 세포가 생명의 모든 속성을 가지고 있을 뿐 아니라 더 커다란 생물체의 복잡한 기관이 모두 세포 기반 구조로 만들어져 있다고 했다. 알이나 씨앗은 하나하나가 세포로서 번식 능력이 있으며, 분할하여 더 많은 세포를 만들어 냄으로써 생물체의 성숙한 형태로 조직을 갖춘다는 사실을 사상 처음으로 제대로 이해하게 됐다. 슐라이덴이 말한 대로 생물체는 "각 세포가 국민"인 "세포 국가"다.[34] 그 이전에는 생명은 하나의 생물 개체가 전체적으로 지니는 어떤 신비한 속성이라 생각했다. 이제는 가장 미미한 세포까지도 공유하고 있는 속성으로 보게 됐다.

이것은 또 하나의 심오한 깨달음으로 이어졌다. 1850년대 말 또다른 독일인 루돌프 피르호Rudolf Virchow(1821~1902)는 로베르트 레마크Robert Remak(1815~1865)의 연구를 바탕으로 어떠한 세포도 저절로 존재하게 되지는 않는다는 것을 보여 주었다.* 그는 다윈-월리스의 공동 논문이 발표된 해인 1858년 세포가 하나 있으면 반드시 그 이전 세포가 있다는 것을 지적했다. 동물에게 언제나 부모가 있고 식물이 다른 식물의 씨앗에서만 생겨나는 것처럼 세포 역시 다른 세포의 분열로써만 만들어진다. 오늘날 지구상에서 생명은 절대로 저절로 생겨나지 않는다. 모든 살아 있는 세포는 아득한 지질학적 과거의 어떤 머나먼 조상(들)으로부터 중도에 끊기는 일 없이 이어 내려왔다. 피르호는 오늘날 지구상 모든 생물의 조상은 문자 그대로 한 개의 세포였다고까지 말하지는 않지만, 지금은 이것이 지구상 모든 생물이 분자 차원에서 비슷한 가장 그럴 법한 설명이라고 널리 받아들여지고 있다. 최초 세포가 어디서 왔는지는 여전히 수수께끼였지만, 피르호의 연구 이후로 오늘날 동식물 속 생명이 어디서 왔는지는 더 이상 수수께끼가 아니게 되었다.

이 모든 것이 완전히 이해되자 생명에 관한 연구는 세포에 관한

---

* 피르호가 레마크를 표절했다는 말도 있지만, 1858년 『세포 병리학Die Cellularpathologie』을 출간하여 이 생각을 대중화시킨 사람은 확실히 피르호였다.

연구가 됐다. 모든 세포는 기본 구조가 똑같다. 크기는 지름 10에서 100마이크로미터이며, 두께가 1백분의 1마이크로미터가 되지 않는 매우 얇은 세포막 또는 세포벽 안에 물 같은 젤리가 들어 있는 형태를 띤다. 우리의 이야기에서 가장 중요한 세포는 동식물의 구조를 이루는 세포로서, 모두 한가운데에 검은색 핵이 하나씩 있다. 나중에 물리학자들은 세포의 '핵'이라는 용어를 빌려 가 원자 한가운데의 덩어리를 가리키는 말로 사용했다. 따로 떨어진 한 개의 세포는 비눗방울처럼 공 모양을 이루겠지만, 다른 세포들과 결합하면 밀리고 당겨져 다른 모양이 된다. 세포벽은 각 세포가 나름의 독자성을 유지하게 해 준다. 벽 속의 벽돌과 비슷하지만, 벽 속의 벽돌과는 달리 세포막은 필요에 따라 특정 화학물질을 세포 안이나 밖으로 — 각 '벽돌' 안이나 밖으로 — 통과시킨다.

바로 우리 인류라는 생물체에 초점을 맞춰 보면, 생명의 수수께끼는 하나의 커다란 세포 즉 난자가 하나의 작은 세포 즉 정자와 융합하여 하나의 세포를 만들고 뒤이어 그것이 복잡한 과정에 따라 반복적으로 분열하여 여러 단계를 거치면서 어른으로 발달하는 방식을 이해하려는 노력으로 바뀐다. 생물학자는 현미경을 통해 발달 단계를 관찰함으로써 19세기 말에 이르러 이 발달 과정이 어떤 기본 설계에 따라 일어나는 것이 틀림없다는 것을 깨달았다. 난자 안에 그냥 자라기만 하면 되는 작은 어른이 들어 있지 않았던 것이다. 그러면 이 기본 설계는 무엇이고 세포 안 어디에 감춰져 있었을까? 이것이 '생명 분자' DNA를 밝혀내는 여정의 시작이었다. 이 이야기는 1860년대 튀빙겐 대학교에서 연구한 스위스인 생물화학자 프리드리

진화의 오리진

히 미셔Friedrich Miescher(1844~1895)가 한 실험에서 본격적으로 시작된다.

1866년 에른스트 헤켈Ernst Haeckel(1834~1919)은 상속 가능한 특질을 전달하는 인자는 세포의 핵에 들어 있다는 가설을 세웠다. 그 무렵 단백질이 신체에서 가장 중요한 조직 구조 물질이라는 것도 알려져 있었다. 이 사실은 '첫째'라는 뜻인 단백질(protein)이라는 이름에도 반영되어 있다. 단백질은 복잡한 분자로서, 탄소 원자 하나의 무게가 12단위*일 때 단백질의 무게는 수천에서 수백만 단위에 해당하므로 그 크기가 어느 정도인지 대강 가늠할 수 있을 것이다. 단백질은 아미노산이라는 훨씬 작은 것들로 이루어져 있으며, 아미노산 자체의 무게는 같은 척도에서 일반적으로 100단위를 조금 넘는 정도이다. 단 20가지의 아미노산이 복잡한 방식에 따라 서로 결합하여 생명의 구성 조직인 여러 가지 단백질을 만들며, 때로는 많은 수가 결합하기도 한다. 아미노산 자체는 다시 탄소, 수소, 산소, 질소로 이루어지며, 황을 함유하는 아미노산도 있다.

미셔는 생명 작용의 핵심인 세포 내 화학작용에 관여하는 단백질을 찾아내고자 했다. 그가 사용한 원재료는 근처 외과에서 가져온 고름이 흠뻑 배어든 붕대였다. 그는 고름으로부터 백혈구라 부르는 흰색 혈액세포를 분리한 다음, 세포를 채우고 있는 물 같은 젤리가 정말로 단백질을 많이 함유하고 있다는 사실을 알아냈다. 그러나 그 다음 새로운 것을 발견했다. 세포를 약알칼리성 용액으로 처

---

* 일반적으로 '분자량'이라고 한다. 탄소 원자(C) 하나의 분자량을 12로 두고 그것을 기준으로 셈하는 상대적 질량을 말한다. (옮긴이)

리하고 난 뒤 시험해 본 결과 단백질이 아닌 또 다른 물질이 있었던 것이다. 세포를 현미경으로 살펴보았더니 알칼리 용액으로 인해 세포핵이 부풀어 터져 있었다. 따라서 그가 발견한 '새로운' 물질은 핵에서 나온 것이 분명했다. 세포핵은 단백질이 아니라 다른 물질로 이루어져 있었는데 그는 그것을 '핵질'이라 불렀다. 단백질처럼 핵질에도 탄소, 수소, 산소, 질소가 많이 들어 있었다. 그러나 인도 들어 있었는데 인은 단백질에서는 발견되지 않는 물질이다. 미셔는 이렇게 썼다. "분석이 완전하지는 않겠지만, 현재까지의 분석으로 볼 때 우리가 다루고 있는 것은 어떤 임의의 혼합물이 아니라, … 화학적 단위체 또는 매우 밀접하게 연관된 것들의 혼합체라는 것을 알 수 있다." 그러나 그는 그 커다란 핵질 분자의 구조를 알아낼 수 없었다. 미셔는 이 연구의 첫 단계를 1869년에 완성하고, 튀빙겐을 떠나 연구 결과를 설명하는 원고를 완성했다. 그러나 프로이센-프랑스 전쟁을 비롯하여 예상하지 못한 여러 사건이 벌어졌기 때문에 그의 원고는 1871년이 되어서야 출간됐다. 미셔는 그 뒤 연구에서 핵질 분자에는 여러 가지 산성기*가 들어 있다는 것을 알아냈고, 1880년대 말에 이르러 이 물질을 나타내는 말로 '핵산'이라는 용어가 쓰이기 시작했다.

이 무렵 세포의 작용 이해에서 또 하나의 중요한 진전이 있었는

---

* '기(基, group)'는 화학반응에서 분해되지 않고 마치 하나의 원자처럼 한 덩어리로 행동하는 원자들 집단을 말한다. 메틸기, 인산기, 탄수화물기 등 다양한 기가 존재한다. '산성기'는 산성을 띠는 여러 가지 기를 가리키는 총칭이다. (옮긴이)

데, 부분적으로 미셔의 연구에서도 자극을 받은 발견이었다. 생명의 기본단위로서 세포의 중요성이 일단 인정되자 '개개의 세포가 어떻게 분열하고 번식하는가' 하는 문제가 풀어야 하는 수수께끼가 됐다. 세포학자들은 염료를 사용하여 세포에 색을 입힌 다음 세포 안의 구조를 살펴보았다. 1879년 독일 생물학자 발터 플레밍Walther Flemming(1843~1905)이 세포 안에 있는 실 같이 생긴 구조체가 염료를 잘 받아들여 세포분열 과정에서 뚜렷하게 보인다는 것을 알아냈다. 쉽게 색을 입힐 수 있었으므로 이 실 같은 구조체에는 '염색체'라는 이름이 붙었고 세포 안에 있는 다른 갖가지 조각에도 '염색분체'라 든가 '유색체' 같은 이름이 붙었다. 분열 과정의 각 단계에서 세포를 죽이고 염색한 다음 현미경으로 살펴보는 방법으로 플레밍은 분열 과정이 진행되는 방식을 알아내고 거기에 '유사분열'이라는 이름을 붙였다. 세밀한 부분까지 알아내는 데는 여러 해가 걸렸지만, 유사분열 때 벌어지는 일은 본질적으로 다음과 같다. 일반적으로 핵 안에 들어 있는 염색체 묶음이 세포의 메커니즘에 따라 복제되어, 그 한 벌은 세포의 한쪽으로 이동하고 나머지 한 벌은 반대쪽으로 이동한다. 그 다음 세포의 중간이 갈라져 각기 완전한 염색체를 한 벌씩 가지는 두 개의 세포가 생겨난다. 한쪽 세포를 '딸세포'로 또 한쪽은 '어미세포'로 구분하는 것은 의미가 없다. 각 세포는 원래 세포를 정확히 복제한 것이다. 염색체가 세포에서 중요하다는 사실은 분명해 졌고, 그 안에 세포의 작용을 위한 청사진 내지 사용 설명서가 들어 있는 것이 틀림없다는 것도 이내 깨달았다. 그러나 이것이 이야기의 전부일 수가 없다는 사실 또한 분명해졌다. 정자 세포와 난자 세포가 융합하여 새로운 개체의 기반을 만들 때 무슨 일이 벌어지는가? 수정된 난자에 염색체가 두 벌 들어 있지 않은 이유는 무엇인가?

1890년대에 적어도 윤곽 형태로나마 그 대답을 내놓은 사람은 독일 프라이부르크에서 활동하는 동물학자 아우구스트 바이스만 August Weismann(1834~1914)이었다. 1886년 바이스만은 난자와 정자 세포는 (둘 모두를 가리켜 생식세포라 부른다) 한 세대로부터 다음 세대로 전달되는 생명의 어떤 필수 요소를 함유하고 있는 것이 분명하다고 보았다. 이어 그는 이 상속 물질이 염색체 안에 들어 있을 것이 분명하다고 추측했다. (정확한 추측이었다.) 그는 염색체 안에서 발견되는 "화학물질 특히 분자구조를 이루는 물질이 한 세대로부터 다른 세대로 전달되면서 상속이 일어난다"고 결론지었다. 그는 또 유전물질이 다음 세대의 세포 안에 누적되지 않을 수 있는 유일한 길은 생식세포가 특별한 세포분열 과정을 통해 유전물질의 양을 절반으로 나누는 것이라고 내다보았다. 이 세포분열 과정은 오늘날 '감수분열'이라 부른다. 자세한 과정은 나중에야 밝혀졌지만 이 이야기는 여기서 다루어 두는 게 좋겠다. 오늘날 우리는 염색체는 세포 안에서 서로 연관된 쌍을 이루고 있다는 것을 알고 있다. 유사분열 때는 쌍이 한 묶음으로 복제되어 전달된다. 그러나 감수분열 때는 쌍이 분리되며 약간 더 복잡한 세포분열이 일어난다. 먼저 쌍을 이루는 두 염색체 사이에 일부 물질 교환이 이루어진 다음* 그렇게 뒤섞인 염색체 쌍을 완전히 갖춘 딸세포가 두 개 만들어진다. 이것이 다시 분열하여 네 개의 세포가 만들어지는데 이때는 염색체의 복제가 일어나지 않기 때문에 각 세포 안에는 쌍을 이루지 않은 염색체

진화의 오리진

가 한 짝씩 들어 있다. 정자와 난자가 융합하면 각 생식세포에 한 짝씩 들어 있는 염색체가 합쳐져 완전한 염색체 쌍을 갖추게 된다. 중요한 것은 이때 염색체의 반은 부모 중 한쪽으로부터, 나머지 반은 다른 쪽으로부터 온다는 것이다. 구체적으로 말하자면 쌍을 이루는 염색체의 한 짝은 부모의 한쪽으로부터, 다른 짝은 다른 쪽으로부터 온다.

감수분열의 세밀한 부분을 제외하고 이것이 멘델이 발견한 유전법칙이 재발견된 시기의 상황이었다. 멘델의 법칙은 한 번만 재발견된 게 아니라 세 사람의 과학자가 독자적으로 연구하면서 재발견됐다.

염색체의 존재가 알려지고 유전에서 역할을 맡는다는 추측이 일어난 만큼 연구자들이 멘델이 한 것과 같은 실험으로 눈을 돌리는 것은 당연했다. 그러나 그들은 멘델이 이미 40년 전에 그런 실험을 했다는 사실을 몰랐다. 19세기 말에 다가가면서 여러 연구자들이 이런 식의 연구를 독자적으로 진행하고 있었고, 그중에는 멘델과 같은 이유에서 완두를 택해 실험하는 사람들도 있었다. 이들 중 연구 결과를 가장 먼저 발표한 사람은 네덜란드에서 식물을 가지고 연구한 휘호 더프리스Hugo de Vries(1848~1935)였다. 1900년 3월 그는 두 편의 논문을 출간했다. 첫째는 프랑스어로 쓰였는데, 연구 결과를

---

* 염색체가 붉은색 실 한 가닥과 푸른색 실 한 가닥으로 이루어져 있다고 생각할 때, 감수분열 과정에서는 각 가닥이 똑같은 길이의 조각으로 끊어져 나와 서로 교환되어 두 가닥 모두 붉은색과 푸른색이 번갈아 나타나는 실로 변한다. 한쪽 실에서 붉은색인 부분이 다른 쪽 실에서는 푸른색이고 푸른색이면 붉은색이다.

짤막하게 요약한 것으로 멘델은 언급되지 않았다. 다른 한 편은 독일어로 쓰면서 더 자세히 설명했고 또 멘델도 언급했다. 그는 멘델의 논문을 두고 "이 중요한 연구논문은 인용되는 예가 거의 없어 나 자신도 내 실험이 거의 마무리되고 위와 같은 내용을 독자적으로 추론한 뒤에야 알게 됐다"고 말했다. 다만 멘델의 연구를 어떻게 알게 됐는지는 설명하지 않는다.[35] 더프리스의 프랑스어 논문은 독일인 식물학자 카를 코렌스Carl Correns(1864~1933)에게 폭탄처럼 떨어졌다. 그는 비슷한 실험을 하고 있었고 그중 일부는 완두를 대상으로 이루어졌다. 자신의 실험 결과를 출판하기 전에 열심히 과학 문헌을 확인하던 그는 멘델의 논문을 찾아냈고, 자기 자신의 연구를 발표하기 전에 더프리스에게 선수를 빼앗겼다. 오스트리아인 학자 에리히 체르마크 폰 자이제네크Erich Tschermak von Seysenegg(1871~1962)의 경우도 비슷했다. 결국 누가 먼저냐를 두고 불쾌한 논쟁을 벌이는 쪽보다 멘델을 이런 연구의 개척자로 인정하는 쪽이 모두를 위해 좋았다. 미국과 영국과 프랑스의 연구자들로부터도 이들과 멘델의 연구가 중요하다는 사실을 확인할 수 있었다. 1900년 말에 이르러 과학사에서 멘델의 위치는 확고해졌고 그의 유전법칙 역시 마찬가지였다.

유전에서 염색체의 역할을 발견하고 멘델의 유전법칙을 재발견한 뒤 몇 년 동안 핵산 분석이 이루어졌고 핵산에는 DNA와 RNA 두 가지가 있다는 사실이 밝혀졌다. 오늘날 과학자가 아닌 사람조차도 적어도 이름은 익숙하게 들어 보았을 것이다. 각 분자에는 네 가지 구성 요소가 있는데 이것을 염기라 부른다. 그중 한 핵산의 염기는 아데닌, 구아닌, 시토신, 티민이며 종종 A, G, C, T라는 머리글자로 표시한다. 다른 핵산의 염기는 위와 같지만 티민이 아니라 우라실(U)이 들어간다. 그러나 이 모든 것을 알아내기까지 긴 시간이 걸렸다. RNA와 DNA라는 생명 분자를 '발견'하기까지 여러 해 동안 수많은 사람의 연구가 필요했다. 이 두 가지 분자에 실제로 이름을 붙인 사람은 러시아에서 태어나 미국 록펠러 의학연구소에서 일한 피버스 레빈Phoebus Levene(1869~1940)이다.

레빈은 더프리스와 코렌스와 체르마크의 획기적인 연구가 발표된 몇 년 뒤 효모 세포에서 얻은 핵산을 가지고 실험을 시작했다. 이 물질에는 A, G, C, U가 거의 같은 양씩 포함돼 있었고, 인산기라는 화학물질도 들어 있었다. 인산기는 본질적으로 인 원자 하나를 산소 원자 네 개가 둘러싸는 형태를 띤다. 그 밖에도 탄소와 수소와 산소로 이루어지는 복잡한 분자인 탄수화물기도 한 가지 함유하고 있었으나, 레빈이 연구를 시작할 때는 어느 탄수화물인지는 밝혀져 있지 않았다. 1909년 그는 이 물질을 분리하여 당류의 하나인 리보스라는 것을 밝혀냈다. 당 분자는 탄소 원자 네 개와 산소 원자 하나가 연결되어 오각형을 이루는 탄소 고리를 중심으로 만들어진다. 이 단위체가 다른 분자와 결합하여 더 복잡한 구조를 만들 수 있다. 레빈은 핵산의 구성 요소들 자체가 단위체를 이루어 연결되어 있고 단위체 안에는 인산염, 당, 염기가 하나씩 들어 있다는 것을 보여 주면서 이 단위체를 '뉴클레오티드'라 불렀다. 그러나 핵산의 이 구성 요소들이 어떻게 서로 결합되어 있는지는 아무도 몰랐다.

레빈은 핵산 분자는 각기 뉴클레오티드가 사람의 척추처럼 연이어져 있는 구조이지 않을까 생각했다. 1909년 그는 이 분자에 '리보스핵산(ribose nucleic acid)'이라는 이름을 붙였고, 이내 머리글자만 남긴 RNA라는 이름으로 불리게 됐다. RNA에는 네 가지 염기가 같은 수만큼 들어 있으므로 그는 각 분자가 네 가지 단위체 즉 네 가지 염기가 하나씩 들어 있는 뉴클레오티드의 짤막한 사슬로 구성돼 있을 것으로 추측했다. 이것을 네 가지 염기를 기준으로 보면 똑같은 단위체가 많이 만들어져 A-C-U-G, A-C-U-G, A-C-U-G 같은 모양이 된다. 이것은 '테트라뉴클레오티드 가설'이라는 이름으로 알려졌다. 알고 보니 이것은 틀린 가설이었는데, 그 뒤로 수십 년 동안 핵산에 관한 생각에 잘못된 영향을 주었다. 특히 정말로 중요한 생명 세포는 모두 단백질이라는 생각을 조장했다. 핵산은 단백질 분자를 부착하기 위한 일종의 임시 가설물처럼 취급됐다.

레빈이 또 한 가지 종류의 핵산이 있다는 사실을 알아낸 것은 그로부터 다시 20년이 지난 1929년이었다. 가슴샘 세포에서 추출한 물질을 분석하고 보니 한 가지 다른 종류의 당기가 함유돼 있었고 또 우라실(U)이 아니라 티민(T)이 들어 있었다. 이 당기의 각 분자에는 거기 해당하는 리보스기보다 산소 분자가 하나씩 적었으므로 그는 이것을 데옥시리보스라 불렀고, 그래서 이 핵산에는 '데옥시리보스핵산(deoxyribose nucleic acid)' 즉 DNA라는 이름이 붙었다. 이 두 핵산은 흔히 이름을 약간 줄여 '리보핵산'과 '데옥시리보핵산'이라 불린다. 레빈은 여전히 DNA 안의 뉴클레오티드 분자는 똑같은 순서로 연결되는 것이 분명하다고 생각했다. 다만 U가 아니라 T이므로 A-C-U-G가 아니라 A-C-T-G, A-C-T-G, A-C-T-G 식이었다.

진화의 오리진

그러나 그가 DNA를 찾아내 이름을 붙이기 한 해 전 핵산은 단순한 임시 가설물이 아니라는 사실을 가리키는 실마리가 이미 나타났다. 이 이야기를 풀어 나가려면 우리는 다시 한번 시간을 약간 거슬러 올라가야 한다.

진화가 어떻게 작동하는가를 이해하기 위한 핵심적인 한 걸음은 1910년대에 컬럼비아 대학교에서 토머스 헌트 모건Thomas Hunt Morgan 과 그의 동료들이 내디뎠다. 모건은 완두가 아니라 초파리 드로소 필라Drosophila를 가지고 연구했다. 그렇지만 그가 한 실험은 본질적으로 멘델이 한 것과 같은 종류였다. 완두는 해마다 한 세대밖에 세대가 내려가지 않지만, 초파리는 2주에 한 번씩 번식할 뿐 아니라 암컷이 한 번에 알을 수백 개씩 낳기 때문에 연구자는 분석에 사용할 자료를 풍부하게 확보할 수 있다. 초파리에서 개체의 성은 한 가지 염색체로 결정되는데 우연히도 매우 쉽게 판별할 수 있는 염색체이기도 하다. 염색체 중에는 성을 결정하는 것이 두 가지 있는데 그 모양에 따라 X염색체와 Y염색체라는 이름이 붙어 있다. 대부분의 종에서 암컷의 세포에는 언제나 XX 쌍이 들어 있고 수컷 세포에는 XY 쌍이 들어 있다. 자식은 언제나 어머니로부터 X 하나를, 아버지로부터 X 또는 Y 중 하나를 물려받는다. 아버지에게서 X를 물려받으면 그 개체는 암컷이 되고 Y를 받으면 수컷이 된다. 그러나 모건은 염색체가 하는 일이 이게 다가 아니라는 것을 발견했다.

모건은 눈이 빨간 초파리 집단을 가지고 시작했다. 그러나 1910년 우연한 돌연변이가 일어나, 연구 중인 수천 마리의 초파리 중 눈이 흰 수컷 파리 한 마리가 눈에 띄었다. 모건은 눈이 흰 수컷 파리를 눈이 빨간 암컷과 교배시켜 어떻게 되는지를 살펴보았다. 자식은 모두 눈이 빨간색이었다. 이에 그는 멘델이 완두를 가지고 한 것과 마찬가지로 그 다음 세대와 또 그 다음 세대로 연구를 계속 확대해 나갔다. 두 번째 세대에서는 눈이 빨간 암컷, 눈이 빨간 수컷, 눈이 흰 수컷이 태어났지만 눈이 흰 암컷은 없었다. 자신이 알아낸 것을 면밀하게 통계적으로 분석한 끝에 그는 1911년에 흰색 눈 돌연변이를 일으키는 게 뭐든 간에 X염색체를 통해 전달되는 인자임이 분명하다는 결론을 내렸다. 두 번째 세대의 암컷 중 X염색체 하나에 돌연변이가 있다 해도 나머지 한 짝의 X염색체에 있는 인자가 정상이면 그것이 우성이어서 그 지배를 받는다. 그러나 수컷의 경우에는 그렇게 할 수 있는 X염색체 짝이 없다. 실험을 계속한 결과 모건의 연구팀은 초파리의 다른 속성 중에도 성과 연계되어 있으며 따라서 명백하게 X염색체를 통해 전달되는 것들이 있다는 사실을 알아냈다. 모건은 멘델이 말한 이런 '인자'를 가리키는 용어로 덴마크의 식물학자 빌헬름 요한센Wilhelm Johannsen(1857~1927)이 1905년에 만든 용어인 '유전자(gene)'를 택했고, 실 같이 생긴 염색체를 따라 유전자가 마치 줄에 달린 구슬처럼 줄줄이 달려 있는 이미지를 생각해 냈다.

중요한 것은 각 개체가 부모 각자로부터 각각의 유전자 사본을 하나씩 물려받지만, 이 두 사본이 반드시 정확히 똑같은 방식으로 행동하지는 않는다는 사실이다. 이처럼 같은 유전자의 다른 판본을 '대립유전자'라고 한다. 멘델의 예로 돌아가 오늘날의 용어를 사용하여 설명하면, 색을 정하는 유전자가 있지만 여기에는 두 가지가 있다. 녹색을 만드는 대립유전자('a'라 하자)가 있고, 노란색을 만드는 대립유전자('A'라 하자)가 있다. 완두의 세포 안에 있는 염색체 중 한 쌍이 이 색깔 유전자를 가지고 있지만, 각 염색체 가닥에 있는 대립유전자가 반드시 서로 똑같지는 않다. 있을 수 있는 조합은 AA, Aa, aA, aa 네 가지다. AA 완두콩은 노란색이고 aa 완두콩은 녹색일 것이 분명하다. 그러나 Aa와 aA는 노란색과 녹색이 번갈아 나오는 줄무늬도 점무늬도 아니다. A 대립유전자가 우성이기 때문에 이 완두콩은 언제나 노란색이다. A 대립유전자에 있는 명령만 표현되고 a 대립유전자의 것은 무시된다. 똑같은 종류의 작용이 대립유전자 쌍에서 많이 일어난다.

더 연구한 결과 감수분열 동안 성세포를 만드는 과정에서 유전자가 섞여 새로운 조합이 만들어지는 방식을 알아낼 수 있었다. 앞서 언급한 것처럼 쌍을 이루는 염색체가 잘게 끊어져 조각들이 염색체의 한 짝으로부터 반대쪽 짝으로 교환이 일어나고('교차') 그런 다음 다시 합쳐진다('재조합'). 유전자들이 염색체상에서 멀리 떨어져 있을수록 이처럼 교차하고 재조합하는 과정에서 서로 떨어질 가능성이 높다. 가까이 있는 유전자들은 그대로 함께 있는 경향이 있다. 이 사실을 바탕으로 많은 수고를 들인 끝에 일부 종의 염색체에서 유전자가 자리 잡고 있는 순서를 자세히 알아낼 수 있었다. 그러나 멘델의 유전 이론과 유전학이 확립된 결정적인 순간은 1915년 모건과 그의 동료들이 지금은 고전이 된 책『멘델 유전의 메커니즘 The Mechanism of Mendelian Heredity』을 출간한 때였다. 모건은 유전에 관한 연구를 계속하여『유전자 이론 The Theory of the Gene』을 써서 1926년 펴냈고, 1933년 '유전에서 염색체가 하는 역할에 관한 발견'으로 노벨 의학생리학상을 받았다. 이 무렵 자연선택의 법칙과 유전법칙을 융합하기 위한 기반이 마련돼 있었다. 이것은 나중에 '현대종합이론'이라고 불리게 된다. 이 이름은 '다윈의 불도그'라 불리는 토머스 헨리 헉슬리의 손자 줄리언 헉슬리가 1942년 『진화—현대종합이론 Evolution : The Modern Synthesis』을 출간하면서 만들어 냈다.

그런데 현대인으로서는 이상해 보이겠지만 20세기 초 멘델의 법칙이 재발견됐을 때 처음에는 그것이 다윈-월리스의 자연선택 이론에 타격을 준 것으로 보았다. 자연선택 이론은 무엇보다도 점진적 변화를 강조했다. 그런데 더프리스 같은 사람들은 실험할 때 색이나 쭈글쭈글한 모양 등이 한 세대로부터 다음 세대로 넘어가면서 갑자기 변화하는 것을 보았다. 그렇지만 이것은 멘델과 그 뒤 그의 연구를 재발견한 사람들이 노란색이나 녹색, 쭈글쭈글한 모양이나 매끈한 모양 등 한 세대에서 다음 세대로 분명한 변화가 일어나는 예를 일부러 골랐기 때문이었다. 생물체 대다수가 지니고 있는 특질은 대부분 이처럼 양자택일 형태로 상속되지 않는다. 사람은 키가 단순히 크거나 작은 게 아니라 다양한 모양과 크기를 지니는데 이것을 '표현형'이라 부른다. 표현형은 모든 범위의 유전자(유전자형)가 서로 영향을 주는 가운데 만들어진다. 한 생물체의 한 가지 특질에 작용하는 동일 유전자의 여러 대립유전자가 미치는 효과를 조사하기 위해 스웨덴 유전학자 헤르만 닐손엘레Herman Nilsson-Ehle(1873~1949)는 교차수정을 통해 낟알 색이 다섯 가지 중 임의의 하나가 될 수 있는 밀의 변종을 연구했고, 그 결과 각 색깔이 나타나는 빈도는 두 쌍의 염색체에 자리 잡고 있는 두 쌍의 대립유전자가 동시 전달되는 경우를 멘델의 통계적 유전법칙에 따라 계산했을 때의 결과와 정확히 일치한다는 것을 알아냈다. 에드워드 이스트Edward East(1879~1938)는 하버드 대학교에서 꽃의 길이가 짧거나 긴 담배를 가지고 비슷한 실험을 했다.

이 모든 것이 수학자들이 합세하기 좋은 계기로 작용했다. 이들은 예컨대 지구상의 인간처럼 개체 수가 많을 때 개체들이 지니고 있는 동일한 유전자의 대립유전자가 대단히 많을 수 있다는 것을 깨달았다. 한 개체 안에는 특정 특질에 해당하는 대립유전자가 한 쌍밖에 없지만, 동일 유전자의 다양한 대립유전자가 다른 개체들의 세포 안에 존재한다. 원칙적으로 이런 대립유전자 중 어떤 것이라도 다음 세대에 쌍을 이룰 수 있다. 환경에 어떤 변화가 일어나 그중 어떤 한 가지 대립유전자에게 유리해지면 그 대립유전자는 인구 사이로 빠르게 퍼질 것이다.

예를 들면 오늘날 사람들이 띠고 태어나는 눈 색에는 여러 가지가 있고, 예컨대 눈이 파란색이라고 해서 진화에서 눈에 띄는 이점은 없다. 그러나 태양광에 변화가 일어나 파란색이 더 효율적인 환경이 되어 파란색 눈의 사람들이 먹을거리를 더 쉽게 찾아낸다면 (첨단 기술은 무시하기로 하자) 파란색 눈에 해당하는 대립유전자가 인구 사이로 퍼질 것이고 눈이 파란색인 사람이 더 흔해질 것이다. 1920년대에 수학자 네 사람이 대립유전자가 얼마나 효과적으로 인구 사이로 퍼지는지를 알아내기 위해 계산을 해 보기로 했다. 이들은 영국에서 독자적으로 연구한 로널드 앨머 피셔Ronald Aylmer

Fisher(1890~1962)와 존 홀데인John Haldane(1892~1964), 미국의 시월 라이트Sewall Wright(1889~1988), 소련의 세르게이 체트베리코프Sergei Chetverikov(1880~1959)였다. 같은 종 안의 개체들이 전체적으로 수많은 대립유전자를 가지고 있을 때 자연선택이 그 종에 작용하는 정도는 피셔가 1930년에 펴낸『자연선택의 일반 이론The Genetical Theory of Natural Selection』에 요약됐다. 이들 연구에서는 돌연변이로 인해 기존 대립유전자로부터 새로운 대립유전자가 만들어졌을 때 그 대립유전자를 지니고 있는 동물이 나머지 동물에 비해 딱 1퍼센트 더 유리하다면 이 새 대립유전자는 이후 100세대가 지나는 동안 그 동물 집단 전체에 퍼진다는 것을 보여 주었다. 이것은 지질학적 증거와 합치될 만큼 느리지만 길앞잡이의 완벽한 은폐술을 설명할 수 있을 만큼 빠르다. 개체 차원에서는 야생 동식물 집단을 연구하는 사람이 알아차릴 수도 없을 정도로 너무나 사소한 이점이지만 돌연변이를 일으킨 유전자의 성공을 보장할 수 있을 만큼 큰 것이다. 전문가들은 세밀한 부분을 놓고 논쟁을 계속하고 있었지만 현대종합이론은 어느 모로 보나 1930년대 초에 확고하게 자리를 잡았고, 이제 우리는 염색체 차원에서 무슨 일이 벌어지는지, 그리고 진화에서 DNA의 역할은 어떻게 발견했는지를 알아볼 차례다.

진화의 오리진

8
결정학과 DNA의 역할

토머스 헌트 모건이 상속에서 유전자의 역할을 이해하기 시작한 바로 그때 얼핏 관계가 없어 보이는 분야의 연구자들이 결국 분자 차원의 유전 메커니즘을 밝혀 주게 될 기술을 발전시키고 있었다. 이것은 또 새로운 과학 발견이 금세 실험에 사용되어 더 많은 발견을 위한 길을 열어 주는 사례가 되는 이야기이기도 하다.

엑스선은 1895년 발견됐다. 그러나 처음에는 그 성격이 어딘가 불가사의했다. 전자 같은 입자의 흐름인지, 빛과 같지만 파장은 훨씬 짧은 전자기파인지 누구도 확신하지 못했다.[*] 획기적인 발견은 1912년에 있었다. 막스 폰 라우에Max von Laue(1879~1960)를 우두머리로 하는 독일 뮌헨 대학교 연구진이 결정체를 사용하여 엑스선을 회절시킬 수 있다는 것을 알아낸 것이다. 좁은 틈이 두 개 나 있는 차단막에 빛을 비추면 차단막 반대편에서 파동이 퍼지면서 빛과 그림

---

[*] 나중에 빛과 전자 모두 파동 성질과 입자 성질을 다 가지고 있다는 것이 밝혀졌지만 우리가 여기서 다루는 이야기에는 영향을 주지 않는다. 자세한 내용은 존 그리빈의 『슈뢰딩거의 고양이를 찾아서In Search of Schrödinger's Cat』 참조.

자로 된 간섭무늬가 생겨난다. 폰 라우에는 황화아연 결정 내부의 원자 간격이 엑스선으로 똑같은 종류의 효과를 만들어 내기에 딱 맞는 '틈'을 만든다는 것을 깨달았다. 그의 연구진이 실험했을 때 대단히 복잡한 회절무늬가 생겨났는데, 해석하기는 어려웠지만 그것은 엑스선의 파동성을 보여 주는 명백한 증거였다. 감광판에 만들어진 무늬는 주 광선에 의해 생겨난 점을 중심으로 수많은 원이 서로 중첩되어 있는 모양이었다. 폰 라우에는 1914년 '결정체에 의한 엑스선의 회절을 발견한 공로'로 노벨 물리학상을 받았다. 그러나 그 무렵 또 다른 연구진이 이 회절 과정을 세밀하게 밝혀내는 연구를 상당히 진행한 상태였다.

당시 윌리엄 헨리 브래그William Henry Bragg(1862~1942)는 영국 리즈 대학교에서 연구하는 유명한 물리학자였다. 그의 아들 윌리엄 로런스 브래그William Lawrence Bragg(1890~1971, 언제나 로런스라 불렸다)는 케임브리지에서 막 연구 물리학자 생활을 시작한 참이었다. 윌리엄은 먼저 독일 연구진이 발견한 무늬를 입자 차원에서 설명해 보려고 했으나 이내 그것은 파동에 의해 만들어진 무늬라고 확신했다. 아버지와 아들은 그 의미를 두고 논의했고, 간섭무늬의 밝은 점과 어두운 점이 배치돼 있는 모양을 가지고 역으로 결정체의 구조를 판단하는 것이 가능하다는 사실을 깨달았다. 로런스는 특정 파장의 엑스선을 원자가 특정 간격으로 배치돼 있는 결정체에 쏘았을 때 어느 지점에 밝은 점과 어두운 점이 나타나는지를 판단하기 위한 규칙을 찾아냈다. 이것은 '브래그 법칙'이라는 이름으로 알려졌다. 이 법칙은 양방향으로 작용했다. 결정체에서 원자가 어떤 식으로 배치돼 있는지를 알고 있으면 회절을 이용하여 엑스선의 파장을 알 수 있다. 엑스선의 파장을 알고 있으면 회절을 이용하여 결정체의 원자가 어떻게 배치되어 있는지를 알 수 있다. 로런스는 이 법칙을 이용하여 뮌헨에서 얻어 낸 회절무늬를 해석했다. 그러나 그 실험에서 사용된 엑스선의 파장에 대한 정보를 충분히 알지 못해 자세한 계산을 할 수 없었다. 그래서 윌리엄은 파장을 정확하게 측정하는 도구인 최초의 엑스선 분광계를 발명하는 등 더 많은 실험을 했다. 그런 다음 이런 실험에서 얻은 자료를 브래그 법칙에 적용할 수 있었다. 엑스선이 파동으로 행동한다는 사실이 일단 확인되자 결정체의 구조 분석에 사용할 수 있었는데, 바로 이것이 나중에 DNA 이야기와 연관되는 부분이다.

DNA에는 여러 가지 원자가 대단히 많이 포함되어 있는데 이처럼 복잡한 구조의 자료를 해석하는 일은 극히 어렵다. 그러나 비교적 단순한 결정체는 보다 작업하기가 쉽다. 그래서 이 기술로 예컨대 염화나트륨(소금, NaCl) 결정은 따로따로 떨어진 수많은 NaCl 분자가 모인 것이 아니라 나트륨(Na)과 염소(Cl) 원자가 똑같은 간격으로 교대로 자리 잡은 격자 구조라는 것을 금방 알아낼 수 있었다. 브래그 부자의 연구는 로런스가 프랑스에서 영국 육군으로 복무하고 있던 1915년에 출간된 책 『엑스선과 결정체의 구조 X-rays and Crystal Structure』에서 설명됐다. 같은 해에 두 부자는 '엑스선을 이용한 결정 구조 분석에 기여한 공로'로 노벨 물리학상을 공동 수상했다. 이때 로런스는 아직 25세밖에 되지 않았다. 그는 최연소 노벨 물리학상 수상자이다. 노벨상 수상 강연에서 그는 다음과 같이 말했다.

엑스선의 도움으로 결정구조를 조사하면서 우리는 고체 속의 원자가 실제로 어떻게 배치되어 있는지를 처음으로 들여다볼 수 있었습니다. … 결정성 고체 상태의 물질 중 엑스선을 이용하여 분석을 시도할 수 없는 유형은 거의 없어 보입니다. 고체 속 원자들의 배치가 처음으로 알려지게 됐습니다. 우리는 원자들이 얼마나 서로 떨어져 있는지, 어떻게 무리를 짓고 있는지를 볼 수 있습니다.

그 뒤 몇십 년이 지나는 사이에 단백질과 DNA의 구조를 이해하게 된 것은 바로 이 덕분이었다. 그러나 그것은 DNA가 상속에서 중심적 역할을 맡는다는 사실을 발견한 뒤의 일이다. 상속에서 DNA가 하는 역할은 1920년대 말에 이르러서야 분명해지기 시작했다.

그 다음 단계는 변화를 연구하기 위한 더 빠른 시간 척도를 제공해 준 실험이었다. 멘델의 완두는 매년 한 세대만 내려갈 수 있을 뿐이었으므로 유전을 연구하기 위한 기회가 제한적이었다. 모건의 초파리는 2주마다 번식했다. 그 다음 단계는 1928년 런던의 영국 보건부에서 일하던 의무관 프레더릭 그리피스Frederick Griffith(1879~1941)가 박테리아를 가지고 한 실험으로, 과학자는 변화가 일어나는 것을 몇 시간이면 볼 수 있었다. 이 실험으로 또 생물학자는 유전과 관련된 핵심 분자에 한 걸음 더 다가갔다. 사실 그리피스의 주요 관심사는 유전학이 아니었다. 그는 유전학 연구를 위한 도구로서가 아니라 병원체로서 박테리아를 연구하고 있었다. 그러나 그러는 과정에 진화 이해에서 결정적으로 중요한 사실을 발견했다.

1918년부터 1920년까지 세계적으로 유행한 인플루엔자(소위 스페인 독감) 때문에 적어도 5천만 명이 죽었다. 이것은 제1차 세계대전 중 전장에서 사망한 모든 교전 당사자를 합친 수보다 많았다. 유행이 지나자 세계 각국 정부는 자국의 감염병 연구를 강화했다. 그리피스의 전문 분야는 폐렴을 일으키는 박테리아인 폐렴구균이었다. 목표는 폐렴 백신을 만드는 것이었다. 그는 1920년대 초에 생쥐에게 매우 다른 효과를 주는 두 가지 균주의 폐렴구균을 가지고 연구를 시작했다. 한 균주의 박테리아는 겉에 다당류가 매끈하게 입혀져 있어 배양된 군체가 반들반들해 보인다. 이 균주는 '매끈한 균주'라 불렀다. 다른 균주는 겉에 입혀진 게 없으므로 배양된 군체가 거칠고 덩어리져 보인다. 이 균주는 '거친 균주'라 불렀다. 매끈한 균주는 대단히 활동적이고 중증 질병을 일으킨다. 그러나 거친 균주는 활동성이 떨어지며 가벼운 감염증만 일으킨다. (폐렴구균에는 한 가지 균주가 더 있지만 그리피스는 그 균주를 활용하지 않았다.) 그리피스의 연구 이전 세균학자들은 이 세 가지 폐렴구균은 서로 완전히 독립되어 있으며 각기 자신의 속성만 다음 세대로 물려준다고 생각했다. 그리피스는 폐렴에 걸린 사람(또는 쥐)의 체내에 치명적인 폐렴구균과 그렇지 않은 폐렴구균이 동시에 존재할 수 있다는 것을 알고, 이것이 백신 개발 가능성에 어떤 영향을 줄 수 있을지 알아내기 위해 실험했다.

거친 균주의 폐렴구균에 감염되면 체내의 면역 체계는 이 박테리아를 쉽게 침입자로 인식하고 심각한 해를 입히기 전에 죽여 없앤다. 한편 매끈한 균주를 감싸는 피복은 면역 체계의 감시를 피하기 위한 위장 역할을 하는 것으로 보이며, 그래서 이 균주는 증식하여 심각한 질병을 일으키고 심지어 죽음까지도 초래할 수 있다. 그리피스는 거친 균주의 폐렴구균을 주사한 쥐는 살고, 매끈한 균주를 주사한 쥐는 죽는다는 것을 보여 주었다. 다음에는 열처리하여 죽인 매끈한 박테리아를 쥐에게 주사했다. 쥐는 죽지 않았고, 그런 다음 놀라운 결과가 나와 그것을 1928년 1월에 보고했다.

그는 뒤이은 여러 차례의 실험에서 무해한 죽은 매끈한 박테리아를 무해한 살아 있는 거친 박테리아와 섞어 쥐에게 주사했다. 쥐는 죽었다. 두 가지 유형 중 어느 것도 혼자서는 쥐를 죽이지 않았지만 섞으니 치명적이었다. 죽은 쥐로부터 검체를 채취하여 살펴보니 살아 있는 매끈한 폐렴구균이 득실득실했다. 살아 있는 거친 박테리아가 살아 있는 매끈한 박테리아로 — 그리피스의 표현을 빌리면 — '변형'된 것이다. 그가 내놓은 설명은 죽은 매끈한 박테리아의 변형인자가 살아 있는 거친 박테리아에게 전달됐다는 것이었다. 이 변형인자의 도움으로 거친 박테리아가 매끈한 피복을 만드는 법을 '배운' 것이다. 여기서 그가 말하는 '변형인자'는 오늘날이라면 유전물질이라 부를 수 있을 것이다. 이후의 실험에서는 박테리아가 변형되고 난 뒤 그것을 실험실의 배양접시로 옮겨 관찰했다. '새로 생겨난' 매끈한 박테리아는 변형된 거친 박테리아의 자손인데도 번식하여 매끈한 박테리아 군체를 이루었다. 그리피스가 이 발견을 발표하는 논문에서 쓴 대로 "거친 균주가 … 매끈한 균주로 변형된" 것이다. 그러나 그리피스는 이 변형 과정에서 어떤 분자가 관여하는지는 알지 못했다. 그것은 그리피스의 관찰에서 직접 영감을 얻어 이루어진 다른 여러 실험의 결과로 1944년 이후에나 명확히 밝혀졌다.[*] 이 무렵 결정학에서는 생물학에서 중요한 분자들의 구조를 이미 밝혀내기 시작한 상태였다.

1930년대에는 여전히 생물학적 정보를 가지고 있는 것은 단백질이라고 생각하고 있었으므로 엑스선 결정학으로 가장 먼저 조사한 생체분자는 단백질이었다. 결국 결정학에서는 아미노산으로 이루어진 긴 사슬인 단백질의 핵심 특징은 복잡한 3차원 형태로 접혀 있다는 것으로서, 접힌 형태에 따라 생물학적 속성이 결정된다는 것을 보여 주었다.

이 사실을 이해하게 된 첫걸음은 1934년 케임브리지에서 연구한 존 데즈먼드 버널John Desmond Bernal(1901~1971)과 그의 동료들이 내디뎠다. 1920년대에 윌리엄 브래그와 함께 연구했던 버널은 처음에 엑스선 결정학을 활용하여 흑연과 청동의 구조를 알아냈다. 이 기술을 생체분자 연구에 접목하려 했을 때 문제에 부딪쳤다. 결정체를 준비하는 표준 방식은 결정체의 '모액'이라 부르는 농축 용액에서 결정체를 성장시키는 것이었다. 그런 다음 학교에서 흔히 소금이나 황산구리를 가지고 하는 실험처럼 이 용액이 증발하면서 결정체가 만들어진다. 분자 또는 원자가 일정한 형태의 '단위체'를 이루어 늘어서면서 결정체의 '격자' 구조를 만든다. 연구자들은 같은 방법을 사용하여 농축 용액에서 불순물이 제거된 단백질이 응결되게 하면 단백질 결정체를 만들 수 있을 것이라고 생각했다. 그러나 엑스선

---

[*] 그리피스는 이후의 전개를 알지 못한 채 1941년 나치 독일의 런던 대공습으로 죽었다.

을 쬐기 전에 단백질을 완전히 말렸더니 단백질의 구조가 무너져 버렸다. 마치 카드로 지은 집이 무너져 카드 무더기가 된 것 같았다.

옥스퍼드 출신의 연구자로서 당시 스웨덴 웁살라 대학교에 있던 존 필포트John Philpot는 1930년대 중반에 펩신이라는 단백질 결정체를 만들려 하고 있었다. (펩신은 음식 속의 단백질을 분해하는 소화효소다.) 그는 모액 안에서 결정체가 성장하도록 준비한 다음 그것을 실험실 냉장고에 넣어 놓고 스키장으로 휴가를 떠났다. 돌아와서 보니 놀라울 정도로 성장해 있었다. 어떤 것은 길이가 2밀리미터나 됐다. 그런데 우연히도 이때 케임브리지에서 그를 찾아온 글렌 밀리컨Glen Millikan이 그 자리에 있다가 그것을 힐끗 보고 이렇게 말했다고 한다. "저런 결정체라면 자기 눈이라도 빼 줄 사람을 알고 있지." 필포트는 충분히 쓰고도 남을 양이었으므로 인심 좋게 결정체 몇 개를 모액에 담겨 시험관에 들어 있는 그대로 밀리컨에게 주어 케임브리지 대학교 캐번디시 연구소의 버널에게 전하게 했다.

당시 버널은 옥스퍼드에서 온 도러시 크로풋Dorothy Crowfoot(1910~1994, 나중에 결혼하여 도러시 크로풋 호지킨Dorothy Crowfoot Hodgkin으로 이름이 바뀌었다)과 협력 연구를 진행하고 있었다. 버널은 결정체가 갓 만들어져 눅눅할 때는 편광 광선과 상호작용을 일으켜 복굴절이라는 현상이 나타나며, 이것은 결정체가 가지런한 구조를 띤다는 의미라는 것을 알아냈다. 그래서 버널과 크로풋은 결정체와 모액을 얇은 유리로 된 시험관(모세유리관)에 넣은 다음 그 상태로 엑스선을 사용하여 관찰했다. 이 방법으로 이들은 1934년 단일 펩신 결정체의 엑스선 회절 사진을 처음으로 얻어 낼 수 있었다. 그리고 버널의 밀봉 모세유리관 기법은 그 뒤 50년 동안 큰 생체분자를 가지고 엑스선 자료를 수집할 때의 표준 방식이 됐다.

처음부터 이런 사진은 원칙적으로 단백질 분자 자체의 구조를 나타내는 것으로 해석될 수 있다는 것이 분명했다. 버널과 크로풋은 『네이처Nature』지에서 자신의 실험을 다음과 같이 설명했다.

> 이제 결정 단백질로 엑스선 사진을 얻을 수 있게 된 만큼 결정 단백질을 관찰할 수단을 확보한 것이 분명하며, 모든 결정 단백질의 구조를 조사함으로써 단백질의 구조에 관해 이전의 물리적 또는 화학적 방법에 비해 훨씬 더 세밀한 결론에 도달할 수 있다.

도러시 호지킨은 그 뒤로 20년 동안 생물학적으로 중요한 분자 연구에 엑스선 회절 결정학을 응용하는 방법을 계속 개발하여 1964년 노벨 화학상을 받았다.* 여러 사람의 수많은 연구 덕분에 결국 분명해진 것은 생명 분자의 복잡한 구조다. 사슬을 따라 이어지는 아미노산의 배열은 단백질의 일차 구조에 지나지 않는다. 이 사슬이 이리저리 비틀려 나선 같은 이차 구조를 만들 수 있다. 그리고 나선을 비롯하여 이차 구조가 비틀려 일종의 삼차원 매듭을 만들면 삼차 구조가 된다. 이 매듭의 화학적 조성만이 아니라 구체적 모양이 생명 과정에서 그 단백질의 역할을 결정한다. 그러나 고성능 컴퓨터

---

* 도러시 호지킨의 생애와 연구는 조지나 페리Georgina Ferry 가 쓴 전기에 잘 설명돼 있다.

가 있기 이전에는 이 모든 것을 계산해 내기란 끔찍할 정도로 어렵고 힘들었다. 실제로 1971년에 이르러 구조가 완전히 밝혀진 단백질은 일곱 가지뿐이었다. 그러나 오늘날에는 3만 가지 이상의 단백질 구조가 밝혀졌다. 그렇지만 1944년으로 돌아가, 프레더릭 그리피스가 말한 '변형인자'가 DNA라는 것이 밝혀졌을 때 생체분자 결정학이라는 신생 학문은 다음 난제에 착수할 준비가 거의 되어 있었다.

그리피스의 연구 결과가 1928년 발표된 뒤로 다른 연구자들은 한 유형의 박테리아로부터 다른 유형의 박테리아로 전달되는 것이 도대체 무엇인지 찾아내고자 했다. 이 연구에서 핵심 인물은 뉴욕 록펠러 연구소에서 연구진을 이끌고 있던 오즈월드 에이버리Oswald Avery(1877~1955)였다. 에이버리는 1913년부터 폐렴을 연구하고 있었는데 처음에는 그리피스의 발견에 대해 회의적이었다. 록펠러의 연구진이 밝혀낸 여러 종류의 폐렴구균 균주와 완전히 상충되는 결과로 보인 것이다. 그러나 그들 자신의 실험뿐 아니라 다른 연구진의 실험에서도 그리피스의 발견이 옳다는 것이 확인되면서 새로운 방향의 연구가 시작됐다.

1931년 록펠러 연구진은 생쥐가 없어도 변형 과정이 일어날 수 있다는 것을 알아냈다. 죽은 매끈한 폐렴구균이 들어 있는 배양접시에서 거친 폐렴구균을 배양함으로써 거친 유형을 매끈한 유형으로 변형시킬 수 있었던 것이다. 변형 원인 물질을 판별하기 위해 이들은 먼저 얼리고 가열하는 방법으로 매끈한 유형의 박테리아 군체 세포를 분해하여 세포의 내용물과 외벽 조각들이 혼합된 액체를 만들었다. 시험관에 이 혼합물을 넣고 원심분리기에서 돌려 고체 조각들은 시험관 밑으로 가라앉고 세포의 내용물이 들어 있는 액체는 시험관 위쪽으로 분리되게 했다. 확인 결과 세포 내부의 액체만으로도 거친 유형을 매끈한 유형으로 변형시킬 수 있었다.

이 모든 것을 확인하는 데는 시간이 걸렸지만 1935년에 이르러 세밀한 부분이 분명해져 있었다. 연구의 다음 단계를 위해 에이버리는 연구자 두 사람을 더 모셔 왔다. 먼저 캐나다 태생의 콜린 매클라우드Colin MacLeod(1909~1972)를, 다음에는 매클린 매카티Maclyn McCarty(1911~2005)를 모셔다 함께 유전물질이 들어 있는 액체를 꼼꼼하게 연구했다. 세포의 내용물 중 변형을 일으키지 않는 것을 하나씩 제거하면서 용의자가 하나만 남을 때까지 실험을 계속했고, 그러기까지 거의 10년이 걸렸다.

변형 원인 물질의 첫 후보는 단백질이었다. 그래서 연구진은 매끈한 유형의 박테리아에서 추출한 액체를 단백질 분자를 잘게 분해하는 효소인 프로테아제로 처리했다. 처리한 액체는 여전히 변형을 일으켰다. 다음에는 변형 효과가 박테리아의 매끈한 피복과 관련이 있을 가능성을 들여다보았다. 피복은 다당류라는 복합물로 이루어져 있었으므로 다당류를 분해하는 다른 효소를 사용하여 이 가능성을 시험해 보았지만 변형 과정에는 여전히 아무런 영향을 주지 않았다. 그래서 이들은 여러 단계의 성가신 화학 과정을 거쳐 액체 안에 있는 단백질과 다당류를 모조리 제거한 다음, 남아 있는 내용물을 가지고 세밀한 화학 분석을 시작했다. 분석 결과 거기 함유된 탄소, 수소, 질소, 인의 비율로 볼 때 이것은 핵산이 분명했다. 마지막 몇차례의 실험 결과 이것은 RNA가 아니라 DNA라는 것이 밝혀졌다.

이 발견 결과는 1944년 출간되어 변형 원인 물질은 다름 아닌 DNA라는 사실을 의심의 여지없이 확증했다. 에이버리의 연구진은 유전자를 구성하는 물질은 DNA가 분명하다고 꼭 집어 말하지는 않았지만, 세균학자 동생 로이 에이버리Roy Avery에게 보낸 편지를 비롯하여 이 가능성에 대해 개인적으로 추측했던 것은 사실이다.[36] 그렇지만 단백질이 아니라 DNA가 유전정보를 가지고 있다는 생각은 너무나 충격적이어서 생물학자들은 대체로 그것을 곧장 받아들이지 않았다. 다들 여전히 DNA 분자는 그러기에는 너무나 단순하다고 확신하고 있었고, 그리피스의 연구에서 밝혀진 변형인자로서 DNA를 바라보다가 유전학의 진정한 활성 성분으로서 DNA를 바라보는 것은 지나친 도약이라고 생각하는 사람이 많았다. 소식이 퍼지기까지 시간도 걸렸는데, 제2차 세계대전으로 인한 혼란도 그 한 가지 원인이었다. 그러나 전 세계 생물학자들이 수상쩍게 여기고 있었는데도 미국에서는 생물화학자들이 에이버리-매클라우드-매카티의 연구에 자극을 받아 더 많은 연구가 이루어졌다. 이것은 분자유전학의 시작이었다. 그러기는 했지만 DNA가 유전물질이라는 쪽의 압도적 증거가 나오기까지 몇 년이라는 시간이 걸렸다. 또 하나의 훌륭한 실험 덕분이었다. 한편 DNA 이야기에서 중요한 또 다른 인물들이 생체분자 연구를 위한 새로운 방식을 개발해 냈다.

이 새로운 발상은 미국 화학자 라이너스 폴링Linus Pauling(1901~1994)이 생각해 낸 것으로, 1948년 특정 종류의 단백질이 만들어 내는 엑스선 회절무늬 문제로 씨름하던 중에 떠오른 것이다.

우리는 이미 단백질의 한 가지인 공모양단백질을 언급했는데, 이

진화의 오리진

것은 일하는 단백질로서 혈액 속에서 산소를 운반하는 헤모글로빈처럼 분자가 공 모양을 띤다. 그러나 단백질에는 긴 사슬 구조이면서 폴리펩티드라 불리는 또 한 가지 종류가 있다. 이것은 섬유성 단백질로서 분자가 공 모양으로 접혀 있지 않고 대체로 늘어뜨린 사슬의 길고 가느다란 구조를 유지하고 있다. 이 단백질은 신체의 구조 물질로서 중요하며, 머리카락, 깃털, 근육, 비단실, 뿔 등과 같은 것을 이루는 기본 구성 요소이다.

섬유성 단백질의 엑스선 회절 사진은 1930년대에 리즈 대학교에 있던 윌리엄 애스트버리William Astbury(1898~1961)의 연구로 얻어 냈다.* 그는 양털, 머리카락, 손톱 등의 구성 성분인 케라틴을 연구하고 있었다. 사진은 케라틴의 구조를 정확하게 판단할 수 있을 만큼 세밀하지 않았지만 일정한 간격으로 반복되는 무늬가 나타나 있어서 이 단백질의 구조가 단순하다는 것은 알아볼 수 있었다. 실제로 그는 두 가지 무늬를 발견했다. 하나에는 알파형이라는 이름을 붙였는데 늘어지지 않은 섬유를 가리키며, 또 하나는 베타형으로서 늘어진 섬유를 말한다.

폴링은 양자화학 법칙을 만들어 낸 최초의 인물로서 이 분야의 결정판에 해당하는 책을 펴냈다.[37] 그는 자신의 화학 지식을 이용하여 생체분자의 구조를 밝혀내는 문제에 큰 매력을 느꼈고, 후일 "폴리펩티드를 3차원으로 동그랗게 말아 애스트버리가 발표한 엑스선 자료에 부합되는 모양으로 구성할 방법을 찾느라 1937년 여름을 보

---

* 일찍이 애스트버리는 윌리엄 브래그의 지도를 받으며 공부했다.

낸" 이야기를 들려주었다.[38] 이 난제를 해결하기 위해 그가 처음 시도해 본 것은 관련된 원자들 사이의 양자화학을 이용하면 분자 내의 구성 요소를 연결해 줄 수 있을지도 모른다는 것이었다. 이것이 실패하자 그는 기본으로 돌아가 먼저 사슬의 연결 고리인 아미노산의 구조를 연구하고 나서 그 뒤에 이들이 어떻게 서로 맞물리는지를 알아내려고 했다. 그러나 이것은 1940년대에 그가 연구하고 있던 유일한 주제가 아니었을 뿐 아니라 다른 연구자들과 마찬가지로 그역시 제2차 세계대전으로 인한 혼란의 영향을 받고 있었다. 이 연구가 결실을 맺기까지는 오랜 시간이 걸렸다.

그 첫걸음은 아미노산 하나하나의 엑스선 회절 사진을 연구하는 것이었다. 폴링은 칼텍(캘리포니아 공과대학교)에서 로버트 코리Robert Corey(1897~1971)와 협력하여 이 연구를 진행했고, 연구에서 양자물리학에 대한 코리의 지식이 결정적으로 중요하게 작용했다. 화학결합 중에는 결합의 양쪽에 있는 원자나 화학 단위체가 회전할 수 있는 것이 많다. 그러나 폴링과 코리는 탄소와 질소를 연결하는 펩티드결합은 양자공명이라는 현상 때문에 움직이지 않는 구조를 이룬다는 것을 발견했다. 이런 결합이 포함된 사슬은 이 결합을 축으로 회전할 수 없고 따라서 사슬의 이 부분은 고정된 채 움직이지 않는다.* 이로써 사슬이 구부러지고 접히는 방식의 가짓수가 그만큼 줄어든다. 그러므로 이 사슬은 유연한 연결 고리 둘, 다음에는 고정된

---

* 비교적 나이가 많은 독자는 이것과 비슷한 장난감을 본 적이 있을 것이다. 바로 루빅스 스네이크(rubik's snake)다.

연결 고리 하나, 다음에는 다시 유연한 연결 고리 둘, 다음에는 다시 고정된 연결 고리 하나 식으로 계속 반복되며 이어진다. 그러나 여전히 폴링은 애스트버리의 사진과 같은 모양으로 사슬을 접을 방법을 생각해 낼 수 없었다. 그래서 그는 이 수수께끼를 한쪽으로 밀쳐 두었다가 1948년 뜻밖의 발견을 하게 됐다.

폴링은 칼텍에서 연구하고 있었지만 그해에는 영국의 옥스퍼드 대학교를 방문했다. 1948년 봄에 지독한 감기 때문에 침대 신세를 지고 있었는데, 과학소설과 추리소설을 읽다가 지루해진 나머지 심심풀이 삼아 케라틴의 구조를 다시 한번 풀어 보기로 했다.

사용할 만한 도구가 거의 없었으므로 그냥 긴 종잇조각에다 긴 폴리펩티드 사슬을 그림으로 그렸다. 그는 여러 구성 요소 사이의 거리와 여러 단위체가 서로 이루는 각도를 기억하고 있었다. 그러나 종이가 곧고 납작한 까닭에 그런 변수에 맞게 사슬을 구현하기가 불가능하다는 생각이 들었다. 사슬을 따라 반복적으로 나타나는 연결 고리 하나가 언제나 틀리게 나왔다. 이 연결 고리는 110도 각도를 이루어야 하며, 탄소-질소 양자공명 때문에 고정되어 있어서 각도를 바꿀 수 없었다. 따라서 이 연결 고리가 110도로 고정되려면 사슬은 직선이 될 수가 없었다. 이때 번득 떠오르는 생각이 있어 폴링은 종이를 쭈그러뜨려 이 결합이 나타나는 자리마다 정확하게 110도가 되게 구부렸다. 쭈그러뜨린 종이는 이제 연결 고리가 반복되면서 타래송곳 모양이 되어 얼추 3차원 상의 나선 모양을 이루었다. 게다가 각도를 딱 맞게 만들자 한 폴리펩티드의 질소-수소기가 거기서 네 번째 사슬에 있는 탄소 원자에 연결된 산소 원자와 나란한 위치에 왔다. 사슬 전체에 걸쳐 똑같았다. 산소와 수소는 양자 효과에 의한 친화력이 있어 수소결합이라는 것을 통해 서로 끌어당긴다. 이 수소결합이 폴링이 발견한 나선 구조를 유지하는 데 영향을 준다.

미국으로 돌아온 폴링은 연구진과 함께 여러 가지 엑스선 실험을 한 뒤 이 외가닥 나선이 머리카락의 기본 구조를 이룬다는 것을 확인했다. 그런 다음 그의 연구진은 어마어마한 일을 해냈다. 1951년에 머리카락, 깃털, 근육, 비단실, 뿔을 비롯한 여러 가지 섬유성 단백질을 나선 구조로 설명하는 학술논문 일곱 편을 출간한 것이다. 폴링은 이 나선을 애스트버리의 명명법을 빌려와 '알파나선'이라 불렀다. 그러나 이런 세세한 부분은 이 획기적 발견을 해낸 방식에 비하면 중요하지 않았다. 폴링이 성공하자 사람들은 나선을 생체분자라는 맥락에서 생각하게 됐고, 또 모델을 만드는 연구자들은 그간의 방법과는 반대로 생체 물질의 기본 요소들을 조립해 가며 엑스선 자료와 합치되는 모델을 찾아내는 역추적 연구 방법도 가능하다는 것을 알게 됐다. 그로부터 겨우 2년 뒤 이 연구 방법으로 분자생물학 최고의 과제인 DNA의 구조를 알아내게 된다.

오즈월드 에이버리와 연구진이 내놓은 연구 결과에도 불구하고, 유전정보는 DNA가 아니라 단백질이 가지고 있다는 생각은 1940년대 말에도 여전히 널리 퍼져 있었다. 그러다가 믿지 못하는 사람들조차 DNA가 '바로 그' 생명 분자라는 것을 받아들이게 된 실험이 있었다.

오스트리아 출신으로 미국 컬럼비아 대학교에서 활동한 연구자 어윈 샤가프Erwin Chargaff(1905~2002)가 DNA 분석 연구를 내놓으면서 무대가 마련됐다. 그는 에이버리-매클라우드-매카티의 연구에 감명을 받아 1940년대 후반에 연구의 초점을 DNA에 맞추었다. DNA와 RNA의 구성 성분이 되는 염기에는 두 부류가 있다. 하나는 피리미딘이라는 것으로서 원자 여섯 개가 대략 육각형 고리 한 개를 이루는 구조다. 이들 원자에는 고리 바깥 부분에 다른 원자가 붙을 수 있다. 시토신(C), 우라실(U), 티민(T)이 이 부류에 속한다. 또 하나는 퓨린인데, 육각형 고리 한 개와 오각형 고리 한 개가 한쪽 변을 따라 붙어 얼추 8자 모양을 이루는 복잡한 구조를 띠고 있다. 아데닌(A), 구아닌(G)이 이 부류에 들어간다. DNA는 C, A, G, T 염기만 함유하며, RNA에는 C, A, G, U 염기가 들어 있다. 여러 차례의 정교한 실험 끝에 샤가프의 연구진은 DNA에 들어 있는 각 염기의 양과 관계되는 간단한 법칙이 몇 가지 있다는 것을 알아냈다. 이들 법칙은 1950년에 출판된 논문에 요약됐다. DNA 시료 안에 들어 있는 퓨린의 총량(G + A)은 그 시료 안에 들어 있는 피리미딘의 총량(C + T)과 언제나 같다. 나아가 A의 양은 T의 양과 거의 같고, G의 양은 C의 양과 거의 같다. 연구진은 또 구아닌, 시토신, 아데닌, 티민의 상대적 양은 생물 종에 따라 다르다는 것도 밝혀냈다.* 이것은 DNA가 그저 똑같은 네 가지 염기가 끝없이 반복되는 임시 가설물일 수가 없으며 더 복잡한 구조물일 수밖에 없다는 뜻이었다. 이것은 테트라뉴클레오티드 가설이 마침내 수명을 다했음을 알리는 연구 결과였다. 이 '샤가프 비율'은 DNA의 구조를 이해하기 위한 열쇠 중 하나가 된다.

―――――――――――――――

* 인간의 DNA는 아데닌 30.9%, 티민 29.4% 구아닌 19.9%, 시토신 19.8%로 이루어진다.

그러나 DNA의 구조는 또 다른 연구진이 유전정보는 DNA가 가지고 있다는 것을 의심의 여지없이 증명한 뒤에야 이해하게 된다.

DNA의 이해로 나아가는 노정의 여러 단계에서 있었던 실험에서는 갈수록 더 작고 더 빨리 번식하는 생물체를 사용했다. 그레고어 멘델은 완두를 가지고 실험했다. 토머스 헌트 모건은 초파리를 가지고 실험했고, 에이버리의 연구진은 박테리아를 가지고 했다. 마지막 단계에서는 유전물질을 가지고 있는 가장 작은 것을 사용했다. 그것은 바로 바이러스였다. 생물체가 작으면 작을수록 거기 딸린 상부 구조의 양이 적고 유전물질이 상대적으로 더 많다. 바이러스는 그 최고봉이다.

바이러스는 유전물질이 가득한 단백질 자루나 거의 마찬가지다. 박테리아보다 훨씬 작다. 1940년대에 전자현미경의 도움을 받아 처음으로 바이러스의 사진을 찍었다. 전형적인 바이러스는 올챙이 같은 구조를 띤다. 유전물질이 가득 들어 있는 자루가 '머리'에 해당하고, 움직이며 다닐 때 사용하는 '꼬리'가 붙어 있다. 바이러스가 세포를 공격할 때는 세포벽에 구멍을 내고 유전물질을 세포 안에 뿜어 넣고, 빈 자루(껍데기)는 그대로 세포벽에 계속 붙어 있다. 주입된 물질은 세포의 화학공장을 점령하고 그 안에 있는 물질을 가지고 바이러스의 복제본을 만들어 낸다. 그런 다음 세포가 터지면서 복제된 바이러스가 쏟아져 나와 같은 과정을 반복한다.

이것은 생명의 가장 단순한 모습이다. 바이러스는 오로지 더 많은 바이러스를 만들기 위해 존재한다. 앨프리드 허시Alfred Hershey(1908~1997)와 마사 체이스Martha Chase(1927~2003)는 1950년대 초 미국 콜드

스프링하버 연구소에서 바이러스를 이용한 깔끔한 실험을 개발하여, 더 많은 바이러스 복제본을 만드는 방법을 담은 지침서를 가지고 공격 대상 세포 안으로 들어가는 것은 DNA라는 궁극적 증거를 내놓았다.*

이들이 가지고 연구한 바이러스는 박테리아를 '먹기' 때문에 '박테리오파지'라 불린다. (줄여서 '파지'라고도 한다. '파지'는 '먹는 자'라는 뜻이다.) 이 실험 이면의 발상은 간단하여, DNA에는 인이 들어 있지만 단백질에는 들어 있지 않고 단백질에는 황이 들어 있지만 DNA에는 들어 있지 않다는 사실에 착안했다. 그리고 연구 과학자라면 방사능을 띠는 종류의 인과 황을 모두 쉽게 구할 수 있다. 허시와 체이스는 방사성 동위원소 인(인-32) 또는 황(황-35)을 함유하는 매체 안에서 번식시킨 박테리아를 파지에게 '먹였다.' 다음에는 이렇게 방사능을 띠게 된 파지가 방사능을 띠지 않는 박테리아 군체를 공격하게 했다. 이로써 다음 세대의 파지에 방사성 물질이 가미되는데, 이 방사성 파지를 사용하여 방사능을 띠지 않는 박테리아를 감염시킨 다음 이들을 분석했다. 연구진이 인을 탐지하면 어디든 그것은 DNA의 경로일 것이고, 황을 탐지하면 어디든 그것은 단백질의 경로일 것이다.

방사성 파지로 박테리아 군체를 감염시킨 뒤 연구자에게 남은 것은 새 바이러스들이 터지기 직전까지 가득 들어 있는 세포들 덩어리였으나, 애석하게도 버려진 파지 껍데기 즉 바이러스의 유전물질이

---

* 1969년 허시는 이 연구로 노벨상을 받고 체이스는 상을 받지 못했는데, 노벨 위원회의 노골적 성차별주의를 잘 보여 주는 수많은 예의 하나다.

들어 있던 자루도 박테리아 세포벽에 함께 붙어 있었다. 그래서 두 가지 동위원소가 다 들어 있었다. 원래 세대의 파지가 남긴 껍질과 박테리아 안에서 새로 만들어진 바이러스를 분리하기 위해 연구진은 웨어링 블렌더(믹서)라는 일반 주방 용품을 사용했고, 그래서 그 뒤 세대의 생물학자들은 이들의 연구를 '웨어링 블렌더 실험'이라 부른다.

이들은 감염된 박테리아 세포에 붙어 있는 파지 껍데기가 떨어지도록 블렌더를 저속으로 돌려 살짝 흔들어 주었다. 그런 다음 이 혼합물을 원심분리기에서 돌리자 원래 파지의 껍데기는 액체 위에 뜨고 새로운 바이러스가 가득한 박테리아 세포는 바닥으로 가라앉았다. 이들은 이 둘을 따로 뽑아낸 다음 두 성분을 분석했다. DNA의 존재를 나타내는 방사성 인은 세포(새 세대 바이러스)에서 발견됐고 단백질의 존재를 나타내는 방사성 황은 남아 있는 껍데기에서 발견됐다. 이 결과는 1952년에 출간되어 의심의 여지를 완전히 없애 버렸다. 유전정보를 가지고 있는 것은 DNA이며, 생명의 건축 재료는 단백질이다.

이처럼 보기에 간단한 실험이 성공한 데에는 마사 체이스의 전문지식 덕이 컸으나 공식적으로 체이스는 앨프리드 허시의 '조수'에 지나지 않았다. 콜드스프링하버 연구소에 있었던 또 다른 생물학자 바츠와프 쉬발스키Waclaw Szybalski는 후일 다음과 같이 회고했다.

> 실험 측면에서 마사는 기여한 것이 매우 많았다. 앨프리드 허시의 실험실은 매우 특이했다. 당시 거기에는 그 둘밖에 없었는데, 실험실에 들어가면 그곳은 완전히 조용했고 그저 앨프리드가 마

사에게 손가락으로 지시하면서 언제나 최소한의 말만으로 실험을 진행했다. 마사는 허시와 일하는 데 적격자였다.[39]

이제 박테리오파지에서 단백질이 구조 물질을 담당하고 DNA는 유전정보를 가지고 있다는 것이 분명해졌다. 이 뒤로 유전물질이 DNA가 아닌 다른 것일 수 있다고 믿은 생물학자는 거의 없었고, 이제 무대는 DNA 자체의 구조를 밝혀내는 쪽으로 옮겨 갔다.

허시와 체이스가 미국에서 저 실험을 진행하는 동안에도 잉글랜드의 연구자들은 DNA의 구조를 향해 포위망을 좁혀 가고 있었다. 기본 구조는 런던 킹즈 칼리지에서 의학연구위원회의 생물물리학 연구분과가 한 실험을 통해 최초로 밝혀졌다. 그렇지만 희한한 운명의 장난으로 이들은 당시 연구 성과를 제대로 인정받지 못했다. 이 분과의 우두머리 존 랜들John Randall(1905~1984)은 유전정보는 DNA가 가지고 있다는 증거를 최초로 받아들인 인물에 속한다. 그는 로런스 브래그 밑에서 공부한 물리학자였으므로 엑스선 회절을 알고 있었지만, 그의 분과는 당시로서는 특이하게도 생물학자, 생물화학자와 다른 분야의 과학자들이 물리학자와 함께 연구하는 선구적 집단이었다.

뉴질랜드 태생인 모리스 윌킨스Maurice Wilkins(1916~2004)가 1950년 이 분과에서 DNA, 단백질, 담배모자이크 바이러스, 비타민 B_{12} 등 여러 종류의 생체분자를 연구하고 있었다. 그해 5월 스위스인 생물화학자 루돌프 지크너Rudolf Signer(1903~1990)가 런던에서 열린 패러데이 학회 모임에 참석하여, 한스 슈반더Hans Schwander라는 학생의 도움을 받아 송아지의 가슴샘에서 핵산을 추출하는 데 성공했다는 연구 내용을 발표했다. 그는 윌킨스에게 매우 순도가 높은 DNA 시료를 주었다. 이것은 뜬금없이 불쑥 튀어나온 연구 결과가 아니었다. 지크너는 이미 몇 년 동안 DNA를 연구하고 있었고, 일찍이 1938년에 『네이처』에 발표한 논문에서 가슴샘 핵산은 탄소 원자 기준 척도에서 무게가 500,000에서 1,000,000단위 사이이며 실처럼 긴 모양의 분자임이 분명하다고 보고했다. 그러나 수많은 '순수' 과학이 그렇듯 제2차 세계대전 때문에 정보가 만들어지고 전파되는 속도가 더뎠다. 윌킨스가 가지고 연구해야 한 DNA는 겔 형태였는데, 자외선 분석을 위해 시료를 준비하다가 뭔가를 발견했다. 그는 그것을 노벨상 수상 강연에서 다음과 같이 설명했다.

겔을 유리막대로 건드렸다가 뗄 때마다 거의 보이지 않을 정도로 가느다란 DNA 섬유 한 가닥이 마치 거미줄의 가느다란 실처럼 딸려 나왔습니다. 이 섬유가 완전하고 균일한 것으로 미루어 그 안의 분자가 일정하게 배열되어 있다는 것을 짐작할 수 있었습니다. 그리고 이내 이런 섬유가 엑스선 회절 분석 연구에 딱 맞는 시료일지도 모른다는 생각이 들었습니다. 저는 그것을 가지고 우리의 유일한 엑스선 장비를 가지고 있던 레이먼드 고슬링에게 갔습니다. (전쟁에서 남은 방사선 부품을 가지고 만든 장비였습니다.) 그는 양 정자의 머리를 가지고 회절 사진을 얻어내기 위해 엑스선 장비를 사용하고 있었습니다.

당시 박사과정 학생이던 레이먼드 고슬링Raymond Gosling(1926~2015)
은 랜들의 지도를 받으며 연구하고 있었다. 버널의 단백질 연구를
기억하고 있던 그는 DNA 섬유의 습기를 유지하면서 수소를 가득
채운 모세유리관에 넣고 밀봉했다. 수소를 채운 것은 공기 분자에
포함되어 있는 탄소나 질소 원자 때문에 엑스선 무늬가 영향을 받지
않게 하기 위해서였다. 고슬링은 1950년 DNA의 회절 사진을 얻어
내기는 했지만, 이것저것 끼워 맞춰 만든 장비를 가지고 할 수 있는
일에는 한계가 있었다.* 그러나 1951년 사정이 여러 가지로 달라지
기 시작했다. 랜들은 새 장비를 손에 넣었을 뿐 아니라 로절린드 프
랭클린Rosalind Franklin(1920~1958)을 연구원으로 영입하여 DNA 구조
결정 문제를 파고들었다.

프랭클린은 엑스선 결정학 전문가였고 파리에서 석탄과 석탄에
서 추출한 화합물의 구조를 연구하고 있었지만 생체분자를 가지고
연구한 적은 없었다. 단백질과 지질 연구를 위해 3년 계약으로 영입
됐으나, 1951년 1월 킹즈 칼리지에 도착하고 보니 랜들은 그녀에게
단백질과 지질 연구가 아니라 지크너가 제공한 DNA 시료 분석 작
업을 맡기기로 결정하고 고슬링을 조수로 배정해 둔 상태였다. 진
행하고 있던 연구를 빼앗긴 윌킨스는 당연하게도 이 때문에 마음이

---

* 일찍이 1938년에 애스트버리는 DNA 회절 사진을 얻어 내 DNA가 규칙적 구조를 띠
고 있다는 것을 알아냈다. 정확한 구조를 판단할 수 있을 정도로 세밀하지는 않았으나,
플로런스 벨Florence Bell(1913~2000)과 함께 출간한 논문에서는 DNA를 '동전 무더기'처
럼 생긴 것으로 묘사했다. 이들의 연구는 제2차 세계대전이 일어나 벨이 영국 여성 보
조 공군에서 무전원으로 복무하면서 중단됐고 결국 재개되지 않았다.

상해 랜들에게 항의했고, 랜들은 샤가프가 제공한 DNA 시료를 가지고 따로 연구를 진행하도록 허가해 주었다. 또 1951년 5월 윌킨스는 일찍이 고슬링과 함께 얻어 낸 사진 일부를 나폴리에서 열린 어느 회의에서 발표했는데 이때 제임스 왓슨James Watson(1928~)이라는 젊은 미국인 참가자의 관심이 촉발됐다. 왓슨은 최근 박사과정을 마치고 코펜하겐에서 1년 동안 지내고 있었지만 곧 케임브리지로 옮겨 가게 된다.

프랭클린과 고슬링은 잘 맞았다. 고슬링은 DNA를 결정화하여 유전자를 결정화한 최초의 인물이 됐고, 프랭클린은 새 장비를 잘 조정하여 최상의 성능을 이끌어 냈다. 두 사람은 결정화한 DNA를 가지고 최초의 엑스선 회절 사진을 얻어 냈고 거기에는 두 가지 형태가 있다는 것을 발견했다. DNA가 젖어 있을 때는 길고 가느다란 섬유 형태를 띠지만 마르면 짧고 뚱뚱했다. 두 가지 형태에는 각기 'B형'과 'A형'이라는 이름이 붙었다. 세포 안은 습하기 때문에 B형이 생물 안의 DNA에 더 가까울 것으로 생각됐다.

킹즈 칼리지 내 연구자들 사이의 경쟁 때문에 랜들은 프랭클린은 A형에 집중하고 윌킨스는 B형을 연구하게 했다. 결국 연구에서 얻어 낸 자료에서는 두 유형 모두 나선 구조를 띠고 있다는 것을 알 수 있었고, 프랭클린은 1951년 11월 킹즈 칼리지의 강연에서 그때까지 이루어진 연구 내용을 요약했다. 강연 원고에는 다음과 같은 내용이 들어 있었다.

결과는 (매우 촘촘하게 압축된 것이 분명한) 나선 구조를 암시하

진화의 오리진

며, 나선 단위당 2개나 3개, 또는 4개의 핵산 사슬이 동일한 축 위에 자리 잡고 있다.[40]

이때 왓슨도 그 자리에 있었으므로 윌킨스와 함께 DNA에 관해 논의했다. 당시 나선 구조는 A형 DNA보다는 B형에서 더 확고하게 입증되어 있었다. 그러나 그는 프랭클린이 이 말을 하는 것을 들은 기억이 없다고 늘 주장해 왔다. 킹즈 칼리지에 있던 동료 알렉스 스토크스 Alex Stokes(1919~2003)는 실제로 플로렌스 벨이 비유한 '동전 무더기'처럼, 또는 카드를 촤르륵 섞을 때 양손의 카드가 한데 포개지는 모양처럼, 당-인산으로 이루어진 중심축으로부터 염기가 튀어나와 있는 이중나선 구조를 내놓았다. 그러나 세밀한 구조를 확실히 알아내기에는 아직 한참 멀었고, 그러자면 훨씬 많은 자료를 얻어내고 훨씬 많은 분석이 이루어져야 했다. 1952년은 대부분 이 작업을 하느라 지나갔다.

1953년 초 DNA의 두 형태 모두 나선 구조를 띤다는 것이 분명해졌을 때 프랭클린은 A형의 이중나선 구조를 암시하는 논문 두 편을 준비하여 『악타 크리스탈로그라피카 Acta Crystallographica』라는 학술지에 보냈고 논문은 그해 3월 6일 학술지 측에 도착했다. 이 두 논문을 마지막으로 프랭클린은 마찬가지로 런던에 있는 버크벡 칼리지로 자리를 옮겼다. 프랭클린은 1953년 3월 17일 자로 논문을 또 한 편 써서 B형 DNA가 이중나선 구조를 띠고 있다는 증거를 제시했다. 그러나 이 논문은 결국 원래 형태 그대로 출간되지 못했고 게다가 그녀가 죽은 뒤에야 알려졌다. 당시 케임브리지에서 일어난 일련의 사건에 휩쓸렸기 때문이다. 바로 그때 또 다른 연구진이 B형 DNA의 구조를 밝혀냈는데, 이들은 그에 앞서 전문가 사이의 불문율을 어기고 윌킨스를 통해 프랭클린의 자료를 몰래 손에 넣었다. 거기에는 프랭클린과 고슬링이 얻어 낸 최고의 회절 사진도 하나 포함되어 있었다. 1952년 5월 고슬링이 촬영하여 '51번 사진'이라는 이름이 붙은 이 사진에서는 당시로서는 가장 선명한 DNA 엑스선 회절무늬를 볼 수 있었다. 사진의 가장 뚜렷한 특징은 십자 모양 무늬로서 나선 구조가 아니면 생겨날 수 없었다. DNA 구조의 비밀을 풀어냈다고 말할 수 있는 사진이 있다면 바로 이 사진이었다.

1953년 1월 그 사진을 받고 얼른 케임브리지로 돌아간 사람은 제임스 왓슨이었다. 저서 『이중나선The Double Helix』에서 왓슨은 이렇게 말한다. "그 사진을 본 순간 나는 입이 떡 벌어지고 심장이 뛰기 시작했다. 무늬는 그 이전에 얻어 낸 것에 비해 믿을 수 없을 정도로 단순했다. … 사진에 뚜렷이 생긴 검은 십자 모양은 나선 구조에서만 생겨날 수 있었다." 그가 이렇게 흥분한 것은 그가 케임브리지에서 프랜시스 크릭Francis Crick(1916~2004)과 힘을 합쳐 DNA의 구조를 알아내려 하고 있었기 때문이다. 크릭은 전쟁 연구와 핵폭탄 개발 때문에 물리학에 환멸을 느끼고 생물학으로 전향한 물리학자로, 39세이던 1949년 캐번디시 연구소 의학연구위원회 연구분과에 합류하여 박사 학위를 위한 연구를 하고 있었다. 1953년 폴리펩티드와 단백질 연구로 박사 학위를 받았지만, 이것은 비공식적으로 진행하던 DNA 구조 연구로 왓슨과 함께 명성을 드날린 직후의 일이다.

왓슨과 크릭은 같은 방에 자리를 배정받아 연구하고 있었고, 그

진화의 오리진

러다가 이내 왓슨의 열정이 크릭에게 전염되어 크릭도 왓슨과 함께 그 수수께끼를 푸는 일에 매달리기 시작했다. 킹즈에 있는 사람들에 비해 이 둘은 모두 아마추어였으며 DNA 연구사에 대해 아는 게 거의 없는 어설픈 애호가였으나 폴링의 역추적 연구 방법에 크게 영향을 받고 있었다. 두 사람은 각자 원래 하던 연구를 계속하면서 (왓슨은 담배모자이크 바이러스를 연구하기로 되어 있었다) 틈틈이 DNA 분자 모델을 만들어 보려 했지만 아는 게 없어 그다지 소용이 없었다. 1952년 6월 크릭이 이 문제를 프레더릭 그리피스의 조카인 생물화학자 존 그리피스John Griffith(1928~1972)와 논의한 뒤 돌파구가 열렸다. 크릭은 DNA에서 마주보는 가닥의 납작한 염기들이 한 장씩 엇갈리게 섞어 놓은 카드처럼 쌓여 올라갈지도 모른다는 생각을 하고 있었고, 그래서 그리피스에게 그런 식으로 쌓일 경우 어떤 염기들이 서로 맞물리는지 알아낼 수 있는지를 물었다. 며칠 뒤 어느 오후 휴식 시간에 차를 마시려고 캐번디시에서 줄을 서 있을 때 그리피스는 화학적으로 따져 보니 아데닌(A)은 티민(T)과, 구아닌(G)은 시토신(C)과 자연스레 결합되겠더라고 말했다. 이 말을 듣자마자 크릭은 그렇다면 상보적 복제라는 것이 가능해지겠다는 것을 깨달았다. DNA 가닥을 양쪽으로 당겨 CT 쌍과 AG 쌍을 떼어 놓으면 한쪽 가닥에 C가 있는 곳마다 T가 결합되고 G가 있는 곳마다 A가 결합되는 식이 될 것이다. 그리피스 역시 똑같이 생각했지만, 화학 전문가인 만큼 크릭은 금방 알아차리지 못한 것을 그는 이미 깨닫고 있었다. 그리피스가 알아낸 성질은 염기가 차곡차곡 쌓이게 만드는 성질이 아니었다. CT 쌍과 AG 쌍 모두 수소결합을 통해 **끝과 끝**이 연결되며, 이 쌍들은 너비가 같기 때문에 DNA 가닥을 합치면 똑같은 공간을 차지하여 나선 모양 사다리의 가로장 같이 되는 것이었다.

이때 크릭과 왓슨이 '샤가프 비율'이라는 것을 아직 들어 본 적이 없었다는 것을 보면 두 사람이 얼마나 아는 게 없었는지를 알 수 있다.* 그러나 1952년 7월 샤가프 본인이 케임브리지를 방문했고, 이때 크릭은 DNA의 화학적 분석에서 정말로 쓸 만한 게 나왔는지 물었다. 이 이야기는 크릭이 1968년 로버트 올비Robert Olby**와의 인터뷰에서 한 말로 살펴보자.

> 샤가프는 약간 방어적이 되어 "물론 1:1 비율이 있지요." [하고 말했다]. 그래서 나는 물었다. "그게 뭡니까?" 그랬더니 그가 말했다. "그건 다 출판돼 있어요!" 물론 나는 그 논문을 읽은 적이 없었으니 알 길이 없었다. 그러자 그가 내게 설명해 주었는데 마치 감전되는 것 같았다. 그래서 내가 그것을 기억하는 것이다. 문득 이런 생각이 들었다. "이야, 세상에. 상보적 결합이 있다면 당연히 1:1 비율이 되잖아." 이 무렵 나는 그리피스가 나에게 말한 내용을 잊어버리고 있었다. 염기 이름이 기억나지 않았다. 그래서 나는 그리피스를 찾아가 무슨 염기인지 물어 받아

---

* 적어도 크릭은 그것을 들어 본 기억이 없었다. 왓슨은 후일 그것을 크릭에게 언급한 적이 있다고 주장했다. 그렇다면 당시 둘 중 누구도 처음에는 그것이 얼마나 중요한지를 몰랐다는 뜻이다.

** 로버트 올비(1933~). 영국의 과학사학자. 유전학과 세포생물학 분야를 주로 다루고 있다. 프랜시스 크릭의 전기를 썼다. (옮긴이)

진화의 오리진

적었다. 그런 다음에는 샤가프가 말한 내용을 잊어버렸다. 그래서 돌아가 그의 논문을 찾아보았다. 그랬더니 놀랍게도 그리피스가 말한 쌍은 샤가프가 말한 쌍이었다.

크릭과 왓슨은 이 정보와 51번 사진, 그리고 킹즈 칼리지에서 얻은 그 밖의 자료를 가지고 1953년 초에 저 유명한 DNA 모델을 만들어 내게 된다. 각 분자가 이중나선 모양으로 서로 감으며 돌아가는 두 개의 가닥으로 이루어져 있고, 염기가 안쪽에 있어서 한쪽 가닥의 염기가 반대쪽 가닥의 염기와 결합된다면 모든 것이 맞아떨어진다. 아데닌은 언제나 티민과 결합하고 시토신은 언제나 구아닌과 결합한다. 가닥은 서로 거울에 비춘 것과 같으므로, 풀어놓으면 각 가닥은 알맞은 요소를 가져와 쌍을 이룰 가닥을 만들어 새로운 나선을 이룰 수 있다.

이 구조는 또 정보도 가지고 있다. A, T, C, G는 가닥을 따라 어떤 순서로도 나타날 수 있으므로, 문자 넷으로 이루어지는 알파벳 메시지처럼 예컨대 AATCAGTCAGGCATT … 같은 것이 될 수 있다. 컴퓨터가 사용하는 2진법 암호는 문자 두 개로만 이루어지는데도 우리의 이 책 안에 있는 모든 정보는 물론이고 매우 많은 정보를 담을 수 있다. 문자가 네 개라면 메시지 길이가 충분히 길기만 하면 유전정보를 모두 넉넉하게 담을 수 있다. 크릭과 왓슨은 모델을 1953년 3월 7일에 완성했고, 논문을 『네이처』에 ― 프랭클린의 논문 두 편이 『악타 크리스탈로그라피카』에 도착한 **다음날** ― 보냈다. 논문 초고가 윌킨스에게 전해졌을 때는 프랭클린이 이미 버크벡으로 떠난 뒤였다. 윌킨스는 크릭과 왓슨의 논문과 나란히 자신의 연구진이 "나선 문제 전반을 다루는" 짤막한 글을 실을지도 모른다고 말했고,[41] 또 지나가는 말로 프랭클린과 고슬링 역시 출판을 위해 준비한 게 있으므로 "『네이처』에 적어도 짤막한 기고문 세 편이 실려야" 한다고 했다.

이 '짤막한 기고문 세 편'은 『네이처』의 4월 25일 자에 실렸다. 크릭과 왓슨의 논문이 가장 앞에 실렸는데, 자기네의 모델이 엑스선 자료에서 영감을 받고 샤가프 비율로 확인했다는 것을 인정하지 않고, 거꾸로 샤가프 비율에서 영감을 받고 엑스선 자료는 그것을 뒷받침하는 증거로서 언급했다.* 다음은 윌킨스와 스토크스, 그리고 동료 허버트 윌슨Herbert Wilson(1929~2008)의 논문으로, 나선 구조 이론 전체를 뒷받침하는 엑스선 연구 문제 전반을 다루었다. 마지막은 프랭클린과 고슬링의 논문으로, 왓슨-크릭 모델의 발견에 너무나도 중요했던 51번 사진도 실렸다. 프랭클린은 물론이고 누구도 이들 논문만으로는 51번 사진이 왓슨-크릭 모델의 탄생에서 중요한 역할을 했다는 사실을 짐작할 수 없었다. 실제로 세 번째 논문은 윌킨스가 '짤막한 기고문 세 편'을 제안하는 편지를 케임브리지에 보낸 바로 전날인 3월 17일에 완성된 것으로 약간 각색되어 실렸다. 특유의 이중나선 구조를 자세히 다루고는 있지만, 염기가 쌍을 이루는 메커니즘에 관한 기발한 발상은 빠져 있다.

---

* 그래도 각주에서 프랭클린과 윌킨스의 연구에서 알게 된 "전반적 지식에서 자극을 받았다"고는 인정했다.

진화의 오리진

1962년 크릭, 왓슨, 윌킨스는 이 연구로 노벨 의학생리학상을 공동 수상했다. 프랭클린은 노벨 위원회의 반여성적 편견의 또 다른 희생자였다는 의견이 이따금 나오곤 한다. 그러나 그녀는 엑스선 연구 때문인지 1958년 암으로 죽었다. 노벨 위원회가 공로를 인정하려 했다 해도 노벨상을 사후에 주는 일은 없으므로 그 상을 공동 수상하지는 못했을 것이다. 만약 여기서 동정해야 할 대상이 있다면 분명 고슬링일 것이다. 그가 DNA를 결정화하고 회절 사진을 얻어 낸 것이 핵심적으로 중요했기 때문이다. 그보다 덜한 업적에도 노벨상이 돌아간 일도 분명히 있었다.

유전암호를 가지고 있는 것은 DNA임을 밝혀냈어도 그것이 진화 이해의 발달사 이야기의 끝은 아니다. 여전히 생물학자는 이 암호를 해독하여, 염색체 안의 유전정보가 DNA로부터 세포의 작용까지 어떻게 전달되는지를 알아내야 했다. 이 덕분에 진화를 새롭게 이해하게 됐는데 그중에는 뜻밖의 부분도 있었다. 라마르크가 전적으로 옳지는 않았지만 전적으로 틀리지도 않았다는 사실이 드러난 것이다.

9
신라마르크주의

DNA가 생명암호를 가지고 있다는 것이 분명해지자 이 '암호를 해독'하여 그 메커니즘이 어떻게 작용하는지를 알아내는 데에 노력이 집중됐다. 생명암호란 생물체의 구조를 형성할 때뿐 아니라 생명 작용을 일으키는 단백질을 만들 때 세포가 수행하는 명령을 말한다. 암호를 풀어내는 데는 여러 해가 걸렸고 수많은 연구진이 기발한 생물화학 실험을 해야 했다. 여기서 자세한 내막을 다 다루기에는 지면이 허락하지 않는다. 그러나 적어도 이 연구 이면의 원리와 그 모든 노력의 결과는 설명할 수 있을 것이다.

DNA 암호 해독 이야기는 사실 생물학자가 아니라 어느 물리학자가 쓴 책으로 시작한다. 양자물리학을 개척한 에르빈 슈뢰딩거Erwin Schrödinger(1887~1961)는 생명암호를 가지고 있는 분자에 변화가 유발될 때, 즉 돌연변이가 일어날 때 양자 차원에서 일어나는 과정이 중요할 수도 있다는 생각에 크게 흥미를 느꼈다. 1940년대 당시에는 단백질이 유전암호를 가지고 있다는 생각이 여전히 널리 퍼져 있었지만, 1944년 출판된 슈뢰딩거의 생각에서는 관련된 분자가 어느 것이라도 상관이 없었다. 그는 나트륨과 염소 원자가 똑같은 양식으로 끝없이 반복되는 소금 같은 물질의 결정체와 비주기적 결정체를 서로 구분했다. '비주기적 결정체'는 그가 이름 붙인 것으로, "라파엘의 태피스트리 작품"에 비유하면서 제한된 가짓수의 색실로 짜여 있다 하더라도 "지루한 반복이 아니라 일관되고 정교하며 의미 있는 디자인을 보여 주는" 구조를 띤다고 설명했다. 그는 생명분자가 가지고 있는 정보를 '암호문(code-script)'이라 불렀고, 이 암호문에 사용된 문자(예컨대 분자의 각 작용기)의 가짓수가 제한돼 있다 해도 알파벳 문자만큼이나 효과적으로 정보를 나타낼 수 있다는 사실을 지적했다. 그는 "그런 구조에서 원자의 가짓수가 매우 많지 않아도 거의 무한한 배열 가능성을 이끌어 낼 수 있다"고 말하면서, 모스 부호에서는 두 가지 부호(점과 선)를 네 개씩 묶어 사용함으로써 30가지 부호 묶음을 만들어 내는데 이것은 영문 알파벳과 몇 가지 구두점을 표현하기에 충분하다고 했다. 우리의 이야기를 약간만 건너뛰어 보면, 네 가지 부호를 사용하면 24가지 조합이 가능하고($4 \times 3 \times 2 \times 1$), 20가지 조합을 사용하면 약 24×10^{17}(24 뒤에 0이 17개 붙은 것)가지 조합이 가능하다. 문자 네 개로 된 암호를 사용하면 단백질을 구성하는 20가지 아미노산을 구분하는 데 충분하고, 20가지 아미노산이면 생물이 가지고 있는 다양한 단백질을 넉넉하게 나타낼 수 있는 것이다.

슈뢰딩거의 책 『생명이란 무엇인가 *What is Life*』는 제2차 세계대전의 살상에 진절머리가 나 생명을 연구하고 싶어진 생물학자와 물리학자 모두에게 커다란 영향을 주었다. 후일 꼭 집어 이 책의 영향을 받았다고 회고한 사람으로는 모리스 윌킨스, 어윈 샤가프, 프랜시스 크릭, 제임스 왓슨 등이 있다. 그리고 왓슨과 크릭이 DNA에 관한 첫 논문을 낸 직후 또 다른 물리학자 조지 가모프George Gamow(1904~1968)가 이 연구에 뛰어들었다.

사실 가모프의 관심을 끈 것은 케임브리지 연구진이 DNA에 관해 쓴 두 번째 논문으로 1953년 5월 30일 자 『네이처』에 발표된 것이었다.[42] 미국 워싱턴에서 활동하던 중 캘리포니아 대학교 버클리 캠퍼스에 들렀던 때였다. 후일 그는 다음과 같이 회고했다.

> 나는 방사선 연구소 안의 복도를 따라 걷고 있었고, 루이스 앨버레즈Luis Alvarez가 『네이처』를 손에 들고 가고 있었다. … 그가 말했다. "보세요, 왓슨과 크릭이 정말 멋진 글을 썼네요." 그게 내가 그걸 처음 본 때였다. 나는 그 뒤로 워싱턴으로 돌아가 그것에 대해 생각하기 시작했다.*

그 생각의 결실은 1954년 2월 『네이처』에 실렸다. 가모프는 네 가지 염기가 섬유 한 가닥을 따라 비주기적으로 늘어서서 DNA를 구성하고 있다는 발견을 파고들어, DNA 가닥을 따라 자리 잡은 각각의 DNA 염기 부호 묶음 옆에 그에 해당하는 아미노산이 정렬하여 사슬을 이룸으로써 단백질 분자가 만들어질 수 있다고 보았다. 그가 제안한 메커니즘은 세밀한 부분에서는 잘못됐다. 그러나 그는

---

* 미국 의회도서관에서 소장하고 있는 조지 가모프 자료집에 포함돼 있는 인터뷰이다.

다음 내용을 지적했다.

> 어떤 생물체든 유전적 속성은 네 자리 문자 체계로 적힌 기다란 수 하나로써 특징지을 수 있을 것이다. 반면 데옥시리보핵산 분자에 의해 구조가 완전히 결정되어야 하는 효소는 약 20가지 아미노산으로 구성된 긴 펩티드 사슬이며, 따라서 20가지 알파벳을 바탕으로 만들어진 긴 '낱말'로 생각할 수 있다.

이것을 깨달은 이후 온갖 수고스러운 연구 끝에 마침내 두 가지 핵심 사실이 드러났다. 첫째, 아미노산 사슬은 DNA 위에서 직접 만들어지지 않는다. 세포가 특정 단백질이 필요하면 (그것이 필요하다는 것을 세포가 어떻게 '아는지'는 여전히 대체로 수수께끼로 남아 있다) DNA 중 그에 해당하는 부분이 한 염색체의 이중나선으로부터 풀려나와 그것을 형틀로 사용하여 RNA 가닥을 본떠 만든 다음 해당 부분은 다시 나선 안으로 감겨 들어가 원래 상태로 돌아간다. 만들어진 RNA 가닥은 단백질을 만드는 형틀로 사용된 다음 해체되어 다음 작업을 위해 대기한다. 둘째, 유전암호에는 네 가지 문자가 있지만 실제로는 문자 세 개짜리 낱말을 만드는 데 사용된다. 각 낱말은 특정 아미노산을 나타내거나 어떤 경우에는 새로운 사슬을 만드는 명령의 '시작'과 '끝'을 나타낸다. 이것은 DNA가 아니라 RNA이기 때문에 여기 사용되는 네 가지 문자는 U, C, A, G이다. 예를 들면 문자 셋으로 된 낱말 AGU는 아미노산 세린을 가리키고, GUU는 발린을, CCA는 프롤린을, 그리고 UAG는 '끝'을 나타낸다. 따라서 RNA 분자를 따라 염기가 UCCAGUAGCGGACAG 순서로 이어져 있다면 이 것은 실제로 UCC AGU AGC GGA CAG로 읽어야 한다.

이것이 진화에 어떤 영향을 주는지를 보려면 알파벳을 가지고 비슷한 예를 만들어 볼 수 있다. 문자 세 개짜리 낱말로 이루어진 메시지라면 THE BAT HAS ONE HAT THE CAT HAS TWO(박쥐는 모자를 하나 가지고 있고 고양이는 두 개 가지고 있다) 같은 모양이 될 수 있다. 돌연변이가 일어나 그중 문자가 하나만 바뀌면 사슬 안에 의미 없는 낱말이 생겨나 THT BAT HAS ONE HAT THE CAT HAS TWO처럼 될 수 있는데 이것은 세포의 작용에 중요할 수도 중요하지 않을 수도 있다. 또는 돌연변이로 의미 있는 다른 낱말이 만들어질 수도 있다. 여기서 의미가 있다는 것은 새로 만들어진 낱말이 다른 아미노산을 가리키는 경우를 말한다. THE CAT HAS ONE HAT THE CAT HAS TWO(고양이는 모자를 하나 가지고 있고 고양이는 두 개 가지고 있다) 같은 모양이 될 것이다. 이렇게 바뀐 아미노산은 쓸모없는 단백질을 생산하는 결과로 이어질 수도 있다. 또는 어쩌다 간혹 원래보다 더 효과적으로 작용하는 단백질을 만들 수도 있다. 더 심한 '돌연변이'가 일어나면 '낱말'이 통째로 바뀔 수도 있다. HAT이 ONE이 된다거나, 또는 낱말을 아예 지워 버려 THE BAT ONE HAT THE CAT HAS TWO(박쥐는 하나 모자 고양이는 두 개 가지고 있다)가 될 수도 있다. 그리고 문자 하나가 빠지거나 더해지면 메시지 전체가 바뀐다. 예를 들어 제일 처음 나오는 'E'가 빠지면 THB ATH ASO NEH ATH ECA THA STW O가 된다.

여러분이 직접 예를 만들어 보아도 재미있을 것이다. 진화를 위

진화의 오리진

해 중요한 것은 유전암호를 다음 세대로 가져가는 생식세포를 만들 때 염색체가 조각조각 나 재배치된 다음 분열하는 과정에서 복제 오류 형태로 착오가 일어날 수 있다는 것이다. 예컨대 염색체의 교차 이후 DNA 조각들이 엉뚱하게 재조립되거나 아예 빠져 버리는 등 더 극적인 변화도 있을 수 있다. 그러나 여기서 그런 부분을 자세히 다룰 필요는 없다. 여기서 중요한 것은 유전물질을 복제할 때 완전히 똑같은 복제가 이루어지지 않음으로써 진화의 근거가 되는 원인이 발견됐다는 사실이다. 이것을 염두에 두고 생물체 개체의 진화 행동과 20세기 후반에 깨닫게 된 내용을 다시 살펴보기로 하자.

깨달음을 얻은 것은 20세기 후반이지만 그 기초는 사실 1930년대에 마련되어 있었다. 그러나 당시에는 그다지 널리 인정받지 못했다. 그 무렵 관심의 주요 대상은 갈수록 더 작은 생명 단위로 옮겨 가고 있었으나, 그중 한 사람은 그레고어 멘델의 전통을 이어받아 변함없이 훨씬 큰 생물체에 관심을 기울이고 있었다. 그 사람은 바버라 매클린톡Barbara McClintock(1902~1992)이었다. 매클린톡이 연구한 생물체는 완두가 아니라 옥수수였지만, 멘델의 완두와 마찬가지로 매년 한 세대만 자식을 낳았다. 매클린톡은 또 다른 면에서도 멘델과 닮았다. 연구 결과가 40년 동안이나 제대로 이해되지 않던 것이다. 다만 멘델과는 달리 매클린톡은 자신의 연구가 망각의 세계로부터 되살아나는 것을 죽기 전에 볼 수 있었다.

매클린톡은 멘델의 법칙이 재발견된 지 2년 뒤에 태어나, 미국 뉴욕주 이타카시에 있는 코넬 대학교의 뉴욕주 지정 농업생명과학 대학에서 공부하고 1923년 졸업했다. 이에 대해 그녀는 1983년 노벨상 수상 강연에서 이렇게 말했다. "저는 1900년 멘델의 유전 원칙이 재발견된 지 21년밖에 지나지 않았을 때 유전학 분야에서 활발하게 활동하게 됐습니다. 당시는 멘델의 유전 원칙이 아직 생물학계에서 널리 받아들여지지 않은 단계였습니다." 매클린톡은 코넬에서 대학원을 다니고 1927년 박사 학위를 받았으며, 옥수수의 염색체 분석 기법을 개발했고 박사 학위를 받은 뒤에도 같은 방면으로 연구를 계속했다. 이런 연구에서는 염색체가 무엇으로 이루어져 있는지는 중요하지 않았는데, 매클린톡이 꾸린 연구진의 관심사는 염색체 전체와 염색체의 일부분인 유전자, 그리고 그것들이 생물체에 미치는 영향이기 때문이었다. 그녀가 고른 생물체인 옥수수는 마트 진열대에서 보면 똑같은 모양의 노란 옥수수 알이 촘촘히 박혀 있어 재미없어 보일지 몰라도 실상은 훨씬 흥미롭다. 야생 옥수수에는 여러 가지 색의 씨앗이 열리고, 씨앗은 옥수수 낟알을 따라 줄줄이 그대로 눈에 드러나 보인다. 작디작은 파리를 붙잡아 눈을 들여다보거나 현미경으로 박테리아를 살펴보아야 하는 게 아니라, 변화(돌연변이)를 확인하기 위해 할 일은 껍질을 벗기면 의기양양하게 모습을 드러내는 색색의 씨앗 패턴을 보는 것뿐이다. 그러나 유전자 자체를 연구하는 데에는 여전히 현미경이 필요했다. 매클린톡은 옥수수 염색체가 보이도록 염색하는 더 나은 기법을 개발했고, 그 기법을 사용하여 옥수수에서 발견되는 염색체의 모양을 모두 알아냈다. 매클린톡이 한 연구의 초기 단계에서 가장 의미 있는 발견은 1929년 연구생 해리엇 크레이튼Harriet Creighton(1909~2004)의 도움으로 알아낸 내용이었다. 이들이 연구하던 옥수수 계통 한 가지는 서로 약간 다른 두 가지 대립유전자를 가지고 있는 염색체(이런 쌍을 '이형접합'이라 부른다)의 존재 여부에 따라 낟알 색이 짙은색 또는 밝은색을 띨 수 있었다. 이런 식의 작용은 이전에도 추론해 낸 적이 있었으며 특히 토머스 헌트 모건의 초파리 연구가 유명했다. 그러나 그런 연구에서는 여러 대립유전자가 실제로 존재한다고 **추론**만 했다. 매클린톡과 크레이튼은 한 걸음 더 나아갔다. 두 사람은 염색체를 염색하여 현미경으로 관찰하고 두 계통의 옥수수가 지니는 대립유전자가 시각적으로도 구분된다는 것을 알아냈다. 짙은색 포기의 해당 염색체에는 '뭉치'가 있는 반면 밝은색 포기의 같은 염색체에는 그것이 없었다. 이것은 염색체의 차이가 생물체 전체에, 즉 표현형에 영향을 준다는 것을 직접 관찰한 최초의 증거였다. 모건이 코넬을 방문했을 때 이 연구에 대해 알게 되자 — 크레이튼이 쓴 박사 학위 논문의 근간을 이루고 있었다 — 그는 두 사람에게 그것을 더 널리 발표하도록 재촉했고, 두 사람의 논문은 1931년 『미국과학원 회보*Proceedings of the National Academy of Sciences*』에 실렸다. 그로부터 2년 뒤 모건은 '유전에서 염색체가 하는 역할에 관한 발견'으로 노벨상을 받았다.*

그 밖에 매클린톡이 일찍이 발견해 낸 것들을 나열해 보자면, 특정 염색체들은 단체로 작용하여 함께 상속되는 형질을 만들어 낸다는 것을 밝혀냈고, 염색체 재조합이 새로운 형질과 어떤 상관관

---

* 오늘날의 관점에서 매클린톡이 이 노벨상에서 적어도 공동 수상자로 선정되지 않았다는 것은 뜻밖이다. 매클린톡은 유전자의 위치 이동을 발견하여 1983년 따로 노벨상을 받는다.

계를 갖는지를 현미경으로 직접 관찰하여 알아냈으며, 1931년과 1932년 여름에 미주리 대학교에서 유전학자 루이스 스태들러Lewis Stadler(1896~1954)와 함께 연구한 뒤에는 엑스선으로 옥수수의 돌연변이 빈도를 높이고 그 결과를 연구했다. 독일에서 잠시 일한 것을 비롯하여 짤막한 임용 계약을 몇 차례 거친 뒤 1941년에 콜드스프링하버 연구소에 있는 카네기 과학연구소 유전학과에서 정규직 제의가 들어왔다. 그때까지의 연구 성과 역시 인상적이지만, 매클린톡이 남긴 업적 중 가장 중요한 연구를 수행한 곳은 바로 여기였다.

핵심 발견은 간단한 관찰에서 비롯됐다. 한 계통의 옥수수에서 잎이 항상 똑같은 색을 띠지 않고 색이 다른 반점이 나타나곤 했다. 옥수수는 대부분 잎이 녹색이지만 일부 계통에서는 밝은 노란색이고, 또 어떤 것은 연두색이며 심지어는 흰색도 있다. 그러나 개개의 잎에서 예컨대 연두색 바탕에 녹색 줄무늬가 나타나거나 녹색 잎에 노란색 반점이 나타날 수 있다. 옥수수 줄기에 있는 단일 세포로부터 잎이 발생한다는 것을 알고 있었던 매클린톡은 이에 호기심을 느꼈다. 잎은 이 단일 세포로부터 세포분열과 증식을 거듭하면서 자란다. 따라서 특이한 색 반점은 단일 세포의 염색체 복제 오류 즉, 돌연변이로 추적해 들어갈 수 있을 것이고, 이 돌연변이의 결과 약간 달라진 유전 명령을 갖는 딸세포가 만들어지며, 이것이 계속해서 원본 그대로 충실하게 복제되면서 '엉뚱한' 색 줄무늬가 나타난 것이다. 매클린톡은 정확하게 어떤 세포에서 돌연변이가 일어났는지, 또 발달과 분화 과정 중 정확히 언제 돌연변이가 일어났는지를 알아낼 수 있었다.

진화의 오리진

이것이 전부가 아니었다. 저렇게 여러 색을 띠는 잎 중 일부는 돌연변이로 인해 달라진 무늬가 다른 잎과는 달랐다. 돌연변이의 속도는 어느 잎에서 일어나느냐에 따라 빠를 수도 늦을 수도 있었다. 이 역시 잎의 분화 과정 초기 단계에 단일 세포의 염색체가 가지고 있는 유전암호의 변화로 거슬러 올라갈 수 있었다. 그리고 비슷한 효과를 옥수수 심에 맺히는 씨앗에서도 볼 수 있었는데, 씨앗들 사이에서 여러 가지 색이 나타나는 위치와 빈도에 영향을 미쳤다.

멘델이 한 연구와 비슷하지만 멘델과는 달리 현미경의 도움으로 염색체를 직접 관찰하며 몇 년간 연구를 계속한 끝에 1947년에 이르러 매클린톡은 어떻게 된 사연인지를 설명할 수 있었다. 생물체의 구조와 작용을 담당하는 유전자는 언제나 '켜져' 있는 상태가 아니라 (예컨대 잎이 영원히 성장하지는 않는다) 필요한 때에만 RNA로, RNA에서 다시 단백질로 복제된다. 이것은 이 유전자들을 켜고 끄는 다른 유전자가 있다는 뜻이다. RNA와 DNA의 역할을 모르는 상태에서 '제어유전자'가 존재한다는 것이 1940년대에 분명해지고 있었다. 매클린톡은 제어유전자에는 두 종류가 있을 수밖에 없다는 것을 깨달았다. 하나는 같은 염색체상에서 구조유전자 바로 옆에 자리 잡고 있으면서 구조유전자를 끄고 켠다. 물론 노란색과 녹색을 제어하기도 한다. 그러나 연구를 통해 앞서 말한 제어유전자가 동작하는 속도를 결정하여 제어 대상 내의 변화 빈도를 높이고 낮추는 또 한 가지 유전자가 있을 수밖에 없다는 것을 알 수 있었다. 매클린톡은 이 두 번째 유전자를 '제어요소'라 불렀는데, 연구 결과 첫째 유형의 제어유전자는 제어 대상이 되는 유전자와 같은 염색체 상에서 그 옆에 자리 잡고 있지만, 두 번째 유형의 제어유전자(조절자)는 세포 안 거의 어디에든 있을 수 있었다. 같은 염색체 상에서 멀찍이 있을 수도 있었고, 심지어는 아예 다른 염색체에 자리 잡고 있을 수도 있었다. 매클린톡은 1940년대 말까지 연구를 계속하여 이 조절자들이 같은 염색체에 머물러 있을 필요도 없다는 것을 보여 주었다. 한 염색체 위의 한 곳에서 다른 곳으로 건너뛸 수 있는 것으로 나타났고, 나아가 세포 안에 있는 다른 염색체로도 건너뛰면서 여러 가지 구조유전자와 제어유전자들을 자신의 영향권 안에 둘 수 있었다. 지금은 이 조절자들이 한 곳에서 다른 곳으로 문자 그대로 건너뛰는 게 아니라, 세포의 메커니즘에 의해 복제되어 그 사본이 같은 또는 다른 염색체의 여러 자리에 삽입될 수 있다는 것이 분명히 밝혀졌다. 그러나 '점핑유전자'라는 용어는 이 과정을 묘사할 때 일반적으로 사용하는 줄임말이 됐다. 중요한 것은 하나의 세포 안에서조차 유전체는 고정불변하지 않다는 것이다. 매클린톡의 연구는 또 세포들이 지니고 있는 유전체가 똑같다 해도 생물체 안에서 다른 기능을 할 수 있다는 것도 보여 주었다. 1983년 노벨상 수상 강연은 다시 한번 인용할 만하다.

변형된 유전자 표현 무늬가 만들어지고 있다는 것과, 또 이것이 잎에서 명확하게 한정된 구역에만 나타난다는 것이 이내 명백해졌습니다. 따라서 변형된 표현은 그 구역의 근원이 되는 조상 세포 안에서 일어난 사건과 연관된 것으로 보였습니다. 종종 사건으로부터 여러 세대나 떨어져 있는 자손 세포에서 유전자 표

진화의 오리진

현 무늬 내지 표현 유형의 변화를 가져온 것은 바로 이 사건이었습니다. 이 사건은 유사분열 때 불균등하게 분열한 어떤 세포 구성 요소와 연관돼 있다는 것이 이내 명백해졌습니다. 나란한 두 구역의 유전자 표현 무늬가 상호적 관계에 있는 쌍둥이 구역이 나타났습니다.

예를 들면 한 구역에서는 어린 식물일 때 처음 나타난 줄무늬나 같은 잎의 다른 부분에서 볼 수 있는 줄무늬의 개수 및 분포와 비교할 때 흰색을 배경으로 균일하게 분포해 있는 가느다란 녹색 줄무늬의 숫자가 줄어들었습니다. 반면에 그 쌍둥이 구역에서는 그런 줄무늬가 훨씬 많이 늘어나 있었습니다. 이 쌍둥이 구역은 나란히 나타나기 때문에 유사분열 동안 각기 자손 세포 안의 유전자 표현 무늬를 차별적으로 조절하는 방식으로 변형된 딸세포에서 생겨났다고 생각됐습니다. 이런 쌍둥이 구역을 많이 관찰한 뒤 저는 이 경우 유전자 표현 무늬의 조절은 유사분열 동안 한 딸세포가 잃어버린 것을 다른 딸세포가 획득하는 사건과 연관되어 있다는 결론을 내렸습니다.

제가 보고 있는 것이 기본적 유전 현상이라고 믿고, 그 뒤로는 한 세포가 잃고 다른 세포가 획득한 것이 도대체 무엇인지 밝혀내는 데 모든 관심을 집중했습니다.

1950년대 초에 이르러 매클린톡은 존경받는 중진 과학자가 되어 있었다. 그러나 자신의 연구를 설명하는 논문을 1950년 『미국과학원 회보』에 출간한 데 이어 1951년 여름 콜드스프링하버 심포지엄이라는 연례 모임에서 이런 발견 내용을 발표했으나 아무런 반응도 없었다. 유전자의 역할이 완전히 이해되지 않았고 DNA의 역할도 마찬가지였으므로 제어유전자와 조절자에 관한 매클린톡의 강연은 동료들이 이해할 수 있는 언어가 아니었던 것이다. 어떤 면에서 매클린톡은 시대를 앞서가고 있었다. 그러나 역설적이게도 시대에 뒤처져 있는 것으로 비쳐졌다. 박테리아, 바이러스, 엑스선 결정학을 이용하여 진화를 연구하는 용감한 신세계에서 활동하는 주류 사람들과는 달리 식물을 가지고 연구하는 후기 멘델 같은 사람이었다. 결과적으로 그녀의 연구는 근본적으로 무시당했다. 그러자 매클린톡도 다른 모든 사람들을 근본적으로 무시하고 자신이 가던 길을 계속 갔다. 그녀는 여러 가지 연구를 해냈는데, 그중에서도 일부 기능 유전자의 활동을 억제하는 제어요소인 '억제유전자'의 존재를 밝혀냈다. 그렇지만 1953년 이후로 콜드스프링하버 연구소의 연간 연구 보고서 말고는 아무 데에도 자신의 연구 결과를 발표하지 않았다. 또 한 가지 멘델의 이야기와 비슷한 부분은 본질적으로 똑같은 발견을 다른 사람이 독자적으로 해낸 뒤에야 그녀가 한 연구의 중요성이 널리 이해됐다는 사실이다. 그렇지만 적어도 이 재발견은 (멘델과 달리) 그녀 생전에 있었다.

그 연구는 프랑스의 자크 모노Jacques Monod(1910~1976)와 프랑수아 자코브François Jacob(1920~2013) 팀이 대장균E. coli을 가지고 한 것이었다. 두 사람은 1960년대 초에 이 박테리아의 돌연변이 균주를 관찰하여 10년 전 매클린톡이 옥수수를 가지고 발견한 것과 똑같은 행동 양식을 발견했다. 1961년 연구 결과를 출간했을 때『분자생물학 저널 *Journal of Molecular Biology*』에 실린 이들의 논문에서는 매클린톡을 언급하지 않았는데 그런 연구가 있다는 것을 몰랐기 때문이다. 그러나 이내 다른 사람들이 두 연구의 연관성을 지적했고, 연구자들이 DNA와 RNA의 상대적 역할을 점점 잘 이해하게 되면서 제어유전자의 작용 방식에 관한 연구가 본격적으로 이루어지기 시작하자 매클린톡의 업적이 지니는 중요성을 점점 더 제대로 이해하게 됐다. 그럼에도 불구하고 매클린톡은 81세가 된 1983년에야 노벨상을 받았다. 자코브와 모노, 그리고 박테리오파지에 관한 선구적 연구를 해낸 프랑스 미생물학자 앙드레 르보프 André Lwoff(1902~1994)가 노벨상을 공동 수상한 지 18년이 지난 뒤였다. 특정 질병으로 고통받는 사람들의 결함 유전자를 세포 자체의 메커니즘을 이용하여 교체한다든가 더 나은 농작물을 개발하는 등의 유전공학을 실행할 수 있게 된 것은 어떤 식으로 DNA 조각들이 한 염색체로부터 복제되어 다른 염색체에 끼워 넣어질 수 있는지를 이해하게 된 덕분이다.

1980년대에 이르러 우리 인간이나 참나무 같은 복잡한 생물체의 유전체는 고정불변한 것이 아니라 역동적인 변화 상태에 있다는 것이 분명해졌다. 진화라는 시간 척도에서 볼 때 유전자가 염색체 사이에서 재배치되는 일은 수시로 일어나며, 이로써 자연선택이 작용하기 위한 변이가 늘어나면서 진화를 일으키는 요인의 하나가 된다. 이것은 진화의 성격을 들여다볼 수 있는 두 가지 새로운 깨달음으로 이어졌다. 둘 중 어느 것도 다윈과 월리스의 업적을 훼손하거나 신뢰도를 떨어뜨리지 않는다. 자연선택은 두 사람이 발견한 바로 그 방식으로 변이를 바탕으로 작동한다. 그러나 다윈도 월리스도 (또 19세기의 그 누구도) 사연선택의 바탕이 되는 변이가 어떻게 만들어지는지를 정확하게 알지 못했고, 새로운 깨달음이 생겨난 것은 바로 이 부분이며 오늘날 최고로 인기 있는 연구 주제가 됐다.

1981년 앨릭 제프리스Alec Jeffreys (1950~)*는 케임브리지 킹즈 칼리지에서 열린 어느 모임에서 자신이 발견한 내용을 발표하여 동료들을 깜짝 놀라게 했다. 그 무렵 바이러스가 뜻하지 않게 유전정보를 전달할 수 있다는 사실이 분명하게 알려져 있었다. 박테리아에 침입한 파지는 그 박테리아 세포의 메커니즘을 이용하여 자신을 복제한다. 이 과정에서 박테리아 DNA의 일부분이 실수로 '새' 바이러스 안으로 복제되어 들어가기가 매우 쉽다. 이렇게 복제된 바이러스들이 다른 세포를 공격할 때 바이러스의 감염으로부터 살아남는 세포 안에는 여분의 DNA 조각이 남아 있을 수 있다. 절대다수의 경우 이것은 무시된다. 그리고 어쨌든 DNA 조각을 한 박테리아로부터 같은 종의 다른 개체 안으로 가져간다 해서 눈에 띄는 변화는 일어나지 않는다. 그러나 복제된 DNA가 한 종으로부터 다른 종으로 옮겨갈 수 있다면, 그래서 두 번째 종의 세포 안에서 작동할 수 있다면 어떻게 될까? 바로 이것이 케임브리지에서 제프리스가 동료들에게 말한 내용이었다.

그는 동료들에게 레그헤모글로빈이라는 단백질을 소개했는데, 이것은 콩과식물이 공기 중에서 질소를 가져와 자신의 체내에 '고정'할 때 사용하는 물질이다. 이것은 아미노산과 단백질, 핵산 생산에

---

* 후일 과학수사에서 사용되는 DNA '지문 분석' 기법을 개발한 사람으로 유명해졌다.

진화의 오리진

필수적인 암모니아(NH_3)를 만들어 내기 때문에 지구상의 생명 과정에서 매우 중요하다. 우리가 필요로 하는 질소 화합물은 오로지 음식에서 온다. 우리 스스로 고정할 수 없기 때문이다. 질소를 고정하는 실제 과정은 박테리아 안에서 일어나지만, 콩과식물의 경우 이 박테리아가 식물 세포와 공생 관계에서 살아간다. 제프리스는 이름에서 짐작할 수 있듯이 레그헤모글로빈의 유전암호를 지정하는 유전자는 동물의 혈액 내 산소 운반에 관여하는 단백질인 헤모글로빈의 유전암호를 지정하는 유전자와 매우 비슷하다는 점을 지적했다. 그는 먼 옛날 이 동물 유전자의 조상이 바이러스를 타고 조상 식물 안으로 들어갔는데 그곳에서 자연선택에 의해 새로운 역할에 적응했을 것이라고 말했다. 이런 식으로 유전자가 옮겨 가는 과정을 '유전자의 수평이동'이라 부른다. 이 생각은 폐렴구균 사이의 유전정보 공유와 관련된 그리피스의 연구로 거슬러 올라가며, 지금은 단순한 생물체의 진화 행동에서 중요한 메커니즘임이 입증됐다. 이것은 박테리아 사이에서 바이러스에 대한 저항력이 퍼지는 것과 박테리아가 살충제를 '먹어서' 분해하여 효과를 떨어뜨리도록 진화하는 중요한 요인으로 알려져 있다. 그러나 이처럼 유효한 유전자를 예컨대 참나무나 코끼리로부터 인간에게 (또는 그 반대로) 수평이동시키는 일은 우리 인체가 너무 복잡하기 때문에 불가능할 것이다. 흥미로운 발견이기는 하지만 우리 인간에게는 부차적인 관심거리에 지나지 않는다. 그러나 진화의 성격에 대한 또 한 가지 새로운 깨달음은 우리 개개인과 확실히 관계가 있을 뿐 아니라 진화 이해 이야기의 최신 전개에 해당되기도 한다.

생명에는 단순히 유전자를 물려주는 것 말고도 뭔가가 더 있다는 것을 제대로 이해할 수 있는 확실한 방법 한 가지는 인간의 일란성 쌍둥이를 들여다보는 것이다. 이들은 겉모습이 동일한데, 수정된 난자 하나가 갈라져 발달했기 때문이다. 그래서 이들은 정확하게 똑같은 유전자를 물려받았다. 그러나 훨씬 더 흥미로운 것은 일란성 쌍둥이가 사실은 똑같지 않다는 사실이다. 쌍둥이가 어린 나이에 따로 떨어져 서로 다른 환경에서 성장함으로써 생물학자들이 유전적 영향과 환경적 영향의 — '선천' 대 '후천'의 — 차이점을 연구할 수 있게 되는 경우를 말하고 있는 게 아니다. 태어난 때부터 함께 지내고 똑같은 외부의 영향을 받은 쌍둥이조차도 차이를 지니고 성장한다. 어떤 경우에는 이것이 유전성 질환에 대한 감수성 차이로 나타난다. 예컨대 쌍둥이 중 한쪽이 제1형 당뇨병에 걸릴 때 다른 쪽도 그렇게 될 가능성은 낮다. 두 사람 모두 똑같은 유전자를 지니고 있기 때문에, 세포 안에서 벌어지는 어떤 것이 유전자의 작동 방식에 영향을 주는 것이 분명하다.

어떤 면에서 보면 이것은 당연하다. 따지고 보면 우리 인체의 모든 세포는 똑같은 유전정보를 가지고 있으므로, 간세포는 간세포답게 행동하고 피부세포는 피부세포답게 행동하는 뭔가가 있을 수밖에 없다. 피부세포 모두가 간을 만드는 데 필요한 유전정보를 가지고 있지만 그렇다고 해서 갑자기 피부에 온통 간이 생겨나기 시작하지는 않는다. 만일 어떤 사람의 간세포가 간세포답게 작동하게 만드는 메커니즘에 부분적으로 문제가 생기면 그는 유전자가 달라지지 않았는데도 당뇨병에 걸릴 가능성이 있다. 이것은 옥수수에 '엉

진화의 오리진

뚱한' 색의 반점이 나타나는 것과 그리 다르지 않다. 그러나 우리 세포 속에 있는 DNA의 얼마만큼이 유전자의 행동을 제어하는 일에 관여하고 있는 것으로 나타나는지를 알면 놀랄 것이다.

이중나선을 이루는 DNA의 두 가닥은 염기쌍이 마치 지퍼의 이빨처럼 맞물려 있다. 지금 생물화학 기술은 인간 유전체의 모든 DNA를 파악할 수 있을 정도로 정교해졌다. 우리 몸에 있는 각 세포는 DNA 가닥을 따라 붙어 있는 염기쌍을 60억 쌍 정도씩 가지고 있다. 그 DNA 전체 중 1억2천만 개 정도의 염기쌍만 단백질을 만드는 암호를 가지고 있다. 이것은 전체의 2퍼센트 정도에 지나지 않는다. 우리 세포 속 DNA의 98퍼센트 정도가 단백질의 암호를 직접 가지고 있지 않는데, 이 때문에 이들을 때로는 '비암호화 DNA'라 부르기도 한다. 이런 DNA를 찾아낸 뒤로 한동안 이것들은 아무것도 하지 않는다고 생각됐고 그래서 '잡동사니 DNA'라며 하찮게 여겼다. 그러나 조금만 생각해 보면 그럴 가능성이 얼마나 낮은지 알 수 있다. 세포 안에서조차 자원을 두고 경쟁이 벌어지며 진화가 작용하고 있다. 쓸모없는 DNA에 자원을 가장 많이 쓰는 세포는 효율이 더 높은 세포에 비해 생존투쟁에서 이길 가능성이 낮을 것이다.

이 여분의 DNA가 살아 있는 생물체가 기능을 수행하는 데 중요하다는 사실은 간단한 생물체 안에서 발견되는 양과 더 복잡한 생물체 안에서 발견되는 양을 비교해 보면 잘 알 수 있다. 단백질의 암호를 지정하는 DNA의 양은 물론 박테리아나 효모에 비해 우리 인간이나 생쥐 같은 동물이 더 많다. 그러나 복잡한 생물체가 가지고 있는 '비암호화 DNA'의 **상대적** 비율은 그보다 더 높다. 박테리아의 경우 단백질 암호 지정에 관여하지 않는 DNA의 비율은 10퍼센트 정도 된다. 초파리의 경우에는 82퍼센트이다. 그러나 우리 인간의 경우에는 방금 언급한 것처럼 98퍼센트이다. 생물체가 복잡할수록 세포 안에 가지고 있는 '쓸모없는' DNA의 비율이 높은 것이다.

물론 이 DNA가 정말로 쓸모가 없지는 않다. '비암호화 DNA'가 단백질의 암호를 지정하지 않는다고 해도 뭔가를, 그것도 중요한 뭔가를 하고 있는 것이 분명하다. 다른 모든 것은 차치하고라도, 이런 DNA는 명령을 단백질로 바꾸는 일은 하지 않지만 세포의 작동에 영향을 주는 RNA 가닥을 만들 수 있다. 관여하고 있는 DNA의 양을 가지고 판단할 때 세포를 가동하는 일은 인체를 가동하는 일보다 훨씬 더 복잡하다. 그러나 이것이 어떻게 돌아가는지를 이해하려면 DNA가 집중되어 있는 세포핵에서 무슨 일이 벌어지는지를 더 자세히 알 필요가 있다.

세포핵은 지름이 10마이크로미터(1백분의 1밀리미터) 정도에 지나지 않는다. 그렇지만 우리 몸의 세포가 가지고 있는 DNA의 총길이는 한 줄로 이어 붙일 경우 세포 하나당 1.8미터 정도가 된다. 이것이 46개의 작디작은 원통(염색체 23쌍) 안에 압축되어 들어가 있고, 이 염색체들을 한 줄로 이어 놓으면 총길이가 0.2밀리미터가 된다. 대충 반올림하여 계산하면 DNA는 '원래' 길이의 1만 분의 1 정도의 길이로 압축되어 있는 것이다.

그 방식은 이렇다. '히스톤'이라는 단백질 종류가 있는데 이것으로 만들어진 심에 DNA가 촘촘히 감겨 작은 공간에 압축되어 들어간다. 히스톤 여덟 개가 맞물려 염주알 같은 모양을 만들고, DNA 한

진화의 오리진

가닥이 마치 농구공에 밧줄을 감은 것처럼 이 염주알을 두 바퀴 감는다. 또 한 개의 히스톤이 가닥을 염주알에 대고 눌러 가닥이 풀리지 않게 한다. 염주알 양쪽에 짤막한 '간격재' DNA가 있어서 다음 염주알(정식 이름은 뉴클레오솜)과 연결해 주는데, 이 연결이 유연하기 때문에 뉴클레오솜으로 이루어진 끈 전체가 돌돌 말려 촘촘한 구조를 이룰 수 있다. 이것을 다시 '나선의 나선'으로 감아 더욱 촘촘한 형태를 만든다. 이것은 압축 포장의 걸작이다. 그러나 이것은 세포에서 특정 유전정보가 필요할 때 해당 DNA 부분을 딱 필요한 만큼 풀어 정보를 전령 RNA에다 복사한 다음 다시 깔끔하게 감아 원래 그 자리에 보관해 두어야 한다는 뜻이다. 알고 보니 히스톤은 그저 심으로서 가만히 있기만 하는 것이 아니었다. 이렇게 DNA를 풀고 읽고 되감아 두는 과정에서 여러 역할을 하는데 지금까지 밝혀진 역할이 50가지가 넘는다. 그중에는 유전자를 읽기 쉽게 만드는 일, 더 어렵게 만드는 일, 또 더 미묘하게 작용하는 방식도 있다. 이것은 현재 한창 진행 중인 연구이지만, 우리로서는 히스톤이 유전자를 활성화시키거나 비활성화시키는 일에 관여한다는 것을 아는 것만으로도 충분하다.

또 한 가지 세포 메커니즘도 유전자의 활동을 제어한다. 이것은 '메틸화'라고 하는데 메틸 작용기라는 화학 단위체가 연관되기 때문이다. 메틸기는 탄소, 산소, 수소 원자로 이루어지는 화학적 단위체로서, 메틸 '유리기'인 CH_3를 가지고 있어서 DNA 가닥 중 시토신과 구아닌 염기가 나란히 있는 자리에 가서 붙을 수 있다. 메틸화는 전형적으로 한 유전자의 '억제자'로 작용하므로 탈메틸화에 의해 해당

유전자를 작동하게 만들 수 있는 때가 많다.[*]

메틸화는 진화의 과거사와도 잘 연결되는데, 린네가 풀어내려고 애썼던 현상을 설명해 주기 때문이다. 1740년대에 린네는 일반 해란초와 비슷해 보이지만 꽃이 매우 다른 식물 변종을 보고 충격을 받았다. 이것이 유달리 충격적이었던 이유는 그의 식물 분류 체계가 꽃 모양을 기반으로 하고 있기 때문이었다. 이에 대해 그는 "암소가 늑대 머리가 달린 송아지를 낳는 것 못지않다"고 썼다. 1990년대에 식물생물학자 엔리코 코언Enrico Coen은 이런 '괴물 같은' 식물에서는 꽃의 구조 결정에 관여하는 특정 유전자가 메틸 작용기에 억눌려져 비활성화되어 있다는 사실을 발견했다. 이 속성은 씨앗을 통해 다음 세대로 전달된다.

메틸화는 또 RNA 가닥에도 영향을 줄 수 있으며, RNA 가닥이 세포 안에서 떠다니며 히스톤을 변형하거나 유전자 활동에 영향을 주는 식의 불가사의한 방식의 활동이 있다. 이런 갖가지 과정을 이해할 수 있기까지는 아직도 한참 멀었지만, 여기서 우리가 받아들여야 하는 교훈은 유전체는 고정된 한 가지 방식으로만 활동하는 것이 아니며, '생명의 책'은 그대로 유지된다 해도 그 책에서 어느 구절을 읽고 행동할지는 세포가 처해 있는 상황 즉 환경에 달려 있다는 사실이다. 어느 구절에 따라 행동할지를 선택하는 과정 전체를 '후성유전학'이라고 한다.[**] 이 용어에 관해 보편적으로 인정되는 정확한 정의는 없지만 그 점은 우리 이야기에서 중요하지 않다.

생쥐를 가지고 한 어느 실험에서 이 과정이 어떻게 일어날 수 있는지를 볼 수 있다. 생쥐 중에는 털색에서 흥미로운 무늬를 볼 수 있

진화의 오리진

는 계통이 있는데 이것은 '아구티'(줄여서 a)라 부르는 단일 유전자 때문에 나타난다. 정상적 아구티 생쥐의 털은 밑부분이 검은색이고 중간은 노란색이며 끝부분은 검은색인데, a 유전자가 털이 성장하는 도중에야 활성화되기 때문이다. 그러나 같은 부모에게서 태어난 한배의 새끼들이 털색이 서로 다른 돌연변이 계통이 있다. 일부는 전부 노란색이고 일부는 전부 검은색이며 일부는 그 중간색이다. 그런데 새끼들의 색 비율은 새끼를 밴 어미 생쥐에게 메틸 활동기를 만들어 내는 성분이 풍부한 먹이를 먹이면 달라진다. 어미의 주식이 아구티 유전자를 비활성화(또는 부분적으로 비활성화)시킴으로써 새끼들의 털색에 직접 영향을 주는 것이다. 이런 실험을 과학 실험실에서 인간을 상대로 진행할 수는 없다. 그러나 임신한 어머니가 먹은 음식이 아이들이 지닌 유전자의 활동에 영향을 미칠 수 있을 뿐 아니라, 그 영향이 이후 세대까지 미칠 — 상속될 — 수 있다는 것이 두어 가지 역사적 사례를 통해 밝혀지면서 생물학자들을 놀라게 했다. 더욱 놀라운 것은 극단적 편식 상황에 처한 아버지를 통해서도 비슷한 효과가 난다는 사실이다.

후성유전이 작용하고 있다는 냉엄한 한 예는 제2차 세계대전이 끝나갈 무렵인 1944년 겨울 유럽에서 있었다. 동맹군이 진격해 오고 있으므로 곧 해방될 것이라고 착각한 네덜란드인들이 때 이르게

---

* 메틸화는 켜고 끄는 '스위치'에, 히스톤은 정도를 조절하는 '볼륨 조절기'에 비유되기도 한다.

** 후성유전학(epigenetics)은 문자 그대로 풀면 '유전학 위'라는 뜻이며, 유전학 자체 말고도 뭔가가 더 있다는 의미를 함축하고 있다.

축하하면서 철도 파업을 일으키자 나치 독일 당국은 점령지의 식품 공급을 고의적으로 줄였다. 공교롭게도 그해는 겨울이 유달리 추워 상황이 더욱 악화됐다. 450만 명이 매일 580칼로리의 음식만으로 지내야 했고, 2만2천 명이 넘는 사람이 굶어 죽었다. 이후 이 사건은 '굶주린 겨울'이라 불리게 됐다. 네덜란드는 보건 제도가 잘 발달돼 있었고 의료 기록도 잘 보존했으므로 계획에 없던 이 '실험'에서 대량의 자료가 만들어졌고, 연구자들은 그것을 가지고 기근이 그 이후 태어나는 어린이에게 미치는 영향을 연구할 수 있었다.

가장 먼저 연구자들 눈에 띈 것은 어머니가 아기를 임신한 직후 몇 달 동안은 음식을 풍족하게 먹다가 임신 후기 단계에서 굶주릴 경우 태어나는 아기가 저체중일 가능성이 높다는 점이었다. 그러나 첫 3개월 동안 굶주리다가 그 이후 음식을 풍족하게 먹으면 태어나는 아기의 체중은 보통 때와 다르지 않았다. 이 아기들은 음식이 풍족해지자 빨리 자람으로써 사실상 평균 체중까지 따라잡은 것이었다. 이 양상은 아기가 태어난 뒤 성장하는 동안에도 계속됐다. 작게 태어난 아이는 계속 작았지만, 자궁 속에서 나중에 급격하게 자란 아이들은 나중에 비정상적으로 비만율이 높았다. 마치 태아 발육 초기의 영양부족을 신체가 여전히 보상하려는 것 같았다. 그리고 과체중이 된 어른들은 조현병을 비롯하여 저체중인 사람들 사이에서는 상대적으로 드문 갖가지 질병에도 시달렸다. 태아 발육 초기 단계에서 일어난 일이 유전자의 청사진 자체에 영향을 주지는 않았지만 그 청사진을 해석하는 방식에는 영향을 준 것이 분명했다. 이것은 그 자체로는 그다지 놀랍지 않지만, 놀라운 것은 이 효과가 대물림된다는 사실이었다. 저체중 어린이의 자식(굶주린 겨울을 겪은 어머니의 손자녀) 역시 저체중이었다. 그들과 그들의 어머니가 음식을 풍족하게 먹었는데도 그랬다. 생물학자들은 그 이유를 연구할 때 선충을 가지고 같은 조건을 만들어 실험했고, 이 효과가 이후 세대로 전달될 수 있다는 것을 확인했다. 후성유전이 **상속되는** 것이다.

이 효과는 메틸화와 연관된 것은 아니고 마찬가지로 유전자가 표현되는 방식에 영향을 주는 작은 RNA 조각의 활동과 연관되어 있었다. 이런 작은 RNA 분자들 중 일부는 오늘날 '기아반응 작은 RNA'라 불리며, 음식이 부족할 때 자신이 살고 있는 세포가 영양분을 처리하는 방식에 영향을 줌으로써 이름값을 한다. 그래서 이 반응이 일단 작동하기 시작하면 자식들이 굶주리지 않을 때조차도 적어도 3대 아래 선충에게까지 작동 상태를 유지한다. 이어 또 다른 충격적인 결과가 나왔다. 이런 식의 영향이 이후 세대까지 이어질 수 있다는 사실이 놀랍기는 하지만, 그럼에도 인간 어머니의 영양 공급 상태가 태내의 아기 발육에 영향을 준다는 것은 쉽게 이해할 수 있다. 그러나 아버지의 영양 공급 상태가 아기에게 같은 식으로 영향을 준다는 결과는 누구도 예상하지 못했다. 그렇지만 지금은 이것이 확고한 사실임이 밝혀졌다. 그 증거는 또 다른 기근이 남긴 기록을 연구하여 얻어 냈다. 19세기 말과 20세기 초 북부 스웨덴의 어느 외딴 공동체에서 여러 차례 기근이 일어났다. 이 공동체의 역사를 살펴보면 흉작과 풍작이 여러 해에 걸쳐 나타나는데, 기근을 겪은 뒤 풍작을 거두면 당연히 마음껏 먹는 경향이 있었다.

이번에는 그 기근에서 살아남은 사람들의 몇 세대 아래 후손의 의료 기록까지 남아 있다. 여기서 드러난 것은 사춘기 이전 느린 성장기 단계의 남자가 음식을 풍족하게 먹을 수 있는지에 따라 그 후손의 운명이 달라진다는 사실이었다. 느린 성장기는 인간의 발달 과정에서 사춘기 직전 몇 년 동안 일반적으로 나타나는 단계다. 이 시기에 남자아이가 영양 상태가 나쁘면 그 **손자들**은 뇌졸중, 고혈압 또는 심장병으로 죽을 위험이 낮은 경향이 있었다. 그러나 남자아이가 느린 성장기 동안 음식을 풍족하게 먹었을 경우, 특히 고기와 유제품을 많이 먹었을 경우 그 손자들은 비만과 당뇨병 같은 질병에 걸릴 위험이 더 높았고 기대 수명도 사춘기 직전 음식을 넉넉하게 먹지 못했던 남자아이의 손자들에 비해 6년 정도 모자랐다. 이런 발견이 흥미롭기는 하지만, 옛날 기록을 바탕으로 하고 있는 데다 대상자의 수도 그리 많지 않았다. 따라서 연구자들은 자연스레 실험실에서 그 의미를 확인해 보고자 했다.

한 연구에서 표준 실험용 계통의 수컷 알비노 쥐들에게 지방이 많은 먹이를 먹여 키운 다음 표준 먹이를 먹여 키운 암컷들과 교배시켰다. 자식들은 몸무게가 정상이었으나 당뇨병과 관련된 증세가 나타났다. 또 다른 실험에서는 수컷 생쥐들에게 단백질 함량을 낮추고 모자라는 칼로리는 당으로 보충한 먹이를 먹였다. 그런 다음 보통 먹이를 먹여 키운 암컷들과 교배시켰다. 이번에 연구자들은 자식들의 간에서 유전자의 활동을 직접 관찰했고 역시 당뇨병과 연관된 변화를 관찰할 수 있었다. 이 모든 연구는 환경이 남성(수컷)에게 미치는 영향 때문에 적어도 바로 다음 세대까지, 어쩌면 그 이후 세대까지도 전달되는 후성유전적 변화가 일어날 수 있다는 것을 보여

진화의 오리진

준다. 이런 변화는 자궁 안에 있는 태아의 환경 변화 때문에 일어나는 것이 아니다. 또 다른 연구에서는 임신한 동안 저칼로리 먹이를 주식으로 한 암컷 쥐가 저체중에다 당뇨병에 걸리기 쉬운 새끼들을 낳았다. 그리고 이 새끼들에게 정상적인 먹이를 먹였는데도 이들이 낳은 새끼들은 저체중에다 당뇨병에 걸릴 위험이 높았다.

다른 요인 중에도 이와 비슷하게 작용하는 것들이 있지만, 여기서 음식을 특히 흥미로운 예로 소개한 까닭은 이것이 오늘날 중대한 보건 문제와 관련되기 때문이다. 많은 나라가 소위 '비만 유행병'을 겪고 있다. 우리는 과체중 부모는 음식을 너무 많이 먹이기 때문에 아이들이 과체중이 된다고 생각한다. 그러나 어쩌면 아이들이 과체중이 되고 당뇨병 같은 질병에 걸리는 것은 그들의 아버지가 어릴 때 너무 많이 먹은 데에도 이유가 있을지도 모른다. "뚱뚱해도 어쩔 수 없어. 유전자가 그런 걸" 하고 핑계를 대는 말은 정말로 약간은 진실일지도 모른다. 과체중인 사람은 적절한 식습관과 운동으로 상황을 바꿔 나가려 해도 소용이 없다는 뜻이 아니라, 이런 사실을 알면 사회가 이 문제를 해결하는 데 도움이 될지도 모른다는 말이다. 이것은 후성유전학을 이해할 때 얻을 수 있는 실질적 이점의 한 가지 예에 지나지 않는다. 그러나 이런 점을 이 이상 살펴본다면 이 책에서 다루려는 범위를 벗어날 것이다.

우리의 관점에서 볼 때 여기서 받아들일 부분은 진화의 과학적 이해는 21세기의 20년대에 들어가고 있는 지금도 여전히 진화하고 있다는 사실이다. 다윈과 윌리스는 자연선택의 역할을 정확하게 이해했지만, 복잡한 생물체들은 단백질의 표현 방식을 후성유전적으로 제어하는 유연성 덕분에 재난에 대처할 여지를 얻는 셈이다. 환경이 변화하면 생물체는 유용한 돌연변이가 나타나기를 기다리지 않고도 변화할 여지가 있다. 그리고 이 여지 덕분에 종이 충분히 오래 살아남는다면, 새로운 변종이 그냥 힘겹게 버텨 나가는 정도가 아니라 유익한 돌연변이가 생겨나 번성하여 조상 형태를 대체까지 할 수 있는 시간이 있을 것이다. 이 모두에 대해 알아낼 것이 아직 많다. 노벨상 수상 강연에서 매클린톡은 다음처럼 말했다.

> 세포 자체에서 일어나는 우연한 사고 또는 바이러스 감염이라든가 이종교배, 다양한 종류의 독, 심지어는 조직배양 등에 의한 주위 환경 변화 등 외부에서 오는 다양한 충격에 대해 유전체의 색다른 반응을 기대하게 됐습니다.

그러나 또 다음과 같이 강조하기도 했다.

> 그렇지만 우리는 세포가 위험을 감지하고 그에 대해 종종 진정으로 훌륭한 대응책을 내놓는 것을 보면서도 어떻게 그렇게 되는지에 대해서는 아무것도 모릅니다.

진화 이야기는 막 시작됐을 뿐인 것 같다.

감사의 말씀

재정 지원을 해 준 앨프리드 멍거 재단Alfred C. Munger Foundation과 작업을 위한 아지트를 제공해 준 서식스 대학교에게 감사합니다.

주

1 Patricia Fara, *Science ： A Four Thousand Year History*, Oxford UP, 2009, 235쪽.

2 Aristotle, *Physics*, 오즈번(Osborn)을 재인용.

3 Conway Zirkle, *Natural Selection Before the 'Origin of the Species'*. Proceedings of the American Philosophical Association, 84권, 1941, 71쪽 참조.

4 오즈번(Osborn)을 재인용.

5 자딘(Lisa Jardine), *The Curious Life of Robert Hooke*, HarperCollins, London, 2003을 재인용.

6 드레이크(Drake) 참조.

7 레이븐(Raven) 참조.

8 블런트(Blunt)를 재인용.

9 프룅스뮈르(Frängsmyr) 참조.

10 http://cogweb.ucla.edu/EarlyModern/Maupertuis_1745.html

11 윌슨(Wilson), *Diderot* 참조.

12 나이트(Knight) 참조.

13 Voltaire, *Les Cabales*, 1772년 발표. 복각판은 Kessinger, 2010.

14 로저(Roger) 참조.

15 *Works*에 수록된 'Biographical account of the late James Hutton, M.D.'

16 윈체스터(Winchester) 참조.

17 볼비(Bowlby) 참조.

18 볼비(Bowlby) 참조.

19 J. Burchfield, *Lord Kelvin and the Age of the Earth*, Macmillan, London, 1975를 재인용. 톰슨은 1892년 켈빈 경이라는 작위를 받았다.

20 루이스(Cherry Lewis), *The Dating Game*, Cambridge UP, 2000 참조.

21 *The Collected Letters of Samuel Taylor Coleridge*,

Clarendon Press, Oxford.

22 번역문은 조더노바(Jordanova)에서 가져왔다.

23 러드윅(Rudwick) 참조.

24 Carl Gustav Carus, *The King of Saxony's Journey Through England and Scotland in the Year 1844*, Chapman & Hall, London, 1846.

25 *The Life and Letters of the Rev. Adam Sedgwick*, Cambridge UP, 1890 참조.

26 브라운(Janet Browne), *Charles Darwin : The Power of Place* 참조.

27 밴 와이(van Wyhe)를 재인용.

28 *A Narrative of Travels on the Amazon and Rio Negro*.

29 *Darwin on Man*, Wildwood House, London, 1974.

30 다윈(Francis Darwin), *The Life and Letters of Charles Darwin*, John Murray, London, 1887 참조. 인용문은 II권 197쪽에서 가져왔다. http://darwin-online.org.uk/content/에서 열람 가능.

31 그루버(Gruber) 참조.

32 Longman, London, 1986.

33 월리스(Wallace), *My Life* 참조.

34 *Schwann and Schleiden Researches* (H. Smith 옮김), Sydenham Society, 1847 참조.

35 일티스(Iltis) 참조.

36 저드슨(Judson) 참조.

37 *The Nature of the Chemical Bond*, Cornell UP, 1940.

38 저드슨(Judson)을 재인용.

39 http://www.the-scientist.com/?articles.view/articleNo/22403/title/Martha-Chase-dies/

40 세이어(Sayre) 참조.

41 올비(Olby) 참조.

42 *Genetical Implications of the Structure of Deoxyribonucleic Acid*.

자료 출처와 읽어 볼 만한 글

다음 두 인터넷 주소는 진화의 기원에 관한 필수 자료실로서 관심이 있는 사람이면 누구나 온라인으로 이용할 수 있다.

http://darwin-online.org.uk/
http://wallace-online.org/

두 곳 모두 인물 정보와 수많은 출판물, 편지, 노트를 주제별로 제공한다.
이 책에서 특히 5장과 6장에서 인용한 내용 중 이 두 곳에서 가져온 것이 많다.

건서(Robert Gunther), *Further Correspondence of John Ray*, Ray Society, London, 1928.

골턴(Francis Galton), *Natural Inheritance*, Macmillan, London, 1889.

굴드(Stephen Jay Gould), *The Structure of Evolutionary Theory*, Belknap, Harvard, 2002.

굴드(Stephen Jay Gould), *Wonderful Life*, Hutchinson Radius, London, 1989.
한국어판은 『원더풀 라이프―버제스 혈암과 역사의 본질』, 스티븐 제이 굴드 지음, 김동광 옮김, 궁리, 2018.

그루버(Howard Gruber), *Darwin on Man*, Wildwood House, London, 1974.

그리빈(John Gribbin), *In Search of Schrödinger's Cat*, Bantam, London, 1984.
한국어판은 『슈뢰딩거의 고양이를 찾아서―살아있으면서 죽은 고양이를 이해하기 위한 양자역학의 고전』, 존 그리빈 지음, 박병철 옮김, 휴머니스트, 2020.

그리빈(John Gribbin), *Science : A History*, Allen Lane, London, 2002.

그리빈(John Gribbin), *The Cosmic Origins of Life*, Endeavour Press, 2019.

그리빈 외(John Gribbin & Jeremy Cherfas), *The First Chimpanzee*, Penguin, London, 2001.

그리빈 외(Mary Gribbin & John Gribbin), *Flower Hunters*, Oxford UP, 2008.

길리스피(Charles Gillispie), *Genesis and Geology*, Harvard UP, 1951.

나이트(William Knight), *Lord Monboddo*, John Murray, London, 1900.

다르장빌(Antoine-Joseph Dézallier d'Argenville), *L'Histoire Naturelle*.
원래는 1757년 출간됐다. 현재는 Forgotten Books, 2018.

다빈치(Leonardo da Vinci), *The Notebooks of Leonardo da Vinci*, Cape,
London, 1938. 매커디(E. MacCurdy)가 전2권으로 번역한 것이다.

다윈(Charles Darwin), *Journal of Researches*, Hafner, New York, 1952,
(1839년판의 재판본), 일명 *Voyage of the Beagle*. 발로(Nora Barlow)도 참조.
한국어판은 『찰스 다윈의 비글호 항해기』, 찰스 다윈 지음, 장순근 옮김, 리젬, 2013.

다윈(Charles Darwin), *On the Origin of Species*, John Murray, London, 1859.
초판이 가장 뛰어나며 가장 믿을 만하다. 다음 판본도 좋다. *The Annotated
Origin*: *A Facsimile of the First Edition of On the Origin of Species*,
Harvard UP, 2011. 그가 나중 판본에 포함시킨 'Historical Sketch'는
다음 인터넷 주소에서 볼 수 있다. http://oll.libertyfund.org/pages/
darwin-s-historical-sketch-on-the-origin-of-species
한국어판은 『종의 기원』, 찰스 다윈 지음, 장대익 옮김, 사이언스북스, 2019.

다윈(Charles Darwin), *The Descent of Man*, John Murray, London, 1871.
현재는 Penguin Classic, London, 2004. 한국어판은 『인간의 기원』,
찰스 다윈 지음, 추한호 옮김, 동서문화사, 2018.

다윈(Charles Darwin), *Variation of Animals and Plants under Domestication*,
John Murray, London, 1868 (전2권).

다윈(Erasmus Darwin), *The Botanic Garden*, Johnson, London, 1791.

다윈(Erasmus Darwin), *The Temple of Nature*, Johnson, London, 1803.

다윈(Erasmus Darwin), *Zoonomia*, Johnson, London, 1794/1796, (전2권).

다윈(Francis Darwin) 편, *Foundations of the Origin of Species*, Cambridge UP, 1909.

다윈(Francis Darwin) 편, *Life and Letters of Charles Darwin*, John Murray,
London, 1887 (전3권).

다윈 외(Francis Darwin and A. C. Seward) 편, *More Letters of Charles Darwin*,
John Murray, London, 1903 (전2권).

달링턴(Cyril Darlington), *Darwin's Place in History*, Blackwell, Oxford, 1959.

더프리스(Hugo de Vries), *Species and Varieties*, Daniel MacDougal 편,
Open Court, Chicago, 1905. 다음 인터넷 주소에서 볼 수 있다.

https://archive.org/details/speciesvarieties00vrieuoft

더프리스(Hugo de Vries), *The Mutation Theory*, Open Court, Chicago, 1910.

데닛(Daniel Dennett), *Darwin's Dangerous Idea*, Simon & Schuster, New York, 1995.

데즈먼드(Adrian Desmond), *Huxley*, Penguin, London, 1997.

도브잔스키(Theodosius Dobzhansky), *Genetics and the Origin of Species*, Columbia UP, 1937.

도킨스(Richard Dawkins), *The Extended Phenotype*, Freeman, Oxford, 1982. 한국어판은 『확장된 표현형』, 리처드 도킨스 지음, 홍영남·장대익·권오현 옮김, 을유문화사, 2016.

도킨스(Richard Dawkins), *The Selfish Gene*, Oxford UP, 1976. 한국어판은 『이기적 유전자』, 리처드 도킨스 지음, 홍영남·이상임 옮김, 을유문화사, 2018.

두갓킨(Lee Alan Dugatkin), *Mr. Jefferson and the Giant Moose : Natural History in Early America*, University of Chicago Press, 2009.

드레이크(Ellen Tan Drake), *Restless Genius : Robert Hooke and His Earthly Thoughts*, Oxford UP, 1996.

드 마예(Benoît de Maillet), *Telliamed*. 원래는 1748년 출간됐다. 현재는 Albert Carozzi 역, University of Illinois Press, Urbana, 1968.

드 샤르댕(Teilhard de Chardin), *The Phenomenon of Man*, 영어 번역본, Collins, London, 1959. 한국어판은 『인간현상』, 테야르 드 샤르댕 지음, 양명수 옮김, 한길사, 1997.

딘(Dennis Dean), *James Hutton and the History of Geology*, Cornell UP, 1992.

라마르크(Jean-Baptiste Lamarck), *Zoological Philosophy*. 원래는 1809년 프랑스어로 출간됐다. 현재는 Forgotten Books, London, 2016 (https://www.forgottenbooks.com/en 참조). 한국어판은 『동물 철학』, 장 바티스트 드 라마르크 지음, 이정희 옮김, 지식을만드는지식, 2009.

라이언스(Cherrie Lyons), *Thomas Henry Huxley*, Prometheus, New York, 1999.

라이엘(Charles Lyell), *Geological Evidences of the Antiquity of Man*. 원래는 John Murray, London에서 1863년 출간됐으나 1873에 대폭 개정됐다.

라이엘(Charles Lyell), *Principles of Geology*. 원래는 전3권으로 John Murray, London에서 출간됐으나 현재는 한 권으로 나와 있다. Penguin, London, 1997.

라이엘(Katherine Lyell) 편, *Life, Letters and Journals of Sir Charles Lyell*,

John Murray, London, 1881 (전2권).

라이트(Sewall Wright), *Evolution : Selected Papers*, University of
Chicago Press, 1986.

라플라스(Pierre-Simon Laplace), *The System of the World*.
영문 번역본은 원래 1809년 출간됐다. 다음 인터넷 주소에서 볼 수 있다.
https://archive.org/details/systemworld01laplgoog

랭키스터(Edwin Lankester), *The Correspondence of John Ray*, Ray Society,
London, 1848. 다음 인터넷 주소에서 볼 수 있다.
https://archive.org/stream/correspondenceof48rayj

러드윅(Martin Rudwick), *Georges Cuvier*, University of Chicago Press, 1997.

러원틴(Richard Lewontin), *The Genetic Basis of Evolutionary Change*,
Columbia UP, 1974.

레너드(William Leonard), *The Fragments of Empedocles*,
Open Court, Chicago, 1908.

레이(John Ray), *Miscellaneous Discourses Concerning the Dissolution and
Changes of the Earth*. 원래는 1692년 Samuel Smith, London에서 출간됐다.
현재는 Olms, Hildesheim, 1968.

레이븐(Charles Raven), *John Ray*, Cambridge UP, 1942.

레이비(Peter Raby), *Alfred Russel Wallace*, Pimlico, London, 2002.

레인(Nick Lane), *Life Ascending*, Profile, London, 2010. 한국어판은
『생명의 도약―진화의 10대 발명』, 닉 레인 지음, 김정은 옮김, 글항아리, 2011.

레인(Nick Lane), *The Vital Question*, Profile, London, 2015.
한국어판은 『바이털 퀘스천』, 닉 레인 지음, 김정은 옮김, 까치(까치글방), 2016.

로런스(William Lawrence), *Lectures on physiology, zoology and
the natural history of man*, Callow, London, 1819.

로사노(Matt Rossano), *Supernatural Selection : How Religion Evolved*,
Oxford UP, 2010.

로저(Jacques Roger), *Buffon*, Cornell UP, Ithaca, 1997.

루이스(Cherry Lewis), *The Dating Game*, Cambridge UP, 2000.
한국어판은 『데이팅게임』, 체리 루이스 지음, 조숙경 옮김, 바다출판사, 2002.

루크레티우스(Lucretius), *The Nature of Things*, Penguin, London, 2007.
한국어판은 『사물의 본성에 관하여』, 루크레티우스 지음, 강대진 옮김, 아카넷, 2012.

마굴러스(Lynn Margulis), *Symbiosis in Cell Evolution*, Freeman, New York, 제2판 1993.

마이어(Ernst Mayr), *Evolution and the Diversity of Life*, Harvard UP, 1976.

마이어(Ernst Mayr), *The Growth of Biological Thought*, Harvard UP, 1981.

마이어(Ernst Mayr), *What Evolution Is,* Basic Books, New York, 2001.

마천트(James Marchant), *Alfred Russel Wallace*, Harper, New York, 1916.

매키니(H. L. McKinney), *Wallace and Natural Selection*, Yale UP, 1972.

매튜(Patrick Matthew), *On Naval Timber and Arboriculture*, Adam Black, Edinburgh, 1831.

맬서스(Thomas Malthus), *An Essay on the Principles of Population*. 초판은 1798년 출간됐고 1803년 증보판이 나왔다. 현재는 Penguin Classic, London, 2015. 한국어판은 『인구론』, 맬서스 지음, 이서행 옮김, 동서문화사, 2016.

멘델(Gregor Mendel), *Experiments on Plant Hybridization*, Harvard UP, 1965. 한국어판은 『식물의 잡종에 관한 실험』, 그레고어 멘델 지음, 신현철 옮김, 지식을만드는지식, 2009.

모건(Thomas Hunt Morgan), *Evolution and Adaptation*. 원래는 1903년에 출간됐다. 현재는 Cornell UP, 2009.

모리스(Simon Conway Morris), *The Crucible of Creation*, Oxford UP, 1998.

모페르튀이(Pierre-Louis Moreau de Maupertuis), *Ouvres*. 원래는 1768년 전4권으로 출간됐으나 1968년 Olms, Hildesheim에서 재출간됐다. 다음 인터넷 주소에서 볼 수 있다. https://archive.org/details/uvresdemaupertui01maup

몬보도 경(Lord Monboddo), 버넷(James Burnett) 참조.

밀하우저(Milton Millhauser), *Just Before Darwin : Robert Chambers and the Vestiges*, Wesleyan UP, Middletown, Conn., 1959.

바이스만(August Weismann), *Essays upon Heredity*, Clarendon Press, Oxford, 1891-1892 (전2권).

바이스만(August Weismann), *On Germline Selection*. 원래는 1896년 출간됐다. 영문판은 Open Court, Chicago, 1902.

바이스만(August Weismann), *The Evolution Theory*, Edward Arnold, London, 1904 (전2권). 다음 인터넷 주소에서 볼 수 있다. https://archive.org/details/evolutiontheory02weis_0

발로(Nora Barlow) 편, *Charles Darwin and the Voyage of the 'Beagle'*,

Philosophical Library, New York, 1946.

발로(Nora Barlow) 편, *Charles Darwin's Diary of the Voyage of H.M.S. 'Beagle'*, Cambridge UP, 1933.

발로(Nora Barlow) 편, *The Autobiography of Charles Darwin*, 완전판, Norton, New York, 1958.

배럿 외(Paul H. Barrett, Peter J. Gautrey, Sandra Herbert, David Kohn, and Sydney Smith) 편. *Charles Darwin's Notebooks*, British Museum, London, 1987.

밴 와이(John van Wyhe), *Dispelling the Darkness*, World Scientific, Singapore, 2013.

버넷(James Burnett(몬보도 경)), *Of the Origin and Progress of Language*, Balfour & Cadell, Edinburgh, 1773부터 1792까지 전6권으로 출간됐다.

버넷(Thomas Burnet), *The Sacred Theory of the Earth*. 원래는 1681년과 1689년 라틴어로 전2권으로 출간됐다. Forgotten Books, 2018. 또는 다음 인터넷 주소에서도 볼 수 있다. 제1권은 https://archive.org/details/b30526747_0001, 제2권은 https://archive.org/details/b30526747_0002

버카드 외(Frederick Burkhardt and colleagues) 편, *The Correspondence of Charles Darwin*, Cambridge UP, 1985 onwards.

버틀러(Samuel Butler), *Evolution, Old and New*, Hardwicke & Bogue, London, 1879.

베넷 외(Jim Bennett, Michael Cooper, Michael Hunter and Lisa Jardine), *London's Leonardo*, Oxford UP, 2003.

베이츠(Henry Walter Bates), *The Naturalist on the River Amazons*, John Murray, London, 1892.

베이커(John Baker), *Abraham Trembley of Geneva*, Edward Arnold, London, 1952.

베이트슨(William Bateson), *Mendel's Principles of Heredity*, Cambridge UP, 1909 (멘델의 역사적 논문 포함).

보울러(Peter Bowler), *The Mendelian Revolution*, Athlone, London, 1989.

본두리언스키 외(Russell Bonduriansky & Troy Day), *Extended Heredity*, Princeton UP, 2018.

볼비(John Bowlby), *Charles Darwin*, Hutchinson, London, 1990.

뷔퐁(Georges Buffon), *Natural History*, Strahan and Cadell, London, 1785.

스멜리(William Smellie)의 번역본은
https://archive.org/details/naturalhistoryge02buffuoft

뷔퐁(Georges Buffon), *The Epochs of Nature*. 편역본은 Jan Zalasiewicz, Anne-
Sophie Milon and Mateusz Zalasiewicz, University of Chicago Press, 2018.

브라운(Janet Browne), *Charles Darwin : The Power of Place*, Cape, London,
2002. 한국어판은 『찰스 다윈 평전― 나는 멸종하지 않을 것이다』,
재닛 브라운 지음, 임종기 옮김, 김영사, 2010.

브라운(Janet Browne), *Charles Darwin : Voyaging*, Cape, London, 1995.
한국어판은 『찰스 다윈 평전―종의 수수께끼를 찾아 위대한 항해를 시작하다』,
재닛 브라운 지음, 임종기 옮김, 김영사, 2010.

브룩스(John Langdon Brooks), *Just Before the Origin*, Columbia UP,
New York, 1984.

블런트(Wilfrid Blunt), *Linnaeus*, Frances Lincoln, London, 2004.

비슨(David Beeson), *Maupertuis*, Oxford UP, 1992.

세이어(Anne Sayre), *Rosalind Franklin and DNA*, Norton, New York, 1975.

슈뢰딩거(Erwin Schrödinger), *What is Life?*. 원래는 1944년 출간됐다가
그가 쓴 책 *Mind and Matter*, Cambridge UP, 1967에 합본으로 수록됐다.
한국어판은 『생명이란 무엇인가?』, E. 슈뢰딩거 지음, 서인석·황상익 옮김, 한울, 2011.

스미스(Charles Smith) 편, *Alfred Russel Wallace : An Anthology of his Shorter
Writings*, Oxford UP, 1991.

스미스(John Maynard Smith), *Evolution and the Theory of Games*,
Cambridge UP, 1982.

스크루프(George Scrope), *Considerations on Volcanoes*, Phillips, London, 1825.

스테노(Nicholas Steno), *Prodromus* (The Prodromus of Nicolaus Steno's
Dissertation Concerning a Solid Body Enclosed by Process of
Nature Within a Solid). 원래는 1669년 출간됐다. 윈터(John Winter)의
역주판은 University of Michigan Press, 1916.

시코드(James Secord), *Victorian Sensation : The Extraordinary Publication*,
*Reception, and Secret Authorship of Vestiges of the Natural
History of Creation*, University of Chicago Press, 2000.

심슨(George Gaylord Simpson), *The Major Features of Evolution*,
Columbia UP, 1953.

아가시(Elizabeth Agassiz), *Louis Agassiz : His Life and Correspondence*,
　　Houghton Mifflin, Boston, 1886 (전2권).

아레니우스(Svante Arrhenius), *Worlds in the Making*, Harper, New York, 1908.

아우트럼(Dorinda Outram), *Georges Cuvier*, Manchester UP, 1984.

아이슬리(Loren Eiseley), *Darwin's Century*, Doubleday, New York, 1958.

엘드리지(Niles Eldredge), *Time Frames*, Heinemann, London, 1986.

오렐(Vitezslav Orel), *Gregor Mendel*, Oxford UP, 1995. 한국어판은 『멘델―현대
　　유전학의 창시자』, 비체슬라프 오렐 지음, 한국유전학회 옮김, 전파과학사, 2008.

오웬(Richard Owen), *On the Archetype and Homologies of the Vertebrate
　　Skeleton*, van Voorst, London, 1848.

오웬(Richard Owen), *On the Nature of Limbs*, van Voorst, London, 1849;
　　University of Chicago Press edition, 2008.

오즈번(Henry Fairfield Osborn), *From the Greeks to Darwin*,
　　Macmillan, London, 1894 (제2판 1902).

오파린(Alexander Ivanovich Oparin), *The Origin of Life*, Macmillan,
　　London, 1938. 재발행판은 Dover, New York, 1953.

올브리튼(Claude Albritton), *The Abyss of Time*, Freeman,
　　Cooper & Co., San Francisco, 1980.

올비(Robert Olby), *The Path to the Double Helix*, Macmillan, London, 1974.

와이너(Jonathan Weiner), *The Beak of the Finch*, Knopf, New York, 1994.
　　한국어판은 『핀치의 부리』, 조너선 와이너 지음, 양병찬 옮김, 동아시아, 2017.

우글로(Jenny Uglow), *The Lunar Men : The Friends Who Made the
　　Future 1730-1810*, Faber & Faber, London, 2002.

월러(Richard Waller) 편집 및 발행, *The Posthumous Works of Robert Hooke*.
　　원래는 1705년 출간됐다. 다음 인터넷 주소에서 볼 수 있다.
　　https://play.google.com/store/books/details/Robert_Hooke_The_
　　Posthumous_Works_of_Robert_Hooke?id=6xVTAAAAcAAJ

월리스(Alfred Russel Wallace), *A Narrative of Travels on the Amazon and Rio
　　Negro*, Reeve, London, 1853.

월리스(Alfred Russel Wallace), *Darwinism : An Exposition of the Theory of Natural
　　Selection with Some of Its Applications*, Macmillan, London, 1889. 다음 인터넷
　　주소에서 볼 수 있다. https://archive.org/stream/darwinismexposit00walluoft

월리스(Alfred Russel Wallace), *Letters from the Malay Archipelago*,
　　밴 와이 외(John van Wyhe & Kees Rookmaaker) 편, Oxford UP, 2015.

월리스(Alfred Russel Wallace), *My Life*, Chapman & Hall, London, 1905.

월리스(Alfred Russel Wallace), *The Geographical Distribution of Animals*,
　　Harper & Brothers, New York, 1876. Kindle판이 Amazon에 나와 있다.

웰스(William Wells), *Two Essays*, Constable, London, 1818.

윈체스터(Simon Winchester), *The Map that Changed the World*, HarperCollins,
　　New York, 2001. 한국어판은 『세계를 바꾼 지도』, 사이먼 윈체스터 지음,
　　임지원 옮김, 사이언스북스, 2003.

윌리엄스(George C. Williams), *Adaptation and Natural Selection*,
　　Princeton UP, 최신판, 1996. 한국어판은 『적응과 자연선택』, 조지 C. 윌리엄스
　　지음, 전중환 옮김, 나남, 2013.

윌슨(Arthur Wilson), *Diderot*, Oxford UP, 1972.

윌슨(Edward O. Wilson), *Sociobiology*, Harvard UP, 1975. 한국어판은
　　『사회생물학』(전2권), 에드워드 윌슨 지음, 이병훈·박시룡 옮김, 민음사, 1992.

인우드(Stephen Inwood), *The Man Who Knew Too Much*, Macmillan,
　　London, 2002.

일티스(Hugo Iltis), *Life of Mendel*, Norton, New York, 1932.

자딘(Lisa Jardine), *The Curious Life of Robert Hooke*, HarperCollins,
　　London, 2003.

잭슨(Roland Jackson), *The Ascent of John Tyndall*, Oxford UP, 2018.

저드슨(Horace Freeland Judson), *The Eighth Day of Creation*, Cape, London, 1979.
　　한국어판은 『창조의 제8일』, 호레이스 프리랜드 저슨 지음, 하두봉 옮김, 범양사, 1984.

조더노바(Ludmilla Jordanova), *Lamarck*, Oxford UP, 1984.

조프루아 생틸레르(Etienne Geoffroy Saint-Hilaire), *Philosophie anatomique*,
　　1818-1822 전2권으로 출간됐다. Amazon을 통한 재판본은 Ulan Press, 2012.

지머(Carl Zimmer), *Evolution*, HarperCollins, London, 2001. 한국어판은
　　『진화―모든 것을 설명하는 생명의 언어』, 칼 짐머 지음, 이창희 옮김, 웅진씽크빅, 2018.

체임버스(Robert Chambers), *Explanations: A Sequel to the 'Vestiges of
　　the Natural History of Creation'*, Churchill, London, 1845.

체임버스(Robert Chambers), *Vestiges of the Natural History of Creation*, Churchill,
　　London, 1844. 현재는 British Library Historical Print Edition, 2011.

칸트(Immanuel Kant), *Universal Natural History and Theory of the Heavens*.
　　원래는 1755년 독일어로 출간됐다. 현재는 Scottish Academic Press,
　　Edinburgh, 1981.

캐리(Nessa Carey), *The Epigenetics Revolution*, Icon, London, 2011.
　　한국어판은 『유전자는 네가 한 일을 알고 있다―현대 생물학을 뒤흔든
　　후성유전학 혁명』, 네사 캐리 지음, 이충호 옮김, 해나무, 2015.

컴포트(Nathaniel Comfort), *The tangled field : Barbara McClintock's search
　　for the patterns of genetic control*, Harvard UP, 2001. 한국어판은 『옥수수 밭의
　　처녀 맥클린토크』, 나타니엘 C. 컴포트 지음, 한국유전학회 옮김, 전파과학사, 2005.

케인스(Geoffrey Keynes), *A Bibliography of Dr Robert Hooke*,
　　Clarendon Press, Oxford, 1966.

켄트 외(Paul Kent and Allan Chapman) 편, *Robert Hooke and the
　　English Renaissance*, Gracewing, Leominster, 2005.

켈러(Evelyn Fox Keller), *A Feeling for the Organism*, Freeman,
　　San Francisco, 1983. 한국어판은 『유기체와의 교감』, 이블린 폭스 켈러 지음,
　　김재희 옮김, 서연비람, 2018.

콜먼(William Coleman), *Georges Cuvier, Zoologist*, Harvard UP, 1964.

퀴비에(Georges Cuvier), *Essay on the Theory of the Earth*,
　　Blackwood, Edinburgh, 1813.

퀴비에(Georges Cuvier), *Lessons in Comparative Anatomy*. 'Cuvier's History
　　of the Natural Sciences : twenty-four lessons from Antiquity to
　　the Renaissance'라는 제목으로 구할 수 있다. 심슨(Abby S. Simpson) 역,
　　피치(Theodore Pietsch) 편, Publications scientifiques du Muséum
　　national d'Histoire naturelle, Paris, 2012.

크라우제(Ernst Krause), *Erasmus Darwin*, Appleton, New York, 1880.

클라크(Ronald Clark), *JBS : The Life and Work of J. B. S. Haldane*, Oxford UP, 1984.

클로이드(E. L. Cloyd), *James Burnett, Lord Monboddo*, Oxford UP, 1972.

킹헬리(Desmond King-Hele) 편, *The Essential Erasmus Darwin*,
　　McGibbon & Kee, London, 1968.

킹헬리(Desmond King-Hele), *Erasmus Darwin*, De la Mare, London, 1999.

패커드(Alpheus Packard), *Lamarck, the founder of Evolution*, Longmans,
　　New York, 1901.

페리(Georgina Ferry), *Dorothy Hodgkin*, Bloomsbury, London, 2014.

페일리(William Paley), *Natural Theology*. 원래는 1822년 출간됐다.
　　현재는 Oxford UP Classic, 2006.

포터(Roy Porter), *The Making of Geology*, Cambridge UP, 1977.

프롱스뮈르(Tore Frängsmyr) 편, *Linnaeus*, University of California Press,
　　Berkeley, 1983.

플레이페어(John Playfair), *Illustrations of the Huttonian Theory of the Earth*.
　　원래는 1802년 출간됐다. British Library Historical Print Edition, 2011.

플레이페어(John Playfair), *The Works of John Playfair*, Constable,
　　Edinburgh, 1822.

피셔(R. A. Fisher), *The Genetical Theory of Natural Selection*,
　　Clarendon Press, Oxford, 1930.

피크먼(Martin Fichman), *An Elusive Victorian：The Evolution of Alfred Russel
　　Wallace*, Chicago UP, 2004.

하그베리(Knut Hagberg), *Carl Linnaeus*, Dutton, New York, 1953.

허버트(Sandra Herbert), *Charles Darwin, Geologist*, Cornell UP, Ithaca, 2005.

허턴(James Hutton), *Theory of the Earth*, Creech, Edinburgh, 1795 (전3권).
　　원래는 1788년 *Transactions of the Royal Society of Edinburgh*에 수록됐다.

헉슬리(Julian Huxley), *Evolution： The Modern Synthesis*, Allen & Unwin,
　　London, 1942.

헉슬리(Leonard Huxley), *Life and Letters of Sir Joseph Dalton Hooker*,
　　John Murray, London, 1918 (전2권).

헉슬리(Leonard Huxley) 편, *Life and Letters of Thomas Henry Huxley*,
　　Macmillan, London, 1913 (전3권).

헉슬리(Thomas Henry Huxley), *Collected Essays*, (전9권). 다음 인터넷
　　주소에서 볼 수 있다. https://archive.org/details/collectedessays00huxl

헉슬리(Thomas Henry Huxley), *Evidence as to Man's Place in Nature*,
　　Williams & Norgate, London, 1863. 다음 인터넷 주소에서 볼 수 있다.
　　https://archive.org/details/evidenceasto00huxl

헌터 외(Michael Hunter and Simon Schaffer) 편, *Robert Hooke：New Studies*,
　　Boydell Press, Woodbridge, 1989.

헤닉(Robin Henig), *A Monk and Two Peas：The Story of Gregor Mendel and*

the Discovery of Genetics, Phoenix, London, 2001.
같은 내용의 한국어판은 『정원의 수도사 ─ 유전학의 아버지 멘델의 잃어버린
삶과 업적』, 로빈 헤니그 지음, 안인희 옮김, 사이언스북스, 2006.

헤켈(Ernst Haeckel), The History of Creation, Appleton, New York,
1880 (전2권). 원래는 1868년 독일어로 출간됐다.

호지(Jonathan Hodge), Before and After Darwin, Routledge, London, 2008.

호지 외(Jonathan Hodge and Gregory Radick) 편, The Cambridge Companion
to Darwin, Cambridge UP, 2009.

홀데인(J. B. S. Haldane), The Causes of Evolution. 원래는 1932년 출간됐다.
현재는 Princeton UP, 1990.

화이트헤드(Alfred North Whitehead), Science and the Modern World.
원래는 1925년 출간됐다. Cambridge UP, 2011. 한국어판은 『과학과 근대세계』,
A. N. 화이트헤드 지음, 오영환 옮김, 서광사, 2008.

훅(Robert Hooke), Lectures and Discourses on Earthquakes. Posthumous
Works(Richard Waller 편, 1705)를 재출간한 판본은 Arno Press, New York, 1978.

훅(Robert Hooke), Micrographia, Royal Society, London, 1665;
복각판은 Dover, New York, 1961.

훔볼트(Alexander von Humboldt), Personal Narrative of Travels,
Longmans, Hurst, Orme, Rees and Brown, London, 1814.
현재 Penguin Classic 축약판이 나와 있다.

힉스(Lewis Hicks), A Critique of Design Arguments, Scribner's,
New York, 1883; 다음 인터넷 주소에서 볼 수 있다.
https://archive.org/details/critiqueofdesign00hick

찾아보기

진화의 오리진

진화의 오리진

진화의 오리진

존 그리빈 지음

존 그리빈은 케임브리지 대학교에서 천문학 박사 학위를 받고 『네이처』에서, 이어 『뉴 사이언 티스트』지에서 저널리스트로 활동했다. 얼핏 어렵다는 인상을 주기 쉬운 과학 분야에 관한 이야기를 쉽고 재미있게 풀어내는 솜씨가 뛰어나, 영국 BBC 뉴스에서 그의 책 『슈뢰딩거의 고양이를 찾아서』를 가리켜 수학에 대한 관심을 되살리는 방법을 잘 보여 주는 사례라고 말 한 일도 있다(2002). 과학자라기보다 소설처럼 읽을 수 있는 과학 도서 작가이자 과학을 바 탕으로 하는 소설 작가라고 자신을 소개하는 그는 『다중우주를 찾아서』와 『우주』 등 수많은 베스트셀러를 썼고, 여러 나라에서 수많은 상을 받았다.

메리 그리빈 지음

영국에서 활동하는 교육자이자 아동청소년 과학 도서 작가로서, 『쉬』, 『코스모폴리탄』, 『가 디언』 등 여러 신문 잡지에 기고했고, 『시간과 우주』라는 책으로 'TES 어린이 정보도서상'을 받았을 정도로 어려운 개념을 쉽게 잘 풀어 전달하는 재능이 뛰어나다는 평을 듣는다.

권루시안 옮김

편집자이자 번역가로서 다양한 분야의 다양한 책을 독자들에게 아름답고 정확한 번역으로 소개하려 노력하고 있다. 옮긴 책으로는 『참 쉬운 진화 이야기』(진선출판사), 카데르 코눅의 『이스트 웨스트 미메시스』(문학동네), 앨런 라이트맨의 『아인슈타인의 꿈』(다산북스), 데이비 드 크리스털의 『언어의 죽음』(이론과실천) 등이 있다. 홈페이지 www.ultrakasa.com

진화의 오리진

1쇄 – 2021년 3월 16일
2쇄 – 2021년 4월 1일
지은이 – 존 그리빈 · 메리 그리빈
옮긴이 – 권루시안
발행인 – 허진
발행처 – 진선출판사(주)
편집 – 김경미, 이미선, 권지은, 최윤선
디자인 – 고은정, 구연화
총무 · 마케팅 – 유재수, 나미영, 김수연, 허인화
주소 – 서울시 종로구 삼일대로 457 (경운동 88번지) 수운회관 15층
　　　　전화 (02)720-5990　팩스 (02)739-2129
　　　　홈페이지 www.jinsun.co.kr
등록 – 1975년 9월 3일 10-92

＊책값은 뒤표지에 있습니다.
＊이 도서의 표지는 gettyimagesbank의 이미지를 사용하였습니다.
＊이 제작물은 아모레퍼시픽의 아리따글꼴을 사용하여 디자인되었습니다.

ISBN 979-11-90779-27-2 (03400)